云南林业职业技术学院

项目：云南省林业科技创新项目〔2014〕CX05 号

# 生态恢复理论与林学关系研究

王海帆　著

辽宁大学出版社

Liaoning University Press

**图书在版编目（CIP）数据**

生态恢复理论与林学关系研究/王海帆著．－沈阳：
辽宁大学出版社，2021.5

ISBN 978-7-5698-0274-0

Ⅰ.①生…　Ⅱ.①王…　Ⅲ.①生态恢复－关系－林学
－研究　Ⅳ.①X171.4②S7

中国版本图书馆 CIP 数据核字（2021）第 010321 号

**生态恢复理论与林学关系研究**
SHENGTAI HUIFU LILUN YU LINXUE GUANXI YANJIU

出　版　者：辽宁大学出版社有限责任公司
　　　　　　（地址：沈阳市皇姑区崇山中路 66 号　　邮政编码：110036）
印　刷　者：沈阳海世达印务有限公司
发　行　者：辽宁大学出版社有限责任公司
幅面尺寸：170mm×240mm
印　　　张：19.75
字　　　数：334 千字
出版时间：2021 年 5 月第 1 版
印刷时间：2021 年 5 月第 1 次印刷
责任编辑：范　微
封面设计：孙红涛　徐澄玥
责任校对：齐　悦

书　　　号：ISBN 978-7-5698-0274-0
定　　　价：79.00 元

联系电话：024-86864613
邮购热线：024-86830665
网　　　址：http://press.lnu.edu.cn
电子邮件：lnupress@vip.163.com

# 前　言

　　生态恢复理论与技术研究是 20 世纪 70 年代迅速发展起来的现代应用生态学的一个分支，恢复生态学的兴起与发展极大地保证了生态系统的稳定与健康。生态恢复的目标包括恢复退化生态系统的结构、功能、动态和服务功能，其长期目标是通过恢复与保护相结合，实现生态系统的可持续发展。21世纪是生态经济大发展的时代，人类在经历了 20 世纪 70 年代以来工业文明所造成的种种生态破坏的惨痛教训之后，已经清醒地认识到生态环境是人类生存和发展的基本条件，是社会经济可持续发展的基础。以牺牲环境为代价的传统经济增长模式是造成生态危机的根源，人类只有彻底摒弃这种不可持续的经济发展模式，走人与自然和谐共生的生态经济发展道路才是明智的。

　　森林是以木本植物为主体的生物群落，是集中的乔木与其他植物、动物、微生物和土壤之间相互依存、相互制约，并与环境相互影响，从而形成的一个生态系统的总体。它具有丰富的物种、复杂的结构、多种多样的功能。森林与所在空间的非生物环境有机地结合在一起，构成完整的生态系统。森林是地球上最大的陆地生态系统，是全球生物圈中重要的一环，是地球上的基因库、碳贮库、蓄水库和能源库，对维系整个地球的生态平衡起着至关重要的作用，是人类赖以生存和发展的资源和环境。森林的植物群落对降低二氧化碳含量、调节动物群落和水文湍流以及巩固土壤起着重要作用，是地球生物圈中最重要的生境之一。

　　林学是一门研究如何认识森林、培育森林、经营森林、保护森林和合理利用森林的学科，它是在其他自然学科发展的基础上，形成和发展起来的综合性的应用学科。研究生态恢复理论与林学的关系，就是以林学为媒介，研究森林在生态恢复中的作用。本书第一章对生态系统理论进行了系统的论述；第二章探讨了林学在生态恢复理论中的运用基础；第三章以水土保持为视角，分析了水土保持与生态系统的关系；第四章就水土保持进一步剖析了水土保持林的建设；第五章针对生态退化导致的风沙危害，论述了防沙治沙的林学措施；第六章在分析退耕还林与生态恢复关系的基础上，对退耕还林工程做了系统的分析；第七章与第八章落脚到城市，就城市森林建设以及城市生态系统建设进行了论述。

本书的撰写得到了云南省林业和草原局及云南农业大学有关专家学者的大力支持，在此一并表示感谢。

限于作者的学识和理解水平，书中难免存在疏漏之处，在此恳请广大专家学者提出宝贵意见，以便再版时修改完善。

作　者

2020 年 9 月

# 目 录

# 第一章 生态系统概述

## 第一节 生态系统的种类

### 一、自然生态系统

#### （一）水生生态系统

**1.海洋生态系统**

海洋占地球近 3/4 的面积，约 3.6 亿平方公里，平均深度为 2750 米，最深处约为 11000 米（太平洋中的海槽），海水的平均含盐量约为 3%。在浩瀚的大海中，活动着千姿百态的生物种群，构成了错综复杂的连锁关系。海洋的各个角落里，生命系统都在一刻不停地活动着。但是，从海岸线到远洋，从表层到深层，由于水的深度、温度、光照和营养状况的不同，海洋不同区域的生态系统也是不一样的，它们的成员、活动力和生产力也是相差很大的。

海洋生态系统按海水的深度、种群特征和生产力的大小分为三个类型，即海岸带生态系统、浅海带生态系统和远洋带生态系统。

（1）海岸带（包括海湾部分）生态系统。海岸带生态系统位于海洋与陆地交界处，是海洋最外圈的浅水带，面积不大，约占海洋的 1%，水深不超过 100 米。海岸带主要接受陆地输入的营养物质，故养分较为丰富，但也是最易于富集污染物的危险带。海岸带水体中的光照条件也较好，在澄清时光线可达于底层。

海岸带生态系统的主要生产者是大型的固定着的挺水和沉水植物，如红树、大叶红藻、绿藻等。海岸带生态系统的消费者是各种以固着的大型植物为食的海洋动物，以及滤食性的动物，如海星、牡蛎、鹈鹕等。

（2）浅海带生态系统。浅海带生态系统主要是大陆架部分，面积约占海洋的7.5%，水深在200米左右。浅海带的营养物质也受大陆输入物的强烈影响，营养较丰富，也常受污染的威胁，其主要生产者为浮游植物，如硅藻、裸甲藻等，消费者为摄食浮游植物的虾类和大量滤食性动物，如鳕、海鸥、牡蛎等。浅海带又是矿物质营养元素和化石能源的后备储存库，如石油、磷矿石等储量就很丰富。因此，一些技术先进的国家，为开发大陆架资源进行着激烈的争夺。

（3）远洋带生态系统。远洋带生态系统是海洋生态系统的主体，占整个海洋的90%以上。远洋带还可再分为上涌带、珊瑚礁，以及按深度可分为远洋表层带、中层带、深海带和极深带。

远洋带生态系统是生物圈内最大的、层次最厚的生态系统，在生物学方面也最富多样性，但其生产力极低。它的生产者是极小的浮游生物和小鞭毛藻类，还有大量的碎屑食物供各营养级摄食。远洋带中的生物相对密度虽然不高，但有不少大型肉食水生动物，故食物链长。

2. 淡水生态系统

在大陆上，散布着长短、大小、方圆、深浅各不相同的淡水，它们是生物活跃的"游泳池"。淡水流域更是人类的发源地，自古以来，人类傍水而居，世代相传，所以淡水流域一直是社会经济文化发展的中心。

淡水生态系统根据流速，可以分为流水生态系统和静水生态系统两类。

（1）流水生态系统。流水生态系统主要是指江河、溪涧和水渠。流动水一般起源于山区，纵横交错的各级支流汇合成江河，最后多注入大海。流动水的面积虽小，但它是人类利用最多的一个区域，在提供水力资源、解决运输和污水处理等方面与人类密切相关。

不同的水系或同一水系的不同河段，生物种群和生产力都是不一样的。这主要受流域气候和流速的影响，流速又取决于源头的高度、水系的长度、流域的地形、各河段的水量和河床比降等因素。

一般水系的上游，落差大的河段流速大于 50 厘米 / 秒，河床多石砾，流域范围内人口密度不大，污染物的输入和富集较轻。在这样湍急的水体中，初级生产者多为由藻类等构成的附着于岩石上的植物群，消费者也多为具特殊附着器官的昆虫和体型较小的鱼类。

水系的下游一般河床宽阔，流速多在 50 厘米 / 秒以下，河床底部常为泥质或沙质沉积，营养物和污染物的富集程度均较高。初级生产者除藻类以外，还有高等植物和陆地输入的各种有机腐屑，共同构成水生动物的食源。

（2）静水生态系统。静水生态系统是指星罗棋布于较平缓地带的湖、塘、沼泽和水库。所谓静水，并非绝对的静止，只是水的流动和更换很缓慢。

在静水生态系统中，由外围向中心，由表层至深层，生态异质性极为明显。因此，植物种群呈同心圆状的生态系统分布，从滨岸向中心，初级生产者的分布系统为：湿生树种（柳树、落羽杉、水松等）—挺水植物（芦苇、香蒲、莲等）—浮水植物（菱、睡莲、芡实等）—沉水植物（各种藻类等）。消费者为：虾、草食性鱼类—蛙、肉食性鱼类—蛇、水鸟等。

静水生态系统在物质循环和能量转换过程中属于半封闭的系统，它的边界又易于划定，所以常作为生态系统功能定位研究之用。林德曼关于营养动力学的研究和食物链理论的创建，就是从深入研究湖泊生态系统的资料而来的。

## （二）陆地生态系统

### 1.森林生态系统

森林生态系统是指以木本植物为主的生物群落和非生物环境相互影响、相互作用构成的具有一定结构和功能的自然系统。森林生态系统主要分布在湿润和半湿润气候地区，具有独特的发生、发展历史和地理分布规律，其系统类型和生物种类的多样性，空间结构和营养结构的复杂性，以及生物生产力的巨大性，均非草原、荒漠、冻原等其他生态系统所能比。森林不仅能提供能源和大量的林副产品，而且通过物质和能量的交换，对周围的环境能持续地产生较大的影响，在保持自然界的动态平衡中，具有决定性的意义。

森林生态系统具有如下特点：

（1）种类繁多，结构复杂。森林生态系统蕴含有非常丰富的生物资源和基因库资源，种类数量之多，非其他生态系统可比。森林生态系统的生产者包括乔木、灌木、草本、苔藓和地衣，其中乔木占据优势地位，能生产大量有机物质，是森林生态系统重要的物质和能量基础。食草性动物主要是一些食叶和蛀食性昆虫，以及其他植食性和杂食性的啮齿类和有蹄类动物。其中，昆虫多数是食物链中生产者和食肉性动物之间的重要链环。食肉性动物为食虫动物以及以食草性动物为食的中小型食肉类动物和猛禽。各种寄生性昆虫，大型或集体捕猎的食肉兽为更高一级的消费者。分解者是微生物（细菌、真菌等）和土壤动物（原生动物、节肢动物、环节动物、软体动物和线虫类等）。

生产者、消费者和分解者与它们周围的无机环境相互影响并相互作用，共同组成一个具有十分复杂的结构、最复杂的营养级和食物链（网）关系的生态系统。食物链主要有草牧性食物链和腐屑性食物链两种类型，又以后者占优势。树木构成森林生态系统绝大部分的生物量，在自然条件下，主要为昆虫、蚯蚓、一些节肢动物和真菌等所腐化；掉落在地上的凋落物，同样为腐生生物所还原；被输出系统以外的木材等生物量，最终还是要腐化还原，转换为热能归还于环境。

（2）相对封闭式的物质循环。在自然状态的森林生态系统中，生产者、消费者、分解者与无机环境之间的物质循环可完全在系统内部正常进行，特别是非气体的养分元素有着明显的循环，即在系统周界内的有效养分都在生产者（有机物部分）和土壤岩石之间进行周期性的生物循环。

系统内部的生物循环一般包括吸收、存留和归还三个过程，即森林植物的根系从土壤中吸收自己生命过程中所需要的营养元素，这些营养元素一部分被保留在生物体的组织和器官中，同时生物体每年又以凋落物的形式将所积累的营养元素的一部分归还给土壤。因此，通过生物循环，就可以维持系统内大部分营养元素的收支平衡。

森林生态系统营养元素循环强度最大的时期是在森林植物特别是林木生长最旺盛的阶段。随着林分年龄的增大，营养元素循环强度减弱。到了成熟阶段，森林植物从土壤中吸收的营养元素与归还土壤的几乎相等，有时甚至大于从土壤中吸收的营养元素，这是森林衰老、枯倒木增多的缘故。

（3）稳定性高。森林生态系统在形成和发展过程中，生物与生物之间、生物与环境之间的相互依存、相互制约、彼此协调，使系统处于一种比较稳定的状态，并保持相对的动态平衡。

处于生态平衡状态的生态系统，具有一种自助调节能力，能自动调节和维持自己稳定的结构和功能。生态系统越成熟，内部小生境越多样，生物种越丰富，种类和数量越多；食物网越复杂，结构也越复杂，生物量越大，能量和物质的流动途径越畅通，环境的生产潜力也得到充分发挥，物质和能量的输入与输出趋于平衡，系统保持稳定状态。

在湿润和半湿润的森林地区，热量的多少，生长季节的长短，往往决定着森林生态系统的组成和结构，能量流动和物质循环的速率，以及生物生产量的高低。依据地带性的气候特征和相适应的森林群落，森林生态系统可分为一系列不同的类型。例如，热带森林生态系统包括热带雨林、热带季雨林、红树林、热带疏林等生态系统；亚热带森林生态系统包括亚热带常绿阔叶林、亚热带常绿硬叶林等生态系统；温带森林生态系统包括暖温带夏绿阔叶林、温带针阔叶混交林、寒温带针叶林等生态系统。

2.草原生态系统

草原是内陆半干旱到半湿润气候条件下特有的一种生态系统类型。这里的降水不足以支持森林群落的发育，但却足以维持耐旱的多年生草本植物，尤其是禾草类植物的繁茂生长。

草原在地球上占据着一定的面积，且在不同的气候条件下形成不同的类型。夏季少雨、冬季寒冷的温带地区有温带草原。在欧亚大陆，西自欧洲多瑙河下游起，草原植被呈连续的带状往东延伸，经罗马尼亚、俄罗斯和蒙古等国，直达我国境内，构成世界上最宽广的草原带。在北美洲，北由南萨斯喀彻温河开始，沿经度方向，直达得克萨斯，形成南北走向的草原带。此外，在南美洲、非洲等地也有小面积分布。全年干湿季交替明显的热带地区有热带稀树草原。在非洲，稀树草原占据大陆面积的40%，尤以非洲东部和撒哈拉大沙漠以南地区特别发达。南美洲的稀树草原大片集中在赤道以南的巴西高原上，北美西部、澳大利亚和亚洲也仅小面积分布。另外，分布在各大陆高山和高原地带的草原为高寒草原，面积虽不大，却也是独具特色的。

草原生态系统中，绿色植物的主体是禾本科、豆科和菊科等草本植物。其中，温带草原以耐寒、耐旱的多年生草本植物为主，如针茅属、羊茅属、羊草属等植物，还混生有耐旱的灌木。热带稀树草原以耐热、耐旱的多年生草本植物为主，如须芒草属、黍属等植物，并伴生稀疏的耐旱、矮生的乔木和灌木，如金合欢属、猴面包等植物。高寒草原以寒旱生多年生草本植物为主，如针茅属、苔草属、羊茅属等植物，并出现垫状植物和其他高山植物。上述植物大多具有适应干旱气候的形态和生理特征，如叶面积缩小、叶片内卷、气孔下陷、机械组织与保护组织发达等，借以减少蒸腾，防止水分过度损耗。

开阔的草原适宜善于奔跑的大型食草动物和食肉动物生活。前者如热带稀树草原上的长颈鹿、斑马、角马、瞪羚等，温带草原上的野驴、黄羊等，多属于有蹄类和哺乳类动物；后者如草原猫科动物、狐狸、狼、猎豹、獾等。洞穴生活的啮齿类动物种类很多，如田鼠、旱獭、黄鼠、仓鼠、跳鼠、鼢鼠、鼠兔等，它们既采食植物茎、叶、果实和地下部分，也捕食某些昆虫。草原上数量最多的鸟类是云雀、角百灵等；草原猛禽以鸢、雀鹰、苍鹰最为常见，它们以草原上食草的小动物为食。

草原生态系统中种类丰富的生产者、消费者和分解者之间相互联系并相互制约，组成复杂的食物链（网）结构，使各生物种群之间大体保持平衡，从而维持生态系统的平衡。

3.荒漠生态系统

生态学上将荒漠定义为由旱生、强旱生低矮木本植物，包括半乔木、灌木、半灌木等组成的群落。荒漠主要分布在热带、亚热带和温带干旱地区。在北半球，荒漠地带特别明显，从非洲北部的大西洋沿岸起，往东经撒哈拉沙漠，阿拉伯半岛的大、小内夫得沙漠，鲁卜哈利沙漠，伊朗的卡维尔沙漠和卢特沙漠，阿富汗的赫尔曼德沙漠，印度和巴基斯坦之间的塔尔沙漠，我国西北和蒙古之间的戈壁沙漠，形成世界上最为广阔的荒漠区，即亚非荒漠区。此外，还有北美西南部的大沙漠，南美西岸的阿塔卡马沙漠，澳大利亚中部沙漠，南非的卡拉哈里沙漠等。

荒漠生态系统的生境极为严酷，主要表现为气候极为干旱，水分稀少，年降水量少于250毫米，甚至只有数毫米，蒸发量却是降水量的数倍至数十倍。夏季炎热，最热月的平均气温可达 40℃，且日温差大，有时可达 80℃；多大风和尘暴，物理风化强烈；土层薄，质地粗，缺乏有机质，富含盐分。这种恶劣的生境条件，十分不利于各种生物的正常生长和发育。只有经过长期的适应，具备旱生生态生物学特性的种类，才能得以生存。

荒漠的生物具有在进化过程中形成的战胜干旱和高温的能力。植物克服干旱的方法有：在干旱期以种子的形式存活下来，在有充足降雨时发芽；在植物体内贮存水分；落叶或者具有能减少蒸腾作用的小叶等。动物躲避酷热的方法有：寻找隐蔽的地方或者在地下洞穴里度过白天；从多汁植物、捕获物的血液和体液或者碳水化合物和脂肪的代谢氧化作用中获得水分等。

荒漠食草性动物和食肉性动物在取食形式上是广食性的。前者广泛地取食植物的各个部分，甚至利用已死的枯枝落叶作为最后的食物来源，如黑尾鹿、荒漠绵羊等在有多汁的和短命的食物可供食用时，常以这些植物为食料，但在干旱期间则改食木本植物的鲜嫩枝叶。后者如狐狸等食混杂的食物，包括叶子和果实，甚至以昆虫为食的鸟类和啮齿动物也大量吃生态系统中的消费者和分解者。它们通过取食和分解关系，组成较复杂的食物网。

由于生物种类极度贫乏，种群密度偏低，荒漠生态系统的结构十分简单，系统的稳定性也较差。

## 二、人工生态系统

### （一）城市生态系统

城市生态系统是城市居民与其周围环境相互作用而形成的网络结构，也是人类在改造和适应自然环境的基础上建立起来的特殊的人工生态系统。从时空观来看，城市是一个国家或地区的政治中心、经济中心和科学文化中心。从本质和功能来说，城市是经济实体、社会实体、科学文化实体和自然实体的有机统一。因此，城市生态系统又是一个自然—经济—社会的复合系统。

城市生态系统占有一定的环境地段，有其特有的生物组成要素和非生物组成要素，还包括人类和社会经济要素。这些要素通过物质和能量代谢、生物地球化学循环以及物质供应和废物处理系统，形成一个有内在联系的统一整体。

严格地讲，城市只是人口集中居住的地方，是当地自然环境的一部分，它本身并非一个完整的、自我稳定的生态系统。一方面，城市所需要的物质和能量大多来自周围其他系统，其状况如何往往取决于外部条件；另一方面，城市也具有生态系统的某些特征，如组成城市的生物成分，除人类外，还有植物、动物和微生物，能够进行初级生产和次级生产，具有物质的循环和能量的流动，但这些作用都因人类的参与而发生或大或小的变化。此外，城市与其周围的生态系统存在着千丝万缕的联系，它们之间相互影响、相互作用、相互联系。因此，把城市作为一个生态系统，不仅有益于城市本身的发展、管理和规划，也有利于处理和协调城市与周围地区的关系。

城市生态系统和一般自然生态系统（如森林、草原等）不同，主要表现在以下几方面：

（1）城市生态系统是人工生态系统，人是这个系统的核心和决定因素。这个生态系统本身就是人工创造的，它的规模、结构、性质都是人们自己决定的。至于这些决定是否合理，将通过整个生态系统的作用效力来衡量，最后再反作用于人们。在这个生态系统中，人既是调节者又是被调节者。

（2）城市生态系统是消费者占优势的生态系统。在城市生态系统中，消费者生物量大大超过初级生产者生物量，生物量结构呈倒金字塔形；同时需要有大量的辅加能量以及物质的输入和输出，相应地需要大规模的运输，对外部资源有极大的依赖性。

（3）城市生态系统是分解功能不充分的生态系统。城市生态系统较之其他的自然生态系统，资源利用效率较低，物质循环基本上是线状的而不是环状的。城市生态系统的分解功能不完全，大量的物质能源常以废物形式输出，造成严重的环境污染。同时，城市在生产活动中把许多自然界中深藏地下的，甚至本来不存在的物质（如许多人工化合物）引进城市生态系统，加重了环境污染。

（4）城市生态系统是自我调节和自我维持能力很薄弱的生态系统。当自然生态系统受到外界干扰时，可以借助自我调节和自我维持能力来维持生态平衡。而城市生态系统受到干扰时，其生态平衡只有通过人们的正确参与才能维持。

（5）城市生态系统是受社会经济多种因素制约的生态系统。作为这个生态系统核心的人，既有作为"生物学上的人"的一个方面，又有作为"社会学上的人"以及"经济学上的人"的另一个方面。从前者出发,人的许多活动是服从生物学规律的,但就后者而言,人的活动和行为准则是由社会生产力和生产关系以及与之相联系的上层建筑所决定的。因此,城市生态系统和城市经济、城市社会是紧密联系的。

## (二)农田生态系统

农田生态系统是指人类在以作物为中心的农田中,利用生物和非生物环境之间以及生物种群之间的相互关系,通过合理的生态结构和高效生态机能进行能量转化和物质循环,并按人类社会需要进行物质生产的综合体。它是农业生态系统中的一个主要亚系统,是一种被人类驯化了的生态系统。农田生态系统不仅受自然规律的制约,还受人类活动的影响;不仅受自然生态规律的支配,还受社会经济规律的支配。

农田生态系统中的生物,按功能区分可以分成以绿色作物为主的生产者、以动物为主的大型消费者和以微生物为主的小型消费者。然而,在农田生态系统中,占据主要地位的生物是经过人工驯化的农作物、人工林木等,其次是一些人工放养于农田的动物,以及与这些农业生物关系密切的生物种群,如专食性害虫、寄生虫、根瘤菌等。由于人类有目的地选择与控制,农田生态系统中其他的生物种类和数目一般较少,生物多样性显著低于同一地区的自然生态系统。

农田生态系统具有巨大的服务功能价值,是人类社会存在和发展的基础。但是,人类在利用其服务功能的同时,通过非持续的发展方式导致农田生态系统以史无前例的速度退化。自工业时代以来,世界范围内的农业用地呈现退化趋势,这不但削弱了农田生态系统提供服务功能的能力,还引发了一系列的环境和生态安全问题,威胁到人类社会的发展。因此,可持续地利用农田生态系统服务功能已受到广泛关注。人们只有对农田生态系统服务功能、调控机制和驱动力进行深入研究,才能从根本上实现对农田生态系统的深刻理解、科学评价、合理调控,才能实现农田生态系统服务功能的可持续性,为人类的生存和社会的可持续发展提供基本保障。

# 第二节　生态系统的结构

生态系统是由生物与非生物相互作用结合而成的结构有序的系统。生态系统的结构主要指构成生态诸要素及其量比关系，各组分在时间、空间上的分布，以及各组分间能量、物质、信息流的途径与传递关系。生态系统结构主要包括组分结构、空间结构和营养结构三个方面。

## 一、组分结构

自然界的生态系统都由两大部分四类成分所组成。两大部分就是非生物环境部分和生物部分，四类成分是指环境要素类和植物、动物、微生物三个类群。

### （一）非生物环境

非生物环境是生态系统中生物赖以生存的物质和能量的源泉，以及活动的场所，包括生物圈中的三个基质：大气（圈）、水（圈）和岩石土壤（圈）。这三个圈层及其提供的物质，如按对生物代谢的作用来看，可分为原料部分、代谢过程的媒介部分、基层部分。

（1）原料部分：主要为通过大气层及于地表的光、氧、二氧化碳、水、无机盐类和有机酸等。

（2）代谢过程的媒介部分：水、土壤、温度和风等。

（3）基层部分：岩石和土壤。

### （二）生物

生物部分中的三个类群，根据它们在生态系统的能量转换和物质循环过程中所处的地位和机能，也就是营养方式（或称级次）的不同可分为生产者、消费者、分解者。

**1.生产者**

生产者包括所有的绿色植物。它们一方面通过光合作用将太阳辐射能吸收、贮藏、转化为化学能，另一方面吸收土壤中的氮、磷、钾、钙、镁、硫等无机元素合成有机物质，进行生态系统内的基础生产，也称为初级生产。绿色植物是能量和物质运转过程中的先锋和主导者，它们通过本身的代谢功能建造了有机体，是自养生物。它生产的产品是其他所有生物的食料和能源，故称其为生产者。

**2.消费者**

动物不能直接利用无机物来供应自身的需要，必须靠摄食其他生物为生，是异养生物，在生态系统中处于消费者的地位。动物中根据食性的不同，又分为植食性动物、肉食性动物、杂食性动物。

（1）植食性动物：以植物为食料的一些动物种群，如蝴蝶、兔、熊猫、象等。

（2）肉食性动物：捕食植食性动物或其他弱小动物的动物种群，如螳螂、蛙、鹰、虎等。

（3）杂食性动物：如鸟类、人类等。

消费者根据食性，即营养方式的不同，分成若干营养级，一个生态系统中包含的营养级次一般为三至四级，最多五级。

很多消费者既以其他生物为生，又是另一些生物的食料，所以消费者又是生态系统中的次级生产者。

**3.分解者（还原者）**

分解者包括细菌、真菌等微生物和一些小动物。它们以动植物的排泄物和残体为食料，经过吸收和分解，把复杂的有机物质变为简单的无机物质归还给环境，以供绿色植物再利用。

## 二、空间结构

### （一）水平结构

生态系统的水平结构主要指在一个生态系统中，有机体的个体、种群或群落之间的水平格局。按同种与不同种之间个体的生态关系来看，水平格局可分为两大类：一类是散生，另一类是簇生。

1. 散生

散生结构又可按分布的规则与否，分为规则分布和随机分布两种形式。

（1）散生结构的规则分布是指在一定地域内，个体均匀遍布，间距基本相等。这样的分布形式，如果密度适当，就能够最有效地利用环境资源，个体之间也不会形成排挤压抑的情况，因而单位面积生产率较高。但是，这种结构在自然生态系统中是少见的，只有沙漠地带的灌木会出现较规则的分布。动物界规则分布的情况更属罕见。农田、果树等人工经营的生态系统，多采用规则分布结构。

（2）散生结构的随机分布是指在一定地域内，个体分布是任意的、不均匀的，但也不是成簇的分布。在自然界，这种分布形式较散生规则分布稍多，但也不常见，只有在风播植物侵移的初期或密度小的群落中才会出现。动物界中典型的散生分布随机结构只见于潮汐涨落的泥滩上，如某些蛤类的分布。

2. 簇生

簇生结构在自然界的植物类群和动物类群中比比皆是，这是由物种的生物、生态学特性和小生境的不均匀性所决定的。

导致簇生的原因很多，归纳起来有以下两点：

（1）物种的繁殖和延续后代的特性。无论植物还是动物，后代大多以母本为中心，在一定范围内生存、活动，这种现象在幼年阶段极为明显。大粒种子的树种，幼树成群围聚在母树周围；以地下茎或根蘖等无性繁殖的树种，如竹类、杨属等，地上部分植株成簇生长。群状分布对适应不良环境、抵御外界侵扰、延续物种的繁衍有很大作用。

（2）在一定地段上，各个点的小生境是不均匀的。林内的不同地点光照条件不一致，林窗、林缘外由于光照较充分，幼树和一些林下植物常呈斑块状丛生。小地形的起伏或特殊的土壤，造成水肥条件或化学性质的斑状差异，也使种样呈丛状分布。

## （二）垂直结构

生态系统的垂直结构，包括不同类型生态系统在海拔高度不同的生境上的垂直分布和生态系统内部不同类型物种及不同个体的垂直分层两个方面。

随着海拔高度的变化，生物类型出现有规律的垂直分层现象，这是生物生存的生态环境因素发生变化的缘故。例如，川西高原自谷底向上，其植被和土壤依次为：灌丛草原—棕褐土、灌丛草甸—棕毡土、亚高山草甸—黑毡土、高山草甸—草毡土。由于山地海拔高度的不同，光、热、水、土等因子发生有规律的垂直变化，从而影响了农业、林业、牧业的生产和布局，形成了独具特色的立体农业生态系统。

生态系统的垂直结构，以农业生态系统为例，作物群体在垂直空间上的组合与分布，分为地上结构与地下结构两部分。地上部分主要研究复合群体茎枝叶在空间上的合理分布，以求得群体最大限度地利用光、热、水和大气资源；地下部分主要研究复合群体根系在土壤中的合理分布，以求得土壤水分、养分的合理利用，达到"种间互利，用养结合"的目的。

## 三、营养结构

生态系统的营养结构是指生态系统中生物与生物之间，生产者、消费者和分解者之间以食物营养为纽带所形成的食物链和食物网，它是构成物质循环和能量转化的主要途径。

### （一）食物链

食物链亦称营养链，是生态系统中各种生物为维持本身的生命活动，必须以其他生物为食物，从而形成一种由食物联结起来的链锁关系。这种摄食关系实际上是太阳能从一种生物转移到另一种生物的关系，即物质能量通过食物链进行流动和转换。一个食物链一般包括 3～5 个环节：一个植物、一个以植物为食料的动物和一个或更多的肉食动物。食物链不同环节的生物，其数量相对恒定，以保持自然平衡。

### （二）食物网

在生态系统中，生物之间实际的取食与被取食的关系并不像食物链所表达的那样简单，通常是一种生物被多种生物食用，反过来也食用多种其他生物。在这种情况下，生态系统中的生物成分之间通过能量传递关系，存在着一种错综复杂的普遍联系，这种联系像是一个无形的网，把所有的生物都包括在内，使它们彼此之间都有着某种直接或间接的关系。像这样，在一个生态系统中食物关系很复杂，各种食物链互相交错，形成的就是食物网，如图1-1所示。

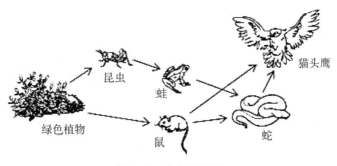

图1-1　食物网图示

一般来说，食物网可以分为两大类：草食性食物网和腐食性食物网。前者始于绿色植物、藻类或有光合作用的浮游生物，并传向植食性动物、肉食性动物；后者始于有机物碎屑（来自动植物），传向细菌、真菌等分解者，也可以传向腐食者及肉食动物捕食者。

# 第三节　生态系统的功能

## 一、能量流动

### （一）能量流动的概念与特征

1. 能量流动的概念

能量流动的起点主要是生产者通过光合作用所固定的太阳能。流入生态系统的总能量主要是生产者通过光合作用所固定的太阳能的总量。能量流动的渠道是食物链和食物网。流入一个营养级的能量是指被这个营养级的生物所同化的能量。例如羊吃草，不能说草中的能量都流入了羊体内，流入羊体内的能量应是指草被羊消化吸收后转变成羊自身的组成物质中所含的能量，而未被消化吸收的食物残渣的能量则未进入羊体内，不能算作流入羊体内的能量。

一个营养级的生物所同化的能量一般用于两个方面：一是呼吸消耗；二是用于生长、发育和繁殖，也就是贮存在构成有机体的有机物中。贮存在有机体的有机物中的能量有一部分随死亡的遗体、残落物、排泄物等，被分解者分解掉；另一部分是流入下一个营养级的生物体内及未被利用的部分。在生态系统内，能量流动与碳循环是紧密联系在一起的。

2.能量流动的特征

能量流动的特征是单向流动和逐级递减。

（1）单向流动。单向流动是指生态系统中的能量只能从第一营养级流向第二营养级，再依次流向后面的各个营养级，一般不能逆向流动。这是由生物长期进化所形成的营养结构决定的，如狼捕食羊，但羊不能捕食狼。

（2）逐级递减。逐级递减是指输入到一个营养级的能量不可能百分之百地流入后一个营养级，能量在沿食物链流动的过程中是逐级减少的。能量沿食物网传递的平均效率为 10% ～ 20%，即一个营养级中只有 10% ～ 20% 的能量被下一个营养级所利用。

（二）能量流动的过程

1.能量的输入

生态系统的能量来自太阳能，太阳能以光能的形式被生产者固定下来后，就开始了在生态系统中的传递，被生产者固定的能量只占太阳能的很小一部分，表1-1给出了太阳能的主要流向。

表1-1　太阳能的主要流向

| 流　向 | 反　射 | 吸　收 | 水循环 | 风、潮汐 | 光合作用 |
|---|---|---|---|---|---|
| 所占比例 | 30% | 46% | 23% | 0.2% | 0.8% |

光合作用固定能量所占比例仅仅是太阳能的 0.8%，但也有惊人的数目（$3.8 \times 10^{25}$ 焦／秒）。生产者将太阳能固定后，能量就以化学能的形式在生

态系统中传递。

2. 能量的传递与散失

能量在生态系统中的传递是不可逆的，而且逐级递减，递减率为10%～20%。能量传递的主要途径是食物链与食物网，这构成了营养关系，传递到每个营养级时，同化能量的去向为：未利用（用于今后繁殖、生长）、代谢消耗（呼吸作用、排泄）、被下一营养级利用（最高营养级除外）。

## （三）营养级

食物链和食物网是物种和物种之间的营养关系，这种关系错综复杂，为了便于进行定量的能流和物质循环研究，生态学家提出了营养级的概念。

一个营养级是指处于食物链某一环节上的所有生物种的总和。例如，作为生产者的绿色植物和所有自养生物都位于食物链的起点，共同构成第一营养级。所有以生产者（主要是绿色植物）为食的动物都属于第二营养级，即植食动物营养级。第三营养级包括所有以植食动物为食的肉食动物。以此类推，还可以有第四营养级（即二级肉食动物营养级）和第五营养级。

生态系统中的能流是单向的，通过各个营养级的能量是逐级减少的，减少的原因是：①各营养级消费者不可能百分之百地利用前一营养级的生物量，总有一部分会自然死亡和被分解者所利用；②各营养级的同化率也不是百分之百的，总有一部分变成排泄物而留在环境中，为分解者所利用；③各营养级生物要维持自身的生命活动总要消耗一部分能量，这部分能量会变成热能而耗散掉，这一点很重要。生物群落及在其中的各种生物之所以能维持有序的状态，就依赖于这些能量的消耗。也就是说，生态系统要维持正常的功能，就必须有永恒不断的太阳能的输入，用以平衡各营养级生物维持生命活动的消耗，只要这个输入中断，生态系统便会丧失功能。能流在通过各营养级时会急剧地减少，所以食物链就不可能太长，生态系统中的营养级一般只有四五级，很少有超过六级的。

能量通过营养级逐级减少，如果把通过各营养级的能流量由低到高画成图，就成为一个金字塔，称为能量锥体或金字塔。同样，如果以生物量或个体数目来表示，就能得到生物量锥体和数量锥体。三类锥体合称为生态锥体。

一般说来，能量锥体最能保持金字塔形，而生物量锥体有时有倒置的情况。例如，海洋生态系统中生产者（浮游植物）的个体很小，生活史很短，常低于浮游动物的生物量。这样，按上法绘制的生物量锥体就倒置过来了。当然，这并不是说在生产者环节流过的能量要比在消费者环节流过的少，而是由于浮游植物个体小、代谢快、生命短，某一时刻的现存量反而要比浮游动物少，但一年中的总能量还是较浮游动物多。数量锥体倒置的情况就更多一些，如果消费者个体小而生产者个体大，如昆虫和树木，昆虫的个体数量就多于树木。同样，对于寄生者来说，寄生者的数量也往往多于宿主，这样就会使锥体的这些环节倒置过来，但能量锥体则不可能出现倒置的情形。

## 二、物质循环

生态系统的能量流动推动着各种物质在生物群落与无机环境间循环。这里的物质包括组成生物体的基础元素，如碳、氮、硫、磷，以及以 DDT 为代表的，能长时间稳定存在的有毒物质。这里的生态系统也并非家门口的一个小水池，而是整个生物圈，其原因是气态循环和水体循环具有全球性。例如，2008 年 5 月，科学家曾在南极企鹅的皮下脂肪内检测到了脂溶性的农药 DDT，这些 DDT 就是通过全球性的生物地球化学循环，从遥远的文明社会进入企鹅体内的。

### （一）按循环途径分类

#### 1. 气体型循环
元素以气态的形式在大气中循环即为气体型循环，又称气态循环。气态循环把大气和海洋紧密连接起来，具有全球性。碳—氧循环和氮循环以气态循环为主。

#### 2. 水循环
水循环是指大自然的水通过蒸发、植物蒸腾、水汽输送、降水、地表径流、下渗、地下径流等环节，在水圈、大气圈、岩石圈、生物圈中进行连续运动的过程。水循环是生态系统的重要过程，是所有物质进行循环的必要条件。

### 3.沉积型循环

沉积型循环发生在岩石圈，元素以沉积物的形式通过岩石的风化作用和沉积物本身的分解作用转变成生态系统可用的物质，沉积循环是缓慢的、非全球性的、不显著的循环。沉积循环以硫、磷、碘为代表，还包括硅以及碱金属元素。

### （二）常见的物质循环

#### 1.碳循环

碳元素是构成生命的基础，碳循环是生态系统中十分重要的循环，其循环主要是以二氧化碳的形式随大气环流在全球范围流动。碳循环的过程如下：

（1）大气圈→生物群落。植物通过光合作用将大气中的二氧化碳同化为有机物，消费者通过食物链获得植物生产的含碳有机物，在植物与动物获得含碳有机物的同时，有一部分二氧化碳通过呼吸作用回到大气中。动植物的遗体和排泄物中也含有大量的碳，这些产物是下一环节的重点。

（2）生物群落→岩石圈、大气圈。植物与动物的一部分遗体和排泄物被微生物分解成二氧化碳，回到大气中；另一部分遗体和排泄物在长时间的地质演化中形成石油、煤等化石燃料。分解生成的二氧化碳回到大气中开始新的循环；化石燃料将长期深埋地下，进入下一环节。

（3）岩石圈→大气圈。一部分化石燃料被细菌（比如噬甲烷菌）分解生成二氧化碳回到大气中；另一部分化石燃料被人类开采利用，经过一系列转化，最终形成二氧化碳。

（4）大气与海洋的二氧化碳交换。大气中的二氧化碳会溶解在海水中形成碳酸氢根离子，这些离子经过生物作用形成碳酸盐，碳酸盐也会分解形成二氧化碳。

整个碳循环过程中，二氧化碳的固定速度与生成速度保持平衡，大致相等，但随着现代工业的快速发展，人类大量开采化石燃料，极大地加快了二氧化碳的生成速度，打破了碳循环的速率平衡，导致大气中二氧化碳浓度迅速增长，这是引起温室效应的重要原因。

#### 2.氮循环

氮气占空气78%的体积，因而氮循环是十分普遍的。氮是植物生长所必需的元素，氮循环对各种植物包括农作物而言是十分重要的。氮循环的过程如下：

（1）氮的固定。氮气是十分稳定的气体单质，氮的固定指的就是通过自然或人工的方法，将氮气固定为其他可利用的化合物的过程。这一过程主要有三条途径：①在闪电的时候，空气中的氮气与氧气在高压电的作用下会生成一氧化氮，之后一氧化氮经过一系列变化，最终形成硝酸盐，即氮气+氧气→一氧化氮→二氧化氮（四氧化二氮）→硝酸→硝酸盐。硝酸盐是可以被植物吸收的含氮化合物，氮元素随后开始在岩石圈循环。②根瘤菌、自生固氮菌能将氮气固定生成氨气，这些氨气最终被植物利用，在生物群落开始循环。③自1918年弗里茨·哈勃发明人工固氮方法以来，人类对氮循环施加了重要影响，人们将氮气固定为氨气，最终制成各种化肥投放到农田中，使其开始在岩石圈循环。

（2）微生物循环。氮被固定后，土壤中的各种微生物可以通过化能合成作用参与循环。硝化细菌能将土壤中的铵根（氨气）氧化形成硝酸盐；反硝化细菌能将硝酸盐还原成氮气。反硝化细菌还原生成的氮气重新回到大气中开始新的循环，这是一条最简单的循环路线。如果进入岩石圈的氮没有被微生物分解，而是被植物的根系吸收进而被植株同化，那么这些氮还将经历另一个过程。

（3）生物群落→岩石圈。植物将土壤中的含氮化合物同化为自身的有机物（通常是蛋白质），氮元素就会在生物群落中循环。植物吸收并同化土壤中的含氮化合物；初级消费者通过摄取植物体，将氮同化为自身的营养物，更高级的消费者通过捕食其他消费者获得这些氮；植物、动物中的氮最终通过排泄物和尸体回到岩石圈，这些氮大部分被分解者分解生成硝酸盐和铵盐；少部分动植物的尸体形成石油等化石燃料。

经过生物群落循环后的硝酸盐和铵盐可能再次被植物根系吸收，但循环多次后，这批化合物最终全部进入硝化细菌和反硝化细菌组成的基本循环中完成循环。

（4）化石燃料的分解。石油等化石燃料最终被微生物分解或被人类利用，氮元素也随之生成氮气回到大气中，历时最长的一条氮循环途径完成。

### 3. 硫循环

硫是生物原生质体的重要组分，是合成蛋白质的必需元素，因而硫循环也是生态系统的基础循环。硫循环明显的特点是，它有一个长期的沉积阶段和一个较短的气体型循环阶段。含硫的化合物中，既包括硫酸钡、硫酸铅、硫化铜等难溶的盐类，也有气态的二氧化硫和硫化氢。硫循环的过程如下：

（1）硫的释放。多种生物经过地球化学过程可将硫释放到大气中。例如，火山喷发可以带出大量的硫化氢气体；硫化细菌通过化能合成作用形成硫化物，形成硫化物的种类因硫化细菌的种类而不同；海水飞沫形成气溶胶；等等。

火山喷发等途径形成的气态含硫化合物将随降雨进入土壤和水体，但大部分的硫直接进入海洋，并在海里永远沉积无法连续循环，只有少部分硫在生物群落中循环。

（2）岩石圈、水圈→生物群落。和氮循环类似，植物根系吸收硫酸盐，硫元素就开始在生物群落中循环，最后从尸体和排泄物中脱离，此类物质大部分被分解者分解，少部分形成化石燃料。

（3）重新沉积。分解者将含硫有机物分解为硫酸盐和硫化物后，这些硫化物将按硫的释放过程重新开始循环。

### （三）有害物质循环

人类在改造自然的过程中，不可避免地会向生态系统排放有毒有害物质，这些物质会在生态系统中循环，并通过富集作用积累在食物链最顶端的生物上（最顶端的生物往往是人）。

生物的富集作用指的是生物个体或处于同一营养级的许多生物种群，从周围环境中吸收并积累某种元素或难分解的化合物，导致生物体内该物质的平衡浓度超过环境中的浓度。有毒有害物质的生物富集曾引发包括水俣病、痛痛病在内的多起生态公害事件。

生物富集对自然界的其他生物也有重要影响。例如，美国的国鸟白头海雕就曾受到 DDT 生物富集的影响。1952—1957 年，已经有鸟类爱好者了解到白头海雕的出生率在下降，随后的研究则表明，高浓度的 DDT 会导致白头海雕的卵壳变软以致无法承受自身的重量而碎裂，直到 1972 年美国环境保护署正式全面禁止使用 DDT，白头海雕的数量才开始恢复。

## 三、信息传递

### （一）营养信息

从某种意义上说，食物链、食物网就代表着一种信息传递系统。在英国，牛的青饲料主要是三叶草，三叶草传粉受精靠的是土蜂，而土蜂的天敌是田鼠，田鼠不仅喜欢吃土蜂的蜜和幼虫，而且常常捣毁土蜂的窝，土蜂数量的多少直接影响三叶草的传粉结籽，而田鼠的天敌则是猫。一位德国科学家说："三叶草之所以在英国普遍生长是由于有猫，不难发现，在乡镇附近，土蜂的巢比较多，因为在乡镇中养了比较多的猫，猫多鼠就少，三叶草普遍生长茂盛，为养牛业提供了更多的饲料。"不难看出，以上过程实际上也是一个信息传递的过程。

### （二）化学信息

生物界在漫长的进化过程中，最早出现的信息传递系统就是化学信息系统。它是古朴的信息系统，在神经系统出现以前，化学信息系统是有机体全能的调控系统。神经系统出现以后，化学信息系统退居第二位，成为内分泌系统。这两套系统互相协调，取长补短，调控生命活动。

在生态系统中，生物代谢产生的物质，如酶、维生素、生长素、抗生素、性引诱剂均属于传递信息的化学物质。化学信息深深地影响着生物种间和种内的关系，有的相互制约，有的相互促进，有的相互吸引，也有的相互排斥。按其功能，大致可以分为如下两个方面：

（1）不同种属间相互作用的化学物质：①具有伤害其他种属而保护自身作用的物质，包括有驱避作用、毒性作用、抑制作用的各种物质；②具有对其他种属有利作用的物质。

（2）同种属内相互作用的化学物质：①自体毒性物质；②信息素。

生物体之间化学信息的传递涉及植物与植物之间、动物与动物之间、植物与动物之间。

## （三）物理信息和行为信息

声、光、色等都属于生态系统中的物理信息。鸟的鸣叫，狮、虎的咆哮，蜜蜂、蝴蝶的飞舞，萤火虫的闪光，花朵艳丽的色彩和诱人的芳香都属于物理信息。这些信息对生物而言，有的是吸引，有的是排斥，有的表示警告，有的则是恐吓。

其实，物理信息常常是和行为信息紧密相连的。动物之间的通信联络除了化学通信以外，还有视觉通信、听觉通信、触觉通信和生物电通信。在高等动物之间，后者是更重要的一种通信方式。这类通信可以传递物理信息，调节动物的觅食行为、生殖行为、领域行为、战斗行为以及社群生活等活动。

# 第四节　生态退化与恢复

## 一、生态退化

### （一）生态退化的含义

退化生态系统是受损的生态系统，在自然因素和人为因素的作用下，生态系统的组分及其环境整体出现了退化，生态系统的结构和功能与原有的平衡状态发生了位移，导致生态系统内生物多样性降低、群落生产力下降以及生态服务功能损失。

退化生态系统是指生态系统在物质和能量匹配上的某一环节存在不协调或达到临界点后发生了退变。此时生态系统处于一种不稳定或失衡状态，表现为对自然或人为干扰的抵抗性或抗逆能力较低。而较弱的缓冲能力以及较强的敏感性和脆弱性，使生态系统逐渐演变为另一种与之相适应的低水平状态。在退化过程中，生态系统的结构和功能的不良变化可以表达出丰富的内在退化信息。生态系统是人类赖以生存和发展的物质基础，生态系统退化不仅带来了本身的生态问题，亦给人类的生存和经济社会的可持续发展带来了严重的威胁，并诱发出一系列严重的环境问题。

一般来说，生态退化包括以下几层含义。

1.生态退化具有一定的地域性

不同的地理位置、地质结构和地貌形态决定了物质和能量的输入途径、数量和速率，从而形成不同的生物地球化学循环类型，进而决定了基本的生态发育过程、生态联系、生态演替方向及景观生态类型，表现出明显的生态景观地域分异特征。

2.生态退化具有阶段性

在不同的时间阶段，生态退化具有不同的发展过程、特点、退化速率、强度以及恢复过程与恢复时间。

3.生态退化的两大触发因子

自然因素和人为因素是生态退化的两大触发因子，自然因素是潜在的、缓慢的、低频的，而人为因素则是显著的、高频的、持续的，对生态退化往往起着最主要的贡献作用。

4.生态退化有一定的参照系

生态退化和物体运动一样，也需要有一定的参照系。

5.生态退化是一种运动形式

生态退化既是一个过程，又是一种结果。从运动的角度来讲，生态退化是一个随时间而变化的过程和趋势，是一种运动形式。

6.生态退化具有相对性

生态退化的地域性和时空性决定了生态退化的相对性，其变化是通过时间与空间、数量与质量来具体表现的。

7.生态退化的动态平衡

生态退化在某些情况下是一个动态平衡，但某些远离初始态的生态退化往往是一个不可逆过程，很难或不可能自然地或人为地恢复到原有状态，这时生态退化就不能用一个动态平衡来表示。

8.生态退化是生态要素和生态系统的退化

生态退化包括生态要素退化和生态系统退化，生态要素包括土壤、水体、大气、植物和动物。

9.生态退化的顶级形式

荒漠化、沙漠化、石质化是生态退化的顶级形式。

10. 生态退化最基本的诊断特征

生态退化最基本的诊断特征是生态系统的固有功能的破坏或丧失，稳定性和生产力降低，抗逆能力减弱。

11. 生态退化的"生态阈限"

任何生态要素或生态系统皆有适度的规模或量的限定性，即"生态阈限"。超过或低于这个适度量的规定性，无论是过大还是过小的量变，都可发生不利的质变，进而导致生态退化的发生。

## （二）生态退化的类型

### 1. 裸地

裸地或称为光板地，通常具有较为极端的环境条件，或是较为潮湿，或是较为干旱，或是盐渍化程度较深，或是缺乏有机质甚至无有机质，或是基质移动性强等。裸地可分为原生裸地和次生裸地两种。原生裸地主要是自然干扰所形成的，而次生裸地则多是人为干扰所造成的。

### 2. 森林采伐迹地

森林采伐迹地是人为干扰形成的退化类型，是由于人类不同程度、不同方式采伐森林后导致的森林生态系统生产能力和服务功能的退化，其退化状态随采伐强度和频度而异。

### 3. 弃耕地

弃耕地是人类原始农耕方式造成的一种退化类型，这种退化类型也是相对于自然生态状态而言的。从生态系统演替意义上讲，这类退化生态系统具有双重性。一方面，它的可恢复性强，如不再干扰，会按照群落演替规律逐步恢复到顶级群落；另一方面，在农业生产水平发展到一定程度后，弃耕地的增多是积极的，它为区域整体生态环境的改善提供了基本条件。

### 4. 沙漠及荒漠化

沙漠可由自然干扰或人为干扰而形成。这里讲的沙漠是指在人为干扰下，原来非沙漠的土地沙漠化的现象，主要是指一些干旱地区，由于人为干扰所出现的沙漠化或原沙漠区向非沙漠区的推进。所谓荒漠化，则是指在干旱、半干旱地区和一些半湿润地区，生态环境遭到破坏，造成土地生产力衰退或丧失而形成荒漠或类似荒漠的过程。

**5.采矿废弃地**

采矿废弃地是指因采矿活动被破坏、不经治理而无法使用的土地，主要分为四种类型：①由剥离表土、开采的废石及低品位矿石堆积所形成的废石堆废弃地；②随着矿物的开采而形成的大量采空区域，即开采坑形式的废弃地；③由各种分选方法选出精矿后的剩余物的排放而形成的尾矿渣废弃地；④开采石料而形成的采石矿废弃地。

**6.垃圾堆放场**

垃圾堆放场或垃圾堆埋场是家庭、城市、工业等堆积废物的地方，其对生态环境的影响不仅仅是对耕地的占用，更为重要的是对生活环境的污染，包括对大气、地下水等的污染。

**7.污染的水域**

从长远的角度来看，自然原因是水域生态系统退化的主要因素，但随着工业化的发展，人为干扰大大加剧了水域生态系统退化的过程。大量未经过处理的生活和工业污水直接排放到自然水域中，使水源的质量下降，水域的功能降低，并对水中生物生长、发育和繁殖产生危害，甚至使水域丧失饮用水的功能。

**（三）生态退化的主要作用因子**

造成生态系统退化的主要外部因子有侵蚀、火、人类生产活动等。

**1.侵蚀**

侵蚀是一种自然过程，也是一种地形地貌的再塑过程，它通过自然力作用于生态系统，使生态系统的结构和组成成分发生相应的变化。侵蚀作用通常是从土壤、植被开始，而其作用的终点就是使土地完全丧失生产力，生物群落消失，形成沙漠、戈壁、裸土地、裸岩等地貌，而不再使土地具有生态系统的结构和功能。侵蚀按照其自然力的来源可分为风力侵蚀、水力侵蚀、冻融侵蚀、重力侵蚀等。

风力侵蚀的生态退化过程就是通常说的沙质荒漠化过程，通过地表的风蚀、堆集、运移等一系列地貌过程作用于生态系统。沙漠化研究者将风力侵蚀总结为沙丘活化、灌丛沙堆形成、土壤风蚀粗化、土地的不均匀风蚀切割形成劣地等几个过程。在风力侵蚀过程中，风作用于地表，形成风蚀，使土壤层被剥蚀而流动，破坏了土壤层，被风蚀的土壤在流动过程中埋压植被，形成风蚀斑块和裸露沙质斑块与原生生态系统镶嵌的格局。随着风蚀和堆集面积的不断扩大，景观日益破碎，原生生态系统的均一景观格局被打破，原生生态系统逐步缩减或消失，从而被新的生态系统所替代，形成荒漠化的生态系统。因此，风蚀对生态系统退化的作用不仅表现在土壤方面，植物群落的变化也会使动物、微生物种群发生变化，这种变化使生态系统向不利于人类利用和其自身生产力降低的方向发展。

水力侵蚀即通常说的水土流失。水土流失是一个分布范围最广的自然力侵蚀形式。与风蚀一样，水力侵蚀会造成土壤、生物层以及大气等一系列的破坏，雨水冲刷使土地丧失土壤，流失营养物质和矿质元素，同时在其他区域形成淤积和水体污染。

冻融侵蚀是近些年来才引起人们重视的一种自然力侵蚀形式。目前认为，冻融侵蚀的区域仅限于青藏高原主体部分，这种自然力作用于生态系统首先表现为地表土壤出现冻胀丘、冻融裂缝等，形成多边形土，土壤母质通过冻胀作用运移到地表或冻融裂缝之中，随作用力的加深或时间的推移，土壤层形成破碎的"块"状，一旦土层融化或其他外力，如风力、水力、重力、牲畜践踏等作用力给予叠加，其土壤层就被剥蚀，地表植物群落也随之消失，形成母质裸露的地表，导致生态系统退化或丧失。

重力侵蚀主要造成崩塌、泻溜、下陷等现象，破坏局部地表。外力侵蚀对生态系统的破坏作用是显而易见的，并且其作为一种自然力，目前人们大多只停留在对其作用机理和过程的研究上。

2.火

火是由于闪电、火山爆发或人类活动而引起的，火会使原生生态系统遭受严重损害，甚至使原有生态系统消失，构成大面积退化生态系统。火对土壤有深刻的影响，由于火烧后的裸露土壤或黑灰覆盖的土壤可以吸收大量的太阳能，因而火烧后的土壤温度会比原来高。火烧如果影响到土壤中有机质的含量，则对土壤的影响是长期的，会导致土壤退化，从而也影响植被的退化，火烧还可能通过苔藓类植物的消失而增加水分的蒸发。火可以消除土壤上层的微生物，改变土壤中微生物群落构成以及微生物种、种群的数量和比例。火灾对大型动物有严重的影响，一方面它们可能逃离火场或被烧死，另一方面栖息地植物群落的改变也使它们因不适应而迁移。因此，火作为退化生态系统形成的因素之一，是客观存在的，火的不同频度和强度决定了许多动植物群落的分布和结构，以及群落的演替形式。

3.人类生产活动

人类的生存和发展必须通过对自然生态系统的利用来实现，人类对自然生态系统的作用表现在开垦、放牧、砍伐森林等几个方面。开垦是把自然生态系统转化为农田生态系统，原则上讲，把物种丰富、生态过程复杂的自然生态系统转化为物种单一的农田生态系统本身就是一种退化现象，但农田生态系统作为一种人类必需的受控生态系统，从经济发展的角度来讲是必须的。开垦对土壤的影响首先是破坏天然植被，使裸露的土壤更易受自然力的侵蚀，开垦也破坏了自然生态系统腐殖质积累这一过程，改变了土壤系统中的各种水热条件和物质循环，进而对土壤动物和微生物产生影响。其次，垦殖通过引入其他因子进行高投入的生产，对土壤形成间接影响，如土壤酸化、碱化、土壤污染等，农业土壤的耕作过程是促进有机质矿化、加速有机质消耗的过程，对土壤动物、微生物及土壤结构、持水性均有深入的影响。最后，不合理的灌溉往往会造成土地次生盐渍化。

盲目地开垦是造成生态退化的一个主要方面，如把草地生态系统转变为农田生态系统，其先决条件是必须有投入，一旦不能保证农田生态系统具有较高的生产力，那么这种农田不仅不稳定，而且对风蚀、水蚀等自然力的作用有促发和诱导作用，往往会造成风蚀、水蚀等后果，使农田不得不弃耕。弃耕后的农田恢复为原有的面貌需要很长时间，并且投入将增加 5 ～ 10 倍，而且其开垦弃耕还会影响相邻未开垦的生态系统，使开垦农田成为原生生态系统物种流动、交换的隔离带，对原生生态系统的更新和稳定性产生不利影响。

放牧是人类对自然生态系统产生作用的另一方面。合理放牧并不会导致草原生态系统的退化，相反，合理放牧还可促进生态系统的更新和正向演替，但过度放牧会导致生态系统的退化。退化的普遍特征是草丛变矮、覆盖度降低、物种减少，特别是优良牧草的比例减少，而杂草、毒草及一年生植物数量增加，产草量下降，进而使生物生境恶化，出现沙化、盐渍化等现象。

森林的采伐也是导致生态退化的因素之一。森林砍伐后林地裸露，从而改变了原有生境，使森林生态系统转化为灌丛或草地生态系统，即使是间伐、择伐及重择伐也会使森林生态系统组分发生不同程度的变化；森林采伐使原有的截留雨水功能减弱，造成水土流失；森林大面积采伐使局域气候条件恶化，生物多样性减少，也影响到其他生态系统生境的改变。

另外，造成生态退化的因子还有非农业占地过程，如城市交通建设、采矿废弃地等。以采矿引起的生态破坏为例，首先矿山开采活动会对土地造成直接破坏，如露天开采会直接毁坏地表土层和植被，地下开采会导致地层塌陷，从而引起土地和植被的破坏。其次，矿山开采过程中的废弃物堆置，会导致对土地的过量占用和对堆置场原有生态系统的破坏。此外，矿山废弃物中的酸性、碱性、毒性或重金属成分通过径流和大气飘尘，也会破坏周围的土地、水域和大气，其污染影响面积将远远超过废弃物堆置场的面积。

### （四）生态退化的一般过程

生态退化是在自然和人为的双重影响下形成的，是一个渐进的过程，其退化过程因影响因子的不同而有所不同。例如，垦殖—弃耕过程对自然植被的破坏是一蹴而就的；过度放牧对生态系统的影响是先从其功能退化开始的，而后逐渐改变了生态系统的结构。自然过程中如不给予人为过度干扰，则其退化速度相对来说有较长的期限，并且时段非常明显，有一定的梯度分布规律，而到达某个时期之后，如果生态因子（如气候、土壤、水分）等不继续恶化，就会有一个相当长的稳定时期。任何生态系统的退化如果是生态因子（如土壤、水分等）退化，则很难恢复到原来的状态。因此，判定一个地区生态退化的程度需要从植物层、土壤层进行综合分析（大环境不变或微变的情况下）。

以草地为例，其初始退化是草地第一性生产力的降低，如植株变矮、盖度减小、生物量下降等，这种退化是轻度的；继续退化，杂草增多，优势种群被其他植物替代，甚至草地类型发生变化，如草原演替为荒漠化草原，这种退化是中度的；随着草地类型的改变，其生草土壤理化性状逐渐发生变化，土壤变得干旱、瘠薄，这种退化已达到重度；继续下去可能会使土壤层被侵蚀，从而导致土壤石质化、沙质化、砾质化或盐碱化，这时土地的生产力基本丧失，是退化的极点，即极重度退化。生态退化过程如图1-2所示。

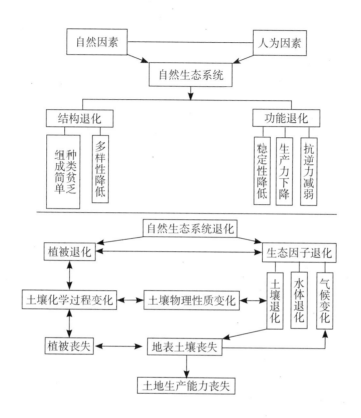

图 1-2　生态退化的过程

## （五）生态退化的特征

生态系统退化后，原有的平衡状态被打破，系统的结构、组分和功能都会发生变化，随之而来的是系统的稳定性减弱、生产能力降低、服务功能弱化。从生态学的角度分析，与正常生态系统相比，生态系统退化表现出如下特征。

1. 生物多样性变化

系统的特征种类、优势种类首先消失，与其共生的种类也逐渐消失，接着依赖其提供环境和食物的从属性依赖种相继因不适应而消失，而系统的伴生种迅速发展，种类增加，如喜光种类、耐旱种类或对生境尚能忍受的先锋种类趁势侵入、滋生繁殖。物种的数量可能并没有明显的变化，多样性指数可能并不降低，但多样性的性质发生变化，质量明显下降，价值降低，因而功能衰退。

2. 层次结构简单化

生态系统退化后，反映在生物群落中的种群特征上，常表现为种类组成发生变化，优势种群结构异常；在群落层次上表现为群落结构的矮化，整体景观的破碎。例如，因过度放牧而退化的草原生态系统，最明显特征是牲畜喜食植物的种类减少，其他植被也因牧群的践踏而减少，物种的丰富度减少，植物群落趋于简单化和矮小化，部分地段还因此而出现沙化和荒漠化。

3. 食物网结构变化

生态系统结构受到损害、层次结构简单化以及食物网的破裂，使系统稳定的食物网简单化，食物链缩短，部分链断裂和解环，单链营养关系增多，种间共生、附生关系减弱，甚至消失。例如，随着森林的消失，某些类群的生物如鸟类、兽类、微生物也因失去了良好的栖居条件和隐蔽点以及足够的食源而随之消失。食物网结构的变化会使系统自我组织、自我调解的能力减弱。

4. 能量流动出现危机和障碍

由于退化生态系统食物关系的破坏，能量的转化及传递效率会随之降低，主要表现为系统总光能固定的作用减弱，能流规模降低，能流格局发生不良变化；能流过程发生变化，捕食过程减弱或消失，腐化过程弱化，矿化过程加强而吸贮过程减弱；能流损失增多，能流效率降低。

5. 物质循环发生不良变化

生物循环减弱而地球化学循环增强。物质循环通常具有两个主要的流动途径，即生物学的"闭路"，或称生物循环和地球化学的"开放"循环，或称生物地球化学循环。生物循环主要在生命系统与活动库中进行。系统退化，层次结构简单化，食物网解链、解环或链缩短、断裂，甚至消失，使生物循环的周转时间变短，周转率降低，因而系统的物质循环减弱，活动库容量变小，流量变小，生物的生态学过程减弱。生物地球化学循环主要在环境与储存库中进行，由于生物循环减弱，活动库容量变小，相对于正常的生态系统而言，生物难以滞留较多的物质于活动库中，而储存库容量增大，所以生物地球化学循环加强。总体而言，物质循环由闭合向开放转化，生物多样性及其组成结构的不良变化，使生物循环与地球化学循环组成的大循环功能减弱，对环境的保护和利用作用减弱，导致环境退化。不良变化中最明显的莫过于系统中的水循环、氮循环和磷循环，由生物控制转变为物质控制，系统由关闭转向开放。例如，森林的退化导致其系统内的土壤和养分被输送到毗邻的水生系统中，进而引起富营养化等新的问题。当今全球范围内的干旱化、局部的水灾原因也就在于此。

6. 系统生产力下降

系统生产力下降的原因在于光能利用率减弱。由于竞争和对资源利用的不充分，光效率降低，植物为正常生长消耗在克服坏境的不良影响上的能量（以呼吸作用的形式释放）增多，净初级生产力下降；第一性生产者结构和数量的不良变化也导致初级生产力降低。

7. 生物利用和改造环境能力弱化及功能衰退

这方面主要表现为：固定、保护、改良土壤及养分能力弱化；调节气候能力削弱；水分维持能力减弱，地表径流增加，引起土壤退化；防风、固沙能力减弱；净化空气、降低噪声的能力弱化；美化环境等文化环境价值降低或丧失。

8. 系统稳定性下降

稳定性是系统最基本的特征。在正常系统中，生物相互作用占主导地位，环境的随机干扰较小，系统在某一平衡附近摆动。有限的干扰引起的偏离将被系统固有的生物相互作用（反馈）所抗衡，系统很快回到原来的状态。系统本是稳定的，但在退化系统中，由于结构成分的不正常，系统在正反馈机制的驱使下远离平衡状态，其内部相互作用太强，以致系统不能稳定下去。

## 二、生态恢复

### （一）生态恢复的概念

生态恢复的概念从不同角度有其不同的表述。从广义上来讲，生态恢复是指根据生态学原理，针对在人类活动影响下而退化的、受损的、被破坏的自然生态系统，通过一定的生物方法及生态工程技术，使其结构、功能以及生态学潜力尽快地、良性地恢复到一定的或原有的水平的过程。

生态恢复是相对于生态退化或生态破坏而言的，简言之，就是恢复系统的合理结构、高效的功能和协调的关系。生态恢复的本质就是使受损的生态系统有序演替的过程，这个过程使受损生态系统可能恢复到原先的状态。然而，由于自然条件的制约和复杂性以及人类社会对自然资源利用的取向影响，生态恢复并不意味着在所有场合下都能够或必须使受损的生态系统均恢复到原先的状态，其根本目的是恢复系统的必要功能并达到系统自我维持状态。

生态恢复的关键是系统功能的恢复和合理结构的构建，这是所有退化或受损生态系统恢复的技术目标。由生态学基本理论可知，生态系统包含不同范围、不同层次，只要是生物群体与其所处的环境组成的统一体，都可以视为一个生态系统，如一个池塘、一片草地都可以被看作一个生态系统。因此，生态恢复目标既适用于区域某一类型受损或退化系统，也适用于局部某一项具体的生态工程。

### （二）生态恢复的一般理论

生态恢复的一般理论包括限制因子理论、生态位理论、生态适宜性理论、群落演替理论、生物多样性理论、自我设计与人为设计理论等。

1. 限制因子理论

生物的生存和繁殖依赖于各种生态因子的综合作用，其中限制生物生存和繁殖的关键性因子就是限制因子。任何一种生态因子只要接近或超过生物的忍受范围，就会成为这种生物的限制因子，生态系统的限制因子强烈地制约着系统的发展。在生物生长发育过程中，每个生态因子都不能孤立存在，它们同等重要，缺一不可。任何一个生态因子在数量上或质量上的不足或过多，都会使该生物衰退或不能生存。当一个生态系统被破坏之后，要进行恢复会遇到许多因子的制约，生态恢复就是从多方面设计与改造生态环境和生物种群，但在进行生态恢复时必须找出该系统的关键因子，找准切入点。

2. 生态位理论

美国学者 Grinell 最早在生态学中使用"生态位"的概念，用以表示划分环境的空间位和一个物种在环境中的地位。他认为生态位是一个物种所占有的微环境，他强调的是空间生态位的概念。英国生态学家 Elton 把生态位看作"物种在生物群落中的地位与功能作用"。英国生态学家 Hutchinson 发展了生态位概念，提出多维生态位，他以物种在多维空间中的适合性来确定生态位边界，他的生态位概念目前已被广泛接受。

生态位可表述为生物在完成其正常生命周期时所表现的对特定生态因子的综合适应位置。生态位是生态学的一个重要概念，它是指以生物对生态因子的综合适应性为指标构成的超几何空间，能够反映一个种群在时间、空间上的位置及其与相关种群之间的功能关系。

3. 生态适宜性理论

物种在长期进化中，对光、热、温、水、土及养分产生了各自的适应性，有些植物是喜光植物，有些植物是喜阴植物，有些植物只能在酸性土壤中才能生长，有些水生植物只能在水中才能生长。因此，在进行生态恢复工程设计时要先调查恢复区的自然生态条件，如土壤性状、光照特性、温度等，根据生态环境因子来选择适当的生物种类，使生物种类与环境生态条件相适宜。在实践中，生态适宜性理论最重要的应用就是"适地适树"，如沙生植物应种植在沙丘地，黄土丘陵地区的一些潮湿的地区可种植中生植物，在干旱的梁地只能种植旱生植物。

4. 群落演替理论

群落演替就是一个群落代替另一个群落的过程。在裸地发生的演替称为原生演替，如沙丘地演替；在因火灾、污染、洪水等灾害而使原先存在的植被遭到破坏的那些地区发生的演替，称为次生演替。无论原生演替还是次生演替，都可以通过人为手段加以调控，从而改变演替速度或改变演替方向。例如，在云杉林的火烧迹地上直接种植云杉，从而缩短演替时间。

群落演替理论是生态系统恢复最重要的理论，为生态恢复提供指导依据。生态系统退化实际是在干扰下进行逆行演替的动态过程，在排除干扰后向原系统恢复的过程中，需按生态演替规律分阶段促进系统向顺行演替发展。植物群落随时间依次替代最后达到相对稳定，依次替代的顺序是先锋物种侵入、定居和繁殖，改善退化生态系统的生态环境，使适宜物种生存并不断取代低级的物种，直至群落恢复到原来的外貌和物种成分。生态恢复主要是通过恢复措施控制待恢复系统的演替过程和发展方向，恢复其结构和功能，使系统达到自我平衡的状态。

5. 生物多样性理论

植物多样性是生态系统稳定的基石，可优化生态系统功能。生境多样性构成了生物多样性的基础，生物多样性的增加可使网状食物链结构趋于复杂，使平衡的群落容量增加，提高生态系统的抗干扰能力以及资源利用效率。在生态恢复中，应该避免植物种植单一化，要利用不同物种相互影响、相互制约的特点改善环境，从而保证生态系统的稳定性。

恢复生物多样性会增加生态系统功能过程的稳定性：①高的多样性增加了具有高生产力的种类出现的机会；②多样性高的生态系统内，营养的相互关系更加多样化，为能量流动提供可选择的多种途径，各营养水平间的能量流动趋于稳定；③高的多样性会增强生态系统被干扰后对来自系统外其他物种入侵的抵抗能力；④多样性高增加了系统内某一个种所有个体间的距离，降低了植物病体的扩散；⑤多样性高的生态系统内，各个种类充分占据已分化的生态位，从而提高了系统对资源利用的效率。

生态恢复工程中应最大限度地采取技术措施，通过引进新的物种配置好初始种类组成，加快恢复与地带性生态系统（结构和功能）相似的生态系统；同时，利用就地保护的方法保护生物多样性，也有利于人类对资源的可持续利用。

6. 自我设计与人为设计理论

这是唯一从恢复生态学中产生的理论。自我设计理论认为，只要有足够的时间，随着时间的推移，退化生态系统将根据环境条件合理地组织自己并最终改变自身组分。人为设计理论则认为，通过工程手段和植物重建可直接恢复退化生态系统，但恢复的类型可能是多样的。二者的区别在于：自我设计理论把恢复放在系统层次上，以自然演替为理论基础，恢复完全由环境因素决定；人为设计理论则把恢复放在了个体或种群层次上，通过调整物种生活史的方法来加快植被的恢复。

### （三）生态恢复的原则

生态恢复的实施需根据生态学原理，特别是整体、协调、循环、再生的原理，以生态系统与环境因子的协调，生态系统的自我组织、自我调节功能为基础，在人工干预和适当投入的条件下，建立稳定的、自我维持的生态系统。当然，重建的生态系统也不能排除人类自始至终的干预，生态恢复的生态学原则可归结为目标生态系统设计与建立、物种选择与配置、生态系统管理三个方面的原则。

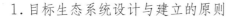

1.目标生态系统设计与建立的原则

目标生态系统设计和建立是生态恢复工作的关键所在，目前国外的生态恢复大多是依据自我组织理论，以回归自然为主，人为干预仅仅是提供给生态系统一些组分匹配的机会，适当给予生态系统载体环境的改善和干扰排除的措施，其余由生态系统自我组织、自我调节去完成。我国的生态恢复一般依据"天人合一"的人类生态观原则，给了生态系统多方面的干预，因地制宜地调整生态系统的结构、功能，使其向目标生态系统发展。因此，目标生态系统的设计与建立的原则包括以下三个方面：

（1）因地制宜原则。在对恢复区自然条件、社会经济条件以及恢复目的进行综合分析的基础上，对本地退化生态系统形成原因、过程及原生生态系统演替过程等一系列情况进行研究，以此作为本底，因地制宜地选择目标生态系统。同时，这个生态系统的选择必须最大可能地利用区域各个环境因子，即如果有人为干预所需要的便利条件，则目标生态系统以重建为主，否则以自我维持的生态系统为目标生态系统。

（2）系统复杂性原则。生态恢复往往是景观尺度上的恢复，因而恢复区生态系统类型并不是单一的，往往是多个生态系统组成的复杂的景观系统。

（3）生物多样性原则。除生态系统应具备多样性、复杂性之外，生态系统的生物群落、生物种群及生物遗传基因也必须具备多样性，保存和增加生物多样性和食物链网复杂性有助于形成稳定、高效的生态系统。

2.物种选择与配置的原则

物种选择与生物配置是生态系统生物群落结构再建的基础。国外恢复学家认为，生态恢复是生态系统结构、功能的逼真再现，因而强调原生生态系统植物组分的重要性。而这些组分的再现至少要恢复关键种，因而其植物种的选择与配置多参照所谓"原始的""自然的"生态系统的植物组分。我国恢复生态学研究者多强调功能的再现或土地生产力的提高，并不太强调其结构上的逼真性。生态恢复工作无论从哪一方面考虑，物种的选择和配置都非常重要，"自然"生态系统物种的类型和其在生态系统中的重要性也是物种选择和配置的参照，它在某种意义上是环境适宜性的表现。作为一个成功的目标生态系统，其物种选择、配置的原则包括以下几方面：

（1）环境的时间节律与生物机能节律的和谐原则。环境因子中的一些周期性的因子，如温度、湿度、降水等随时间的变化而改变，生物的机能节律同样与环境因子的时间节律有着密切的关系。生态恢复时，在物种的选择与配置过程中，合理地利用生物机能节律与当地环境节律的配合，就可以做到环境资源的合理利用和生物生长机能的充分发挥。这种配合越好，恢复后的生态系统就越稳定，生物生产力就越高。

（2）生物种群选择原则。生物物种的选择一是依据参照系统来选择，选择的物种可能属于原生生态系统的组分；二是依据恢复的目标来选择，所选的物种种群都要服从这一目的；三是依据恢复区所处的生境条件来选择，这就是因地制宜地选择适应生境种群。

（3）种群配置原则。复合群体的应用已被广泛应用，也显示出了它独特的、良好的效果。因此，种群配置要依照生物共生互生和生物生态位原理，建立良好的复合群体，形成互惠共生的群落。

（4）种群置换原则。自然生态系统的生物群落由野生自然种群构成，其在长期的演替过程中通过种间、个体竞争达到和谐与平衡才能维持生态系统的稳定。因此，生态恢复的设计和实施中必须考虑以结构合理的人工选择种群来代替自然种群，以减少种内和种间竞争。如果希望再建的生态系统最终被自然生态系统所替代，那么必须保留一定面积的自然生态系统（即使是退化的），以作为未来替代人工生态系统的种源地。

3. 生态系统管理的原则

生态管理是生态恢复的重要内容，某些退化生态系统也许可以通过有效的管理而得以自然恢复，人工建立的生态系统也需要进一步管理以达到设计的目标生态系统。生态管理原则包括以下三个方面：

（1）技术最优化原则。生态管理技术作为一个体系，必须是最优化的，并且随生态系统的过程阶段进行调整。

（2）适当输入原则。在适当输入物化辅助能的同时输入劳动投放，还需要依据限制因子和主干扰因子进行生态因子量的补充，即什么因子限制生态系统的正常发展，就对什么生态因子人为的投入和补充。

（3）演替过程促进原则。生态系统演替达到稳定态是一个漫长的过程。因此，为了使生态系统快速向稳定态目标生态系统演替，需要人为管理的促进，这些促进管理包括生物种增加等。

### （四）生态恢复中的几个关键问题

#### 1.生态恢复的范围

Higgs 认为，扩大生态恢复的范围是很重要的，他提出下列问题让人们思考：①我们应该恢复到哪种状态；②生态恢复的目标是什么；③在恢复实施中参与的重要性；④在恢复场所中需要多少管理；⑤在大多数恢复项目中，怎样的算成功了，怎样的算失败了；⑥在恢复项目设计中美学方面的考虑有多重要；⑦通过强制手段强迫劳动而实现在技术上完善的恢复是好的生态恢复吗？这些质疑促使人们对当代的生态恢复从更广泛的角度进行思考，这对生态恢复的进展具有重要意义。

长期以来，恢复生态学家们追求的目标是建立一套数字化的等级标准，以评价生态恢复的实施过程及效果。关于生态恢复的过程及结果的争议都归结于这样一个问题：人们如何来权衡恢复的内容及如何来完成它。生态恢复是一个过程，尽管其结构成分或功能常会成为一些确切的恢复指标的内容，但对任何一个特殊区域来说，不应该存在单一的、固定的生态恢复。

#### 2.生态恢复的价值

生态恢复不仅具有实际上的经济利益，还有广泛的不为大众所充分认识的利益。尽管这些利益产生于诸如营养循环和分解的自然生态过程中，但它们也像商品和服务那样具有金融价值。从经济学角度来说，生态恢复所耗费的成本往往远超过恢复的土地的金融价值，因而生态恢复成本通常是生态恢复工作实施前必须克服的首要障碍。生态恢复成本取决于恢复范围的大小、退化的程度、恢复的目标、原材料的可利用性以及技术的难点等因素。恢复成本超过潜在的土地价值的问题是一个严重问题，陆地表面需要大规模的恢复，但在纯经济领域内，这种工作是不合理的。在实践中，意味着恢复项目依存于不正常的经济环境。恢复如果作为一种需求诸如公路建设或矿物资源开采等高额项目，则恢复成本能与经济利益相吻合，因为恢复成本对于效益甚高的经济活动来说是相对次要的投入成本，它使恢复成本与土地金融价值之间的矛盾显得不那么重要了。

如果恢复仅仅在特殊成本与价值关系的背景下进行，对恢复工作来说是一种灾难和否定，因而人们不能仅仅以土地本身的经济价值来衡量恢复的经济价值，必须在充分了解生态经济原理的基础上，对生态恢复领域的完全价值进行充分认识。首先，从生态经济学上来说，土地的价值来自生态系统服务的价值，如果在持续人为干扰下，生态破坏不断加深，极度的退化就会导致生态相应价值的失去，因为高度退化领域可以代表一种实际成本，该成本融于耗费人类健康的损失以及公众防治污染、保护生态环境的需要之中。其次，恢复具有社会经济利益，如普通的洪涝防险或提高生物多样性，并非意味着土地拥有者或恢复区域的人们能得到实际利益，但它确实对其他区域或整个社会存在着公共利益的问题，即整体利益上体现恢复的价值。再次，利益的持续性与成本折扣来自生态恢复的环境利益，它往往随时间的推移而逐渐产生，最初的恢复对原有生态环境和土地现状的改善，其利益在 10 年、20 年甚至几个世纪的时间得以逐渐地产生和增加，因而并不意味着应着眼于眼前的利益，对于后者来说，他们一直享受着目前恢复的利益。最后，注意未知的利益。通过辨识不同利益以及与之相匹配价值的经济学原理，人们认识到了自然资源是有价值的，但这些价值是人们现有知识不能完全认识或解释的，如特殊物种在影响生态系统功能方面的重要性，某些物种的存在对生态稳定性的重要作用等，这些是人们不能完全了解或永远也无法了解的，因而很难对生物物种的存在有一个精确价值的估计。所有这些因素意味着恢复利益不能等同于自由市场的物品，因为某些利益不仅与社会融为一体，而且有其持续的经济价值。因此，生态恢复从经济的角度来说也是必需的，但人们应尽可能改进目标设计和技术体系，降低恢复成本，即以最小的人力、物力和资本投入来取得生态恢复工作的成功。

### 3. 土壤恢复的重要性

生态退化过程中，如果退化的仅仅是植物，生态系统将会很快复原，因为干扰因素一旦消失，植物群落借助原来宿留的种子、根系及其他繁殖器官即可重新生长。尽管一些物种可能由于适宜于环境而快速生长，占据生境的大部分，但这种现象是暂时的，原有植被的优势种经过复苏阶段，会逐渐通过调整占据原有的优势地位。这个过程一般称之为次生演替。但是，生态破坏过程中土壤往往同样遭受到破坏，因为土壤在生态系统中的作用取决于其含有的一些重要的不可更新的组成成分，特别是矿质营养，如土壤有机物及一些矿质微粒，当植被遭受破坏时，这些矿质养分也会流失。但是，在轻度退化过程中，土壤养分仅有少部分流失，只要土壤不是完全遭受破坏，次生演替过程还会按固有方向发展。不幸的是，人类的许多干扰行为不仅使植被受到破坏，也使土壤受到严重破坏，如垦殖、采矿、城市及工业建筑用地等。自然界中也存在类似的情况，如冰碛物形成、火山爆发、风蚀堆积、水土流失等自然过程中都存在类似的现象。

土壤在生态系统演替中的作用至关重要，它决定了生态系统的发展过程。不管在何种情况下，生态系统的最终形成与土壤息息相关，虽然人们不能鉴别二者之间是谁影响谁，但在一些单一气候条件下所做的区域性试验表明，土壤对于生物种群及其生态系统的分布范围起着决定性作用，因而土壤恢复是生态恢复的重要组成部分和先决条件。只有适合生物生存的土壤形成了，自然生态系统发展才有可能，这一过程无须人为干扰，也是人们花较小代价而建立自我维持生态系统的重要方法。

# 第五节　生态系统的辩证关系

## 一、整体与组分

生态系统是由若干个成分（组分）组成的整体，那么组分与整体之间的关系是怎样的呢？组分是生态系统的内涵，而整体是各组分的有机结合。如果缺少某一基本组分，就不能构成生态系统这个整体，就像机器缺少某一重要的部件一样，但组分之间只有在相互作用、不断进行着能量转换和物质循环时才能构成一个有机的整体。因此，从系统的角度来看，各组分是重要的，但更重要的是从整体的观念来分析各组分的地位和相互间的关系。

各组分在生态系统中，各自占有各自的位置，各自行使各自的机能，相互不能代替。例如，在一个森林生态系统中，它的基本组分之一为无生命的环境部分，包括光、温、水、气、土。这是生命系统能量流与物质流的源泉，是生命活动的物质基础，没有它们就没有生命，当然也就谈不到生态系统。生态系统的另一个基本组分为生命部分，其中包括绿色植物和微生物，动物虽然并非基本组分，但却是客观存在的组分。

由各组分构成的生态系统，有它整体的特性。例如，森林不是简单的"环境＋植物＋动物"，而是有它特殊的森林环境，有承受大量光照的林冠层，就必然有林内较耐阴的灌木层和更耐阴的草本、苔藓层，也必然有林内光、温、水、气的梯度变化和阴湿而稳定的林内小生境。不同的组分也就构成了不同的生态系统。当生物种群和非生物环境不同时，物质循环和能量转换的功能就不一样，也就出现了形形色色的生态系统。

各种生态系统虽然是由不同的环境要素和生物种群所组成，但更主要的是取决于各组分间的相互关系，不同的相互关系和作用，综合构成了本身具有特殊功能和属性的整体。因此，整体与组分就是这样小中见大、大中孕小的互为依存的综合发展的关系。

整体与组分的范围可大可小，要由研究目的来确定，因为生态系统是个层状结构，有大有小。一个小的生态系统对组成它的各组分来讲是个整体，但对包括它在内的大的生态系统来讲就是个组分，而所有各类生态系统对最大的生物圈这个全球的整体来说，又都是不同等级的组分。

## 二、开放和封闭

生态系统最根本的属性就是生物与非生物之间的能量转换和物质循环，也就是能量流动和物质流动。这两个"流动"在生态系统中是封闭的运转，还是开放的流动，要由生态系统的范围来确定。在自然界，对于物质循环来说，真正封闭的系统只有一个，就是生物圈。从物质不灭的角度来看，生物圈是封闭的。例如，水分的循环是通过降雨、蒸发和蒸腾、地表径流和地下径流，在大陆与海洋之间构成一个往复巨大的封闭循环。又如，矿物质营养元素、土壤等的搬运，不论途径长短、搬运（流失）量大小，仍然是在生物圈内此消彼长的。

整个生物圈的运动形式，对人类的生产和生活关系不大，但一个生态系统或一个区域内的物质和能量的运动形式对人类有直接的意义。除生物圈以外的任何自然生态系统，都是不同程度开放的系统。物质和能量除了在生态系统内部的生物与非生物环境之间流动外，在生态系统之间也不断进行着输入和输出的开放性流动。例如，森林中矿物质营养元素的小循环，似乎是在生态系统内"三库"（植物、动物、土壤）之间进行的封闭的生物小循环，以"吸收量＝留存量＋归还量"的形式来体现，但归还量不可能全部进入再吸收，有一部分输出到系统以外，进入生物地球化学大循环，吸收量中也不可能全部是本系统中上一轮的归还物质，还会有一部分从外系统中输入，所以生物小循环不是封闭的。留存（固定）在树木、庄稼、动物体内的物质和能量，经过自然（虫、鸟、兽等）的迁移和人为的采伐、收获庄稼等过程，在生态系统与地区之间交换流通。

总的来说，在生物圈内，绝大多数的生态系统是开放的，内外之间（包括生态系统内的生物与非生物环境之间，以及生态系统之间）不断进行着能量与物质的输入和输出。这个运动规律也是符合人类需要的。对于人类来讲，希望输入至生物库的物质和能量多，在生物系统中流量大、流速快，归还后参与再循环的物质丰富。因为，非生物环境中的光、热、水、肥、气不能直接被人类所食用，只有通过植物的吸收、固定和动物的转化循环，才能把潜在的资源变成现实的资源（粮、油、肉、燃料等）。因此，对生物系统来讲，需要"敞开大门"，对外（环境）开放，希望输入部分越多越快越好，物质和能量进入生物系统后，要既有充足的库存量，又要有较高的、适当的流量和流速，在系统间和区域间有个适量的、协调的分配和交流，使生态系统充分发挥它库流相连、扩大产品、变潜在资源为现实资源的功能。

## 三、变化和稳定

变化是宇宙一切事物最根本的属性，生态系统这个自然界复杂的实体也处于不断的变化中。变化是绝对的、贯穿始终的，但在变化的过程中也有相对的稳定阶段。变化—稳定—再变化的过程，推动了生态系统整体和各组分的发展与进化。

以森林生态系统为例，随着时间的变化，生物和非生物环境的各要素都在变化。在生物方面，种群结构在变化，数量在变化，空间高度和层次在变化，个体的代谢功能随昼夜而变化。一般是由幼龄林到成熟林，植物的种类尤其是林下植物种类由少到多，由简单到复杂，林分的高度由矮到高，层次由少到多，因而动物的种类也由少到多，食物链由短到长，数量也由少到多。在非生物环境方面，由于森林群落对环境的影响，林内的气候、土壤与空旷地相比，发生了一系列的变化，并且随着森林的年龄阶段的发展，变化更加明显，一般是由较干热到较湿润温和，温度的年振幅和日振幅减轻，土壤肥沃度增加。

可见，在森林生态系统中，任何生物和非生物环境要素都处于不断地变化之中。但是，在运动的过程中也有相对的稳定阶段。所谓生态系统的稳定，包括生物的种群结构和数量的变动保持在一定幅度内；生态环境对生物种群生存发展的适宜度较高；生态系统的物质和能量的输入和输出基本平衡。

生态系统的稳定是通过什么关系和途径来实现的呢？它主要是通过组分与物种间的相互制约关系和反馈机制来实现的。生态系统的结构复杂，食物链长而交错，种与种之间通过食和被食的关系相互制约，以控制种群的消长，使生态系统的生物结构协调，数量保持相对均衡。例如，一定数量的天敌可抑制某单一种群的暴长，所以结构复杂的生态系统易于稳定。稳定的生态系统内，成分多样，并且协调。

在生态系统发展的过程中，随着生物体的生长，相对密度加大，就出现了物质、能量与生物之间供求的矛盾，这时生物本身的自我调节能力即反馈机制就发挥作用。反馈有两种趋向：一是正反馈，即一个原因产生一个结果，如环境严重污染导致种群消亡，使原有的生态系统遭受破坏以至于崩溃；另一个是负反馈，就是由某种原因产生的结果，反过来又影响并减弱了该原因，使生态系统趋于稳定，如在一个森林生态系统中，随着年龄的增长，立木高大，相对密度增大，光能和营养物质不敷原有立木的需要，形成了林木的分化（植株高矮强弱的差异），接着出现了森林的自然稀疏，即一部分林木的死亡，从而解除了供求不足的矛盾，保证了现存林木的健康成长，使生态系统稳定发展，这就是负反馈的过程。正常的生态系统都是一个具有自我调节能力的负反馈系统。

## 四、脆弱和再生

当生态系统的变化超过了生态阈限（即生态系统的自我调节能力的限度）时，原来的生态系统会向逆行方向发展或崩溃。因此，要看到生态系统脆弱的一面。造成生态系统退化和破坏的外力，既有自然力也有人力。人力的破坏作用大，影响面广且频繁。自然的破坏包括突发性的严寒、酷热、洪水、干旱、台风、地震及山崩等。人力的破坏是不合理地利用资源，如滥伐森林、过度放牧、森林火灾、盲目开垦、排放有毒物质污染环境等。当这些外力强大到使原有的生物种群难以生存，功能受阻碍以致破坏时，生态系统的脆弱性就充分显现了，尤其在一些气候、地形变化激烈的地区，生态系统本身的脆弱性较明显，一旦遇有外力的破坏，就会引起严重的灾难。

南亚热带和热带地区，由于气温高，降雨量集中，养分循环速率快，土壤的淋洗作用较强，因而养分不易在土中积累，有机质含量低。在这个地区生长的热带雨林，如果一旦被破坏，会导致原有的种群退化或绝迹，土壤肥力很快丧失，气候趋于旱化甚至荒漠化。原来生产力很高的热带雨林，会逐渐逆行演替，其过程为：热带雨林—热带稀树林—灌丛—草坡—荒漠。此后要想恢复，需要很长的时间。

当然，在看到生态系统的脆弱性的同时，也要看到生态系统有再生能力和弹性。生态弹性就是当外界的干扰和危害因素一旦减级或解除后，生态系统的结构和功能迅速恢复原状的能力。因此，只要破坏程度不是过分严重，未超出其生态阈限时，一般生态系统都可以通过自我调节能力来忍受并适应变化了的生态环境，进而发挥本身的再生能力和弹性，使生态系统得以恢复，并继续正常发展。

任何生态系统内都存在着脆弱性和再生性，关键是看外力干扰破坏的程度如何。如果破坏严重而频繁，脆弱性就会呈现显性，再生性退居于隐性地位，甚至隐没了。如果破坏轻微，再生性则呈现显性，脆弱性是隐性，那么生态系统就不会发生严重的退化。因此，掌握生态系统脆弱性与再生性的显隐关系，控制人类无计划、无节制地向大自然的索取，充分利用生态系统的再生性，抑制脆弱性，把脆弱性长期置于隐域中，才能使生态系统得以正常发展。

# 第二章　林学在生态恢复理论中的运用基础

## 第一节　林学的理论基础

### 一、林学的定义及研究意义

#### （一）林学的定义

林学是一门研究如何认识森林、培育森林、经营森林、保护森林和合理利用森林的学科，它是在其他自然学科发展的基础上形成和发展起来的综合性应用学科。

广义的林学包括以木材采运工艺和加工工艺为中心的森林工业技术学科。狭义的林学以培育和经营管理森林的科学技术为主体，包含森林植物学、森林生态学、林木育种学、造林学、森林保护学、木材学、测树学、森林经理学等学科。

林学是一门与浩繁的生物界及多变的环境密切相关的学科，要掌握这门学科必须深刻理解其基本原理，具备必要的基本知识，并善于灵活地运用这些基本原理和知识。结合具体地区的条件和特点，进行全面周密的分析，得出适当的结论，是解决林业问题的关键。

### （二）林学的研究意义

1. 保持水土，涵养水源

森林是土壤的绿色保护伞。茂密的枝叶能够截留降雨，减弱水流对土壤的冲刷；林下的草本植物和枯枝落叶层如同一层松软的海绵覆盖在土壤表面，既能吸水，又能固定土壤；庞大的根系纵横交错，对土壤有很强的黏附作用。另外，森林还能抵御风暴对土壤的侵蚀。森林能够蓄水保肥，消洪补枯，防止水土流失，涵养水源。

2. 防风固沙，护田保土

防护林带和农田林网不仅能够降低风速，还能增加和保持田间湿度，减轻干热风的危害。

中国广袤的中原和华北平原是小麦的主要产区。每年的五六月份是小麦灌浆时期，干热风的侵袭使小麦逼熟、减产。实践证明，有林网保护的农田与无林网保护的农田相比，小麦产量可以提高25%，因而森林的这种防护作用是明显的。

3. 改变气候

目前，森林在改变气候方面的作用理论上还没有完全解决。例如，对于森林能增加水平降水这一点是肯定的，但对于森林能否增加垂直降水是有争论的。

尽管如此，已经出现的一些森林被破坏后引起大气候恶化，或增加森林覆盖而改善了大气候的实例，可以为进一步研究这个问题提供基础。重要的是，森林确实能够改善邻近地段的气候，如减少温差、增加空气湿度、降低风速、减少平流寒害、降低干热风危害及地表风蚀的危害。

森林是地球生物圈中大气成分平衡的主要调节者，也是庞大的氧气"制造厂"。人类、动物和一些微生物都吸收氧气，释放二氧化碳，而工业燃烧更要大量消耗氧气，排放二氧化碳。如果大气中的氧气不足，二氧化碳的浓度过高，不但对人体健康有害，而且可能导致地球气温上升、冰山融化、海平面上升等严重后果。

植物通过光合作用吸收大气中的二氧化碳，释放大量的氧气，这样能使大气中氧气和二氧化碳的含量保持平衡。除此之外，植物也具有强大的固碳作用。而要维持大气的成分平衡，主要靠绿色植物，尤其要靠森林。

## 二、林学的基本理论

### （一）森林永续利用理论

1. 主要观点

哈尔蒂希是"森林永续利用"理论的创立者。1795 年，他在《关于木材税收和木材产量确定》一书中首次发表了关于森林永续利用的论述："森林经营管理应该这样调节森林采伐量，通过这种方式使木材收获不断持续，以至世世代代从森林中得到的利益至少达到目前的水平。"他指出："每个明智的林业领导人必须不失时机地对森林进行估价，尽可能合理地使用森林，使后人至少也能得到与当代人所得到的同样多的利益。从国家森林所采伐的木材，不能多于也不能少于良好经营条件下永续经营所能提供的数量。"

2. 取得成就

森林永续利用理论的最大贡献就是认识到森林资源并非取之不尽、用之不竭，只有在培育的基础上进行适度开发利用，才能使森林持久地为人类的发展服务。实现森林资源的永续利用始终是林业发展的最终目标，但森林永续利用理论也有缺点，其中之一就是只考虑木材生产。因此，在该理论指导下大面积种植人工纯林的不良后果很快就引起了林学家的关注。

1984 年 9 月 20 日通过的中华人民共和国第一部《中华人民共和国森林法》总则中提出"林业建设实行以营林为基础，普遍护林，大力造林，采育结合，永续利用的方针"，将"森林永续利用"列为林业建设的基本方针。沈国舫先生在《林学概论》中明确提出，发展林业，必须按照林业的特点和客观规律办事，在指导思想上要明确遵循"经济效益、生态效益和社会效益相统一"的原则，以及"森林永续利用"的原则，这些都与近 4 个世纪前哈尔蒂希提出的理论一脉相承。

### （二）法正林理论

1. 主要观点

"法正"也就是"标准"的意思，法正林亦称标准林、理想林。法正林的出发点是根据森林永续利用的原则，模拟一个最优的森林结构，用来与现实林进行比较，作为森林调整的理想目标。法正林就是具备法正状态的森林，即具备能够实现严格永久平衡利用状态的森林，这种森林能够实现"严格的永续作业"，也就是每一年有均等数量的木材收获，具有平衡、固定的收获量。

法正林必须具备以下四个条件：法正龄级分配、法正林分排列、法正生长量和法正蓄积量。法正龄级分配要求具备从幼龄林到成熟林的各龄级林分，而且面积相等；法正林分排列要求林分的空间配置适于伐木运材，有利于森林更新和保护；法正生长量要求经营单位内各个林分应具备符合其年龄和立地条件的最充分的生长量，使经营单位的法正生长量相当于到达伐期的林分蓄积量；法正蓄积量即经营单位内从幼林到伐期各年龄林分蓄积量的合计，如符合上述三个条件，则法正蓄积量就是法正生长量乘轮伐期的一半。

法正林实质上是一种数学模型，它为森林经营模拟出了理想的调整目标。法正林理论是以林场为基础，以林班为经营单位，以规模为保证的，没有规模的法正林经营是不可想象的，也是不可能实现的。

2.取得成就

法正林采用的生长量控制采伐量的理论和原则是法正林理论的核心，从18世纪到今天，大量的实践证明它是合理和正确的，具有现实意义，其中反映的采育结合、合理经营的观点到今天看来仍不过时。我国实行森林限额采伐制度，是为了持续、合理地从林地上收获木材资源，通过国家采取宏观调控与微观指标指导相结合的方式，每5年进行一次限额编制，实现森林资源的消长平衡。

**（三）近自然理论**

1.主要观点

近自然林业是现代林业的一个基本经营模式，其本质特征是自然林系统和人工林系统的生态平衡。近自然林业理论已成为现代德国乃至世界林业科学的基础。

回归自然思想就是森林经营应回归自然、遵从自然法则，利用自然的所有生产力。

盖耶尔在其著作中指出，森林经营应回归自然，遵从自然法则，充分利用自然的综合生产力，使地区群落的主要乡土树种得到明显表现，尽可能使林分经营过程同潜在的天然森林植被的生长发育相接近，使林分生长能够接近生态的自然状况，达到森林群落的动态平衡，并在人工辅助下维持林分健康。

2.取得成就

从 20 世纪 50 年代后期开始，德国林业以恢复 600 年前的森林组成为主要目标，开始了针叶林改造工程。近自然林业的理论与实践已被证明是极大的成功。

# 第二节　森林的概念与特征

## 一、森林的概念

### （一）森林的定义

俗语说："独树不成林。"这句话说的是一棵树不能形成一片森林，森林最基本的定义就是林木的集合。汉字"森林"由五个"木"组合而成，即有此寓意。

东汉许慎所著的《说文解字》中对"林"和"森"这样解释："平土有丛木曰林"；"森，木多貌"，指生长着的大片树木。1903 年，俄罗斯林学家莫罗佐夫定义森林是"林木、伴生植物、动物及其与环境的综合体"。

森林生态系统是指以乔木为主体的生物群落（包括植物、动物和微生物）及非生物环境（光、热、水、气、土壤等）综合组成的动态系统，是生物与环境、生物与生物之间进行物质交换、能量流动的功能单位。

按照莫罗佐夫对森林的定义，森林包含三层意义：

（1）森林是以乔木为主体的生物群落，这个生物群落还包括灌木层、草本层以及死地被物层。

（2）这个生物群落是一个完整的系统，不但有植物（生产者），还有动物（消费者）、微生物（分解者），形成了一个复杂的食物链，构成了一个良性循环，从而保证了森林的消消长长、生生不息。

（3）这个生物群落不是封闭的，而是一个开放系统。森林生态系统既通过光合作用把太阳能转化为生物能，又通过系统的功能作用与非生物环境（光、热、水、气、土壤等）进行物质交换和能量转化，从而影响、改善和优化着生态环境。

显然，森林是一个具有自我更新、自我恢复功能的自组织系统，既不需要外来能源，又不向环境排放废弃物，但它同外界非生物环境进行物质循环和能量转换。森林全年转化总生物量约两千亿吨，占全球总生物量的90%左右，因而它被称为陆地生态系统的主体是当之无愧的。

### （二）森林的植物组成

森林中各种植物成分的组成、比例、数量结构等都反映着森林的特点和作用。根据森林植物在林分中的层次位置和性质，可将森林植物组成分为以下几部分。

1. 林木

林木是生长在林内达到林冠层的乔木树种的总称。根据数量特征、经济价值、功能等方面的差异，林木可分为以下几类：

（1）优势树种。优势树种是指森林群落中数量最多的树种。它们决定着群落的结构、外貌，其他植物的种类、数量、动物区系、演替特点和规律以及森林环境特点。

（2）主要树种。主要树种是指人们经营的对象，又称目的树种，一般指具有较高的经济价值，符合人们特殊需要的树种。在人工林中，主要树种往往是优势树种，但在天然林中，主要树种与其他树种相比，不一定是数量最多的。

（3）次要树种。次要树种也称非目的树种，指林分中不符合特定经营目的要求，经济价值低的树种。值得注意的是，次要树种并非一成不变，通常随地区条件、市场需求等发生变化。

（4）伴生树种。伴生树种也称辅佐树种，指伴随主要树种生长，促使主要树种干材通直，抑制其萌条和侧枝生长，或在防风林带中增加林冠层厚度和紧密度的树种。

（5）先锋树种。先锋树种是指首先占据在生态环境恶劣的立地上的树种。

在原生裸地和某些迹地上，光照强、温差大、土层薄、水分贫乏，通过先锋树种的改造，可以使生态环境逐渐趋向中生化，并为后来的树种创造较适宜的生境条件。

林木和孤立木之间的差异见表2-1。

表2-1　林木与孤立木的区别

| 特征比较 | 林木 | 孤立木 |
| --- | --- | --- |
| 生长环境 | 森林环境 | 非森林环境 |
| 干形 | 通直饱满 | 弯曲尖削 |
| 枝下高度 | 高 | 低 |
| 结实成熟 | 晚 | 早 |
| 根系 | 不发达 | 发达 |
| 冠幅 | 小 | 大 |

2. 下木

下木是林内的灌木和小乔木的总称。下木高度一般不超过成熟林分平均高的一半。这里的小乔木是指那些在生物学特性上属于乔木类型，但由于所在的生态条件不利于其生长，因而其高度始终不超过成熟林分平均高的一半。下木的数量和种类因地理位置和建群种不同而不同。

3. 幼树幼苗

幼树幼苗指林木和侵入的其他乔木树种的后代。通常把小于1年的树种（阔叶树、速生树种）或小于2年的树种（针叶树、慢生树种）称为幼苗；1年以上的阔叶树、速生树种或2年以上的针叶树、慢生树种，未达林分平均高一半者，称为幼树。幼苗和幼树往往在较大程度上决定着森林的发展方向、林分质量和人们应该采取的经营措施。

4. 活地被物

活地被物是林内的草本、苔藓，以及匍匐状的小灌木等组成的植物层。活地被物受地理位置、林分中林木层和下木层的结构状况等因素的影响和制约。活地被物中往往存在经济价值较高的种类，如人参、天麻、三七等均生长在林下，生产上应因地制宜，开发、保护和积极利用这些植物。

5.层间植物

层间植物也叫层外植物，是林内没有固定高度的植物成分，如藤本植物、附生植物、寄生植物等。在湿热的气候条件下，层间植物发达。

以上5个组成部分通常在发育完整、结构复杂的林分中同时存在。在水热资源贫乏、土壤贫瘠的生境中往往只存在其中的几个组成部分，但一般认为，林木部分是目前定义下的森林所必须具有的组成成分。

## 二、森林的特征

### （一）森林的一般特征

1.结构复杂，生物种类多，林产品丰富

以高低参差不齐的植物为主体所形成的森林群落，具有明显的垂直成层现象，因而形成了林内各种各样的小生境，孕育了繁多的动物种类、植物种类和微生物种类。在我国大约8000种的木本植物中，大部分都是森林的组成成分，众多的生物种类产生了数以万计的林产品类型。

2.体积庞大，寿命长久，对环境的影响力巨大

森林是以高大的乔木为主体的生态系统。在陆地生态系统中，森林占有最庞大的垂直空间和水平空间。森林中的树种是多年生的植物，其寿命在数十年甚至千年以上，与其他生物和生态系统相比，森林具有寿命久、生长周期长的特征。因此，森林在生物圈中扮演着重要的角色，它对生物圈中水分循环、碳氧及其他气体的循环、土壤中各种元素的生物地球化学循环以及太阳能的光合作用等发挥着重要作用。森林的减少必将影响地球的生物圈及生物圈的环境，从而影响地球的生态平衡，影响人类的生存和发展。

3.稳定性相对较高

森林生态系统经历了漫长的发展历程，各类生物群落与环境之间协同进化，使生物群落中各种生物成分与其环境相互联系、相互制约，保持着相对平衡状态。因此，系统对外界干扰的调节能力和抵抗力强，稳定性高。

4.森林生态系统物质循环的封闭程度相对较高

自然状态的森林生态系统具有明显的生产力优势，从单位面积看，森林

每公顷的生物量为100～400吨，相当于农田或草原的20～100倍。就生产力来说，森林每年的净生产量约占全球各类生态系统的一半。森林生态系统的光能利用效率较高，热带森林可达3.5%。干物质的耗水量及养料也较少，因而森林生态系统是一个高效的经济生态系统。

5.森林资源具有可再生性

森林具有天然更新的能力，只要经营合理科学，这种资源可以取之不尽、用之不竭。但是，如果经营不善，森林也会同其他不可再生资源一样，以枯竭而告终。因此，如何采取有效措施，充分发挥森林的天然更新特性，确保森林资源的可持续利用，是林业工作者的重要研究课题。

### （二）森林的内部结构特征

森林由林分构成，林分是指树种、测树因子、组成结构、年龄等基本一致，且与邻近的森林有明显区别的森林地段。森林的内部结构特征是指林相、组成、疏密度、郁闭度、年龄、起源等。

1.林相

林相是指林分的外部形状，从外形上可以把林分分为单层林和复层林。单层林即林分的树冠分布只有一层的森林。复层林即林木的林冠重叠的林分，南方较多，北方较少。

原始林两个林层的树高相差20%以上。次生林按疏密度计算，即主林层疏密度不小于0.3，次生林不小于0.2。林层也是反映森林结构的重要指标，温度条件适中和土壤条件较好的地段常形成复层林，生长条件极端的地段常形成单层林。

2.树种组成

林分按树种的组成可分为纯林和混交林。由一个树种组成的林分叫纯林，由两个或两个以上树种组成的林分叫混交林。混交林通常用简式来表示，一个树种的混交数量按其所占的森林总蓄积量的十分数来表示。如果是一个树种组成的纯林，就用数字10标示，在10的后面标写出树种的名称，如"10油"就表示油松纯林，也就是说森林的蓄积量10/10是油松；如"6油4云"即表示是油松、云杉混交林，其中油松的蓄积量占6/10，云杉占4/10。如果有一个树种的蓄积量不足总蓄积量的5%而多于2%，可以在简式

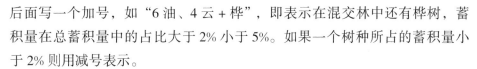

后面写一个加号，如"6油、4云＋桦"，即表示在混交林中还有桦树，蓄积量在总蓄积量中的占比大于2%小于5%。如果一个树种所占的蓄积量小于2%则用减号表示。

3. 疏密度

疏密度是指某林分树木胸高总断面积与相同条件下模式林分胸高断面积之比，如模式林分胸高断面积为50平方米，而某一林分的胸高断面积为35平方米，则这个疏密度为35/50=0.7。

4. 郁闭度

郁闭度指树冠对地面的遮盖程度，是林木树冠垂直投影与林地面积的比，用十分法表示。如果林地面积全部为树冠投影所遮盖，那么这块林地的郁闭度为1.0，假如林地仅遮盖7/10，则这一林地的郁闭度为0.7。郁闭度的大小直接影响林内生长条件，对林内的下木、活地被物的种类和数量、林冠下的天然更新、幼树的生长、土壤表层微生物的活动及林木的生长发育都有很大影响。郁闭度还是控制采伐量、间伐量和确定采伐方式的一个重要技术指标。

5. 林分的年龄

林分的年龄即树龄。林分按照年龄可分为同龄林和异龄林。同龄林又可分为绝对同龄林和相对同龄林。由年龄完全相同的林木组成的林分为绝对同龄林。由彼此年龄不同的林木组成但相差不够一个龄级的林分叫作相对同龄林。

6. 林分的起源

林分的起源指森林的形成方式，可分为实生林和无性繁殖林。实生林是由种子形成的，一般主干通直、生长高大、根系发育良好、对不良因素抗性大，也叫乔林。无性繁殖林是由插条发根萌生、根蘖、压条等方式形成的森林，也就是指利用母体营养器官的一部分繁生的林分。这类林分发生快，衰老早，对不良因素抗性小，幼年呈丛生状态。

### （三）我国森林的分布特征

我国地域辽阔，森林类型多样，由北向南，森林类型依次为针叶林、针阔叶混交林、落叶阔叶林、常绿阔叶林、季雨林和雨林。

1. 寒温带针叶林

这是位于祖国最北端的森林，也称北方针叶林。它分布在大兴安岭北部山地，海拔为 300～1100 米，是我国最冷的地区。代表树种是兴安落叶松，从山麓到岗顶都有分布。群落结构简单，常形成落叶松纯林，乔木层有时混生樟子松，下木多具旱生形态，草本植物不发达。兴安落叶松材质优良，因而大兴安岭也是我国主要的木材供应基地。

2. 温带针阔叶混交林

该区域包括我国东北松嫩平原以东、松辽平原以北的广阔山地，南端以丹东为界，北部延至黑河以南的小兴安岭山地，平均海拔高度 400～600 米，个别山峰达 1000 米以上。

地带性顶极群落是以红松为主形成的温带针阔叶混交林，种类组成十分丰富，除红松外，混交的针叶树有红皮云杉、臭松等，混交的阔叶树有紫椴、枫桦、水曲柳等。区域内南部森林种类组成较北部丰富，有少量沙松、紫杉、千金榆等，灌木种类较多。此外，在小兴安岭、张广才岭、长白山等山地还广泛分布着山地寒温针叶林带，以云杉和冷杉为主，树种组成单纯。现原始阔叶林面积减少，主要由蒙古栎、白桦、山杨等形成纯林或混交林。

该区域是我国主要用材林区，其林副产品极为丰富，如人参、刺五加，野生动物资源有东北虎、熊、鹿等。

3. 暖温带落叶阔叶林

这主要指辽东半岛、胶东半岛、冀北山地，以及黄土高原山地丘陵松栎林区。

该区域森林资源少而分散，以栎属的一些落叶种类为主要建群种，通常为以栎类、油松、侧柏为主的次生林分。辽东半岛、胶东半岛丘陵以赤松为优势树种，辽东栎、麻栎等组成落叶类栎林；冀北山地主要树种有桦木、山杨、油松、栎类，高海拔（1600～2300 米）地区有华北落叶松和云杉；吕梁山、太行山海拔在 1600 米以上地区主要有华北落叶松混交林或桦木、山杨次生林；冀北山地和黄土高原山地的低山地带由多种栎类、油松、侧柏等组成幼龄次生林。

4. 中南亚热带常绿阔叶林

该区域以常绿阔叶林为主，树种组成主要有壳斗科树种，如楮、栲、石栎等，以及樟科的樟、桢楠、润楠等属。混生落叶树有枫香、黄檀、檫木等。低山常见人工栽培的杉木、马尾松、柏木等，这里是我国主要的杉木、马尾松林区。四川盆地四周丘陵山地原始常绿林多已被破坏，现存次生林或人工林，人工栽培桉树、喜树及橘、柚等。江南丘陵在海拔600米以下的地区多栽培马尾松、杉木、樟、苦槠等，竹类以毛竹、慈竹属为主，也常见福建柏、油杉、柳杉等。浙江、福建及南岭山地海拔在1200米以下的地区，锥栗、木荷、阿丁枫群落比较稳定，并混生油杉、福建柏等，下木中热带种属显著增多，也有多种藤本植物。贵州高原山地在海拔1000米以下的地区主要栽培杉木、马尾松，海拔1000～1200米的地区尚保存常绿阔叶树种，如青冈栎，各种栲、槠类，等等。云南高原有常绿阔叶林分布，北部以较耐寒的滇青冈、滇锥栗等为主，南部和西南部以喜暖的栲为主，大面积较干燥的山坡上生长着大片云南松林。云南下关以南澜沧江中游及元江一带，海拔在1000～1500米的山地森林，以思茅松为主，云南松次之，常绿栎类有栲、截果柯等。

5.南亚热带、热带季雨林、雨林

滇南、滇西南部湿热河谷，海南岛中部山地沟谷、东部低山丘陵，中国台湾东部、南部，有较典型的雨林分布，主要有楝科、樟科、大戟科的树种。福建、广东、广西的沿海及台湾西南部，海南岛海拔在700米以下的丘陵，滇南、滇西南部大部分的低山，为热带季雨林，主要树种有木棉等。该区域海拔较高处还分布有亚热带常绿林。海湾淤泥的黏质盐土上有红树林分布，以红树科树种为主。台湾地区的雨林主要树种有肉豆蔻、白翅子树等；由大叶榕、厚壳桂等组成半常绿雨林，由木棉、黄豆树等组成落叶季雨林。海南岛雨林主要树种有苦梓、母生等。

热带雨林是我国所有森林类型中植物种类最为丰富的群落。热带季雨林在我国广泛分布，是一种地带性类型。该区域原始雨林、季雨林已很少，大部分沦为次生林或灌丛草地，低山丘陵平地用来开垦农作，现大量营造人工林，如桉树、杉木、母生、青梅，以及椰子、咖啡、荔枝等。

6.青藏高原森林

青藏高原位于我国西南部，包括西藏绝大部分、青海南半部、四川西部及云南、甘肃和新疆部分地区。该地区生态脆弱，又位于大江大河的源头，保护该地区森林意义重大。该地区森林主要是以冷杉属和云杉属为优势的暗针叶林，林相整齐，林木高大通直。甘肃南洮河、白龙江林区的主要树种有岷江冷杉、巴嫩冷杉、紫果云杉等。岷江及大小金川林区有大面积冷杉林、云杉林及混交林，也有高山栎林分布。川南、藏东海拔为 2800～4000 米，成林树种有丽江冷杉、丽江云杉、高山油松、云南松；大小凉山有麦吊杉分布。

7. 蒙新地区草原森林

该地区森林组成以云杉为主，天山、昆仑山以雪岭云杉为主，阿拉套山以西伯利亚云杉为主，祁连山、阴山、大青山等以青海云杉或白杆为主，只有阿尔泰及阿拉套山有西伯利亚冷杉林。阔叶树仅见杨、桦等小叶树种。阿尔泰林区的森林带下限海拔为 1300～1700 米，上限海拔为 2100～2300 米，成林树种有西伯利亚落叶松、西伯利亚云杉等。天山林区比较复杂，北坡较湿润，有大面积雪岭云杉林，南坡比较干燥，只分布少量针叶林。祁连山中段海拔在 2400～3500 米处及东段海拔在 2000～3400 米处主要分布有云杉林。贺兰山、阴山林区海拔较低，天然林以杂木林为主，在海拔 2400～3000 米处形成云杉林带，但凡低处都比较干燥，只有散生的侧柏和杜松。

# 第三节　森林与环境

## 一、森林与光

### （一）森林对光的吸收

森林植物吸收太阳辐射的接受体是叶绿素，叶绿素吸收太阳光为植物进行光合作用提供了动力，使二氧化碳和水这些简单的无机物变成了复杂的有机物。绿色植物的叶子是光合作用的主要器官。光合作用是非常复杂的过程，其产物是碳水化合物，并进一步转化构成植物体的各种组织和器官，如根、茎、叶、花、果等，因而植物的生长发育完全依赖光合作用。

树木在光合作用中吸收光能的多少，受到很多因子的影响。内在因子中主要受树种遗传特性影响，不同树种光合速率是有差异的；环境因子主要是光。光合作用必须有光参与，但只有光照强度达到一定水平时才出现净光合。当其他环境因子都已具备，只因光照不足使净光合为零时的光照强度称为光补偿点。补偿点以上，随着光照强度增加，光合作用随之增加，当光照强度继续增加，光合速率不再增加时，出现光饱和现象，此时的光照强度称为光饱和点。不同树种光补偿点和光饱和点有所差异。二氧化碳的浓度对光合速率有明显影响，正常情况下，大气中二氧化碳浓度为 0.03%，局部出现较高浓度时，有助于光合速率的增加，如林下枯落物分解放出二氧化碳时的近地表层，正常生长的幼树因较高浓度的二氧化碳补偿了光合作用中的光照不足。夏季树木密集生长的林冠层，旺盛的光合作用消耗了一部分二氧化碳，其浓度降低限制了继续出现高水平的光合速率。适宜的温度是光合作用的必要条件，过高或过低的温度都对光合作用不利。土壤水分是影响光合作用的又一因素，水分过多或水分不足都能引起光合速率降低，肥沃的土壤是高水平光合作用的保证条件之一。旺盛的光合作用并不等于植物生长的加速，植物在进行光合作用的同时还进行呼吸作用，这是消耗氧气放出二氧化碳的过程。总之，绿色植物光合作用吸收的太阳辐射为到达地面层全部太阳辐射的 1% ～ 2%。

### （二）造林中光的调节

充分利用光照培育根系发达粗壮的幼苗是苗圃育苗常用的控光办法之一。弱光下幼苗减少根系生长和茎生长，维持其高生长，形成根少、茎细、瘦高的形态，这样的幼苗在移栽过程中会与杂草竞争，适应新环境的能力较低，不易活，因而苗圃育苗多采用全光育苗，以获得根大、茎粗的苗木。

人工更新中，有时栽植的珍贵树种幼年期生长缓慢，被天然生长的非目的阳性树种庇荫和压抑，严重影响了目的树种的生长。为改善目的树种的光照条件，促使其良好生长，就需要伐除上层林木，解放栽植的目的树种，林业生产上称为透光伐。即使栽植的是耐阴树种，当其处于密集的非目的树种的压抑下时，也要及时进行透光伐。

从光的角度考虑，应使林冠上层为阳性树种，下层为中性或耐阴树种，这样有助于充分利用光能和提高林地生产力，调节和保持林分合理结构。有效地利用光能，提高群体光合作用能力，是森林经营的努力方向。

原始林经过若干次破坏后形成的次生林一般由经济价值不高的树种组成。为提高林分质量，森林经营中常在林下人工引进珍贵树种，这时只有选择耐阴树种或中性树种才能达到预期目的。即使树种组成符合经营要求，但次生林中林木常常分布不均，密集的群团和稀疏分布同时存在，大多数是以密度不足为特征，生产力不高。提高林分生产力的途径之一是加大林分密度，而这同样需要更新中性树种或耐阴树种。

森林采伐方式直接影响迹地更新幼苗的种类。如果更新的耐阴树种具有较高的价值，是目的树种，则不适于采用全部伐掉主林层的皆伐方式，宜采用保留一部分主林木的择伐方式，这样能留下较大的庇荫，以促进这些树种抑制另一些树种。林下几乎没有目的树种天然更新时，又期望伐后形成阳性树种林分，则可采用小面积皆伐。

## 二、森林与水分

### （一）树木对水分的需要和适应

#### 1. 树木对水分的需要

树木在正常的发育和生活中所吸收和消耗的水分叫作树木对水分的需要。树木所吸收的水分绝大部分用于蒸腾，用于制造碳水化合物的一般在 1% 以下。因此，树木和其他植物需水量的多少关键取决于它的蒸腾量。通常情况下，木本植物的需水量大于草本植物，一株玉米一天从土壤中吸收 2 千克水，而一棵橡树一天要消耗 570 千克水。可见，蒸腾量与很多因素有关。

（1）树木种类。通常情况下，阔叶树大于针叶树。

（2）生长期。树木在旺盛生长期或者中壮年时期蒸腾强度大。

（3）土壤水分。土壤水分过多或水分不足都会使蒸腾强度减少。

（4）大气湿度。大气湿度高，蒸腾强度小。

（5）温度。在一定温度范围内，温度越高，蒸腾强度越大。

（6）风。风力越大，蒸腾强度越大。

蒸腾强度或蒸腾量通常只反映树木的耗水程度，不同树种利用同样数量

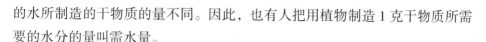

的水所制造的干物质的量不同。因此，也有人把用植物制造 1 克干物质所需要的水分的量叫需水量。

### 2.树木对水分的适应

树木对土壤水分过多和水分不足的忍耐能力即树木对水分的适应。适应与需要是不同的。需水量大的树种，不一定要求土壤含水量也大，反之亦然。按照树木对水分的适应性程度可将树木分为以下三类：

（1）旱生树种。旱生树种是能长期正常生长在土壤水分少、大气湿度低的条件下的树种，如马尾松、侧柏、栓皮栎、臭椿、胡颓子、沙枣、胡杨、柽柳等。

（2）湿生树种。湿生树种是能长期正常生长在土壤水分多，甚至沼泽土壤上的树种，如水杉、落羽杉、柳树、枫杨、桤木等。

（3）中生树种。大部分树种属于这一类，其是介于旱生树种与湿生树种之间，不能长期忍耐土壤水分过多或过少的树种，甚至要求有适宜的大气湿度，如杉木、香樟、椴、枫香、板栗、梧桐、胡桃、胡枝子、山杨等。

### （二）森林在水土保持中的作用

森林对水分的影响是多方面的，如对降水、土壤含水量、水土保持等方面都有一定程度的影响和作用。其中，森林在保持水土、涵养水源中的作用尤其被人们所关注。大量实验和现实表明，森林在涵养水源、保持水土中具有以下几方面的作用：

（1）减少地表径流，防止土壤侵蚀。

（2）涵蓄水分，调节流量。就像一句俗语所说："山有了树等于修水库，下雨它能吞，天旱它能吐。"

（3）推迟洪峰来临时间，降低洪峰高度。

森林之所以能涵养水源，保持水土，是因为森林能对降水的分配产生影响。林冠截留减轻了雨滴对林地的冲击力，降低了雨水对土壤的侵蚀和冲刷；林下植被及枯枝落叶具有一定的涵蓄和阻水作用，既可保水又可保土；林木及其他森林植物根系的穿插、固持以及对土壤性状的改善，增加了土壤的渗透能力和涵蓄能力，这对减少地表径流、增加地下径流、减少土壤冲刷、推迟洪峰具有极其重要的作用。需要指出的是，枯枝落叶不仅具有一定的蓄水作用，还对土壤水稳性团聚体含量的提高具有积极作用，有利于林地抗侵蚀能力的提高。总之，森林生态系统在水土保持、减少洪水灾害、调节水资源等方面具有积极的作用。

## 三、森林与大气

### （一）氧气和二氧化碳与森林植物的关系

1. 氧气

氧气对森林植物的影响主要是直接影响植物的呼吸作用，以及通过土壤微生物的活动状况来影响森林植物的生长发育。

植物的呼吸作用必须依靠氧气，没有氧气，植物就无法生存。通常情况下，大气中的氧气对植物的地上部分消耗来说是足够的，但土壤中和邻近土壤的地表层中，由于根呼吸的原因，往往氧气不足，因而影响植物根系的呼吸和生长，造成无氧中毒，阻止物质和能量的交换，所以改善土壤结构、调节土壤水分和地下水位、改善土壤气体状况，是促进森林植物生长的措施之一。

土壤中的氧气还影响微生物的活动状况。氧气不足会影响好气性微生物对有机物质的分解能力，阻碍养分元素的循环，进而影响森林植物的生长和发育。

2. 二氧化碳

就植物而言，二氧化碳是其进行光合作用的重要原料，因而二氧化碳浓度的高低与光合强度关系密切。相关研究显示，把植物放在适宜的光照下，二氧化碳浓度增加 3 倍，光合强度也增加 3 倍，而把光照强度增加 3 倍时，光合作用只增加 1 倍。当然，二氧化碳浓度的变化与光合强度的变化并不是永远呈正相关的，当二氧化碳浓度超过一定范围时，由于气孔的关闭，光合强度反而会下降。

### （二）风与森林

风与森林的关系是相互影响的关系。风影响森林植物的生长、繁殖、形态等，森林植物的存在反过来也影响风。

1. 风对森林植物的影响

风对森林植物的影响主要有以下三个方面：

（1）繁殖与分布。很多森林植物的花粉借助风力传播，如松柏类、柔荑花序类植物等。对于雌雄异株的风媒花等植物的搭配，应根据开花特性、主风方向、风力情况等来设计造林特性、结构，如雌雄株的比例、位置等。

风还影响森林植物的分布，不少树种在风力的作用下扩大了分布范围，如松、榆、杨、柳等。

（2）生理活动。风对森林植物的生理活动的影响主要是通过对蒸腾作用的影响而发生的。风增加了蒸腾作用的强度，这对植物来说既有利也有害。在高温、高湿的环境里，风的这种作用对植物有利，但在干燥的环境里，风的这种作用加快了植物体内水分的消耗；在寒凉的环境里，风的影响使植物由于蒸腾强烈而导致体内热量损失过多，植物代谢速率变慢，从而影响了必要的生理活动，这些都不利于森林植物的生长发育。

（3）形态。风对森林植物形态的影响较明显，一般表现在以下几方面。

①矮化：在强风作用下，通常情况是树木各器官都发生矮化，这是因为水分限制了细胞分生和延长，有时还会造成芽和叶子的死亡，限制高生长。

②畸形：在强风尤其是单向干旱风的作用下，树木往往呈现出扭曲和偏冠现象，有时还会产生分杈。

③风害：在强风作用下，树木往往发生风倒风折，甚至连根被拔起。浅根性树种、材质软脆和树冠大的树种，风倒风折现象更严重。受风害的树种还容易遭受病虫危害。

2. 森林对风的影响

森林对风的影响已普遍被人们所认识，尤其是降低风速以减轻风害的作用在农田防护林中已体现。

防风林的防风效果与结构关系密切。紧密结构的林带在背风面短距离降风效果明显，但降风范围小；透风结构的林带防风范围大，但降低风速不明显；疏透结构的林带防风范围较大，降低风速也较明显，防风效果最好。

农田防护林除能够直接防止或减轻风沙危害外，还具有调节小气候的作用，尤其在有干热风的地区，这种作用对提高大气湿度、增加作物产量具有积极的作用。

### （三）森林与大气污染的关系

1.大气污染对森林植物的危害

被污染的气体通过气孔进入植物体，损害植物叶子的内部解剖结构，进而影响光合作用、蒸腾作用、呼吸作用以及酶的活性。大气污染对树木和作物的危害常表现在以下几个方面：

（1）引起植物落叶、落花、落果，如杏、桃、枣等受污染后不结果。

（2）影响农作物及树木的长势，降低产量。

（3）降低植物抗虫抗病能力，但常使病虫抗性增强。

（4）慢性中毒常使植物出现枯梢、烂根、烂心，种子不易发芽、同化率降低等现象。

2.森林对大气的净化

森林植物在其生长发育过程中，通过它们的生理生化及物理方面的作用能产生很多有利于人类生存的效应。其中，净化大气的效应十分明显。森林在净化大气中的作用可以归纳为以下几点：

（1）吸收二氧化碳，放出氧气。森林植物分布广，体积大，通过光合作用吸收二氧化碳并释放氧气的量是相当大的，对调节大气中的二氧化碳浓度有重要作用。

（2）吸附尘埃。森林可降低风速，树叶表面不平、茸毛多，能分泌黏性物质，能吸附大量尘埃，对净化大气意义较大。

（3）吸收有毒气体。很多树木都具有吸收有毒气体的能力，可把浓度不大的毒气吸收掉，防止有毒气体在大气中积累。当然，这种作用是有限的。

（4）杀灭病菌。森林植物的杀菌作用主要表现在两个方面：一是吸滞灰尘，减少细菌的载体；二是由芽叶和花所分泌的挥发性物质能够直接杀死细菌、真菌等。

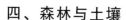

## 四、森林与土壤

### （一）土壤的理化性质与森林植物的关系

1.土壤的物理性质

土壤的物理性质主要包括母岩、厚度、质地、结构、水分、空气和温度。这些物理性质是影响土壤化学性质及肥力状况的重要因素。

（1）母岩及厚度。土壤是由母岩风化而来的，母岩对土壤的影响主要表现在质地、结构、水分、空气、养分及酸碱度上，尤其是年轻的土壤更明显地打上了母岩的烙印，因而母岩在一定程度上影响着林木生长发育及森林植物的分布。土壤厚度影响着土壤的养分和水分的贮量及贮存能力，也影响着林木根系的分布范围，因而土壤厚度，尤其是富含养分及有机质的表土层厚度在较大程度上影响甚至决定着森林植物的生产力、树种组成及分布。土壤厚度主要与地形、坡向、坡度、坡位及气候有关。一般情况下，阳坡土层薄，阴坡土层厚，坡度大土层薄，上坡土层薄下坡土层厚，山脊土层薄山坳土层厚。

（2）土壤质地和结构。土壤学中通常所研究的土壤质地和结构是土壤最重要的物理性质。土壤质地是土壤的矿质颗粒组成及各种颗粒的相对含量。根据土壤质地的不同，可把土壤分为沙土、壤土、黏土等。质地是影响土壤水分、养分、气体等性状的重要因子，如黏土以黏粒为主，黏滞及吸附力强，保水、保肥能力强，潜在肥力指标高，但透水、透气性差；沙土则相反；壤土介于两者之间，沙黏适中，有一定的保水、保肥能力和适宜的透水、透气性能，适宜林木的生长。土壤结构是土壤颗粒的排列和结合状况，根据结构状况可分为团粒结构、柱状结构、块状结构、核状结构等。土壤结构通过对水分、空气及养分的协调来影响林木的生长。团粒结构是林木生长的最好结构。森林中的死地被物形成的腐殖质能促进森林土壤团粒结构的形成，林地中的有些动物（如蚯蚓）对土壤良好结构的形成也有积极影响。

（3）土壤空气和水分。土壤空气和水分是土壤三相系统（固体、液体、气体）中的重要部分。空气和水分的多少及两者的协调与否在很大程度上影响着森林植物的生长发育。土壤中水分的多少除了与降水或供水状况有关外，主要取决于质地和结构。土壤水分分为毛管水和非毛管水，毛管水在土壤中移动缓慢，能溶解植物所需的养分，对植物的生长发育非常重要。水分不足会影响幼树、幼苗的存活及树木高度和直径的生长，水分过多，尤其地下水位过高，则常使土壤二氧化碳积累过多，阻碍根系呼吸和吸收养分的能力，导致根系腐烂，也会影响土壤微生物的活动。土壤中的空气和水分是一对互相制约的关系。土壤空气的多少与土壤质地、结构、水分状况密切相关，土壤空气状况影响植物根系的呼吸，以及微生物种类、数量及活动状况，进而影响森林植物的生长发育。可见，适宜的土壤空气是林木良好生长的生态条件之一。

2. 土壤的化学性质

（1）土壤 pH 值。土壤 pH 值主要是通过影响土壤理化性质、养分元素的溶解性、土壤微生物的活动状况等来影响土壤肥力和植物生长的。森林植物在长期的生长发育过程中，对土壤 pH 值有一定的适应性。南方林木多生长在 pH 值为 4.5～6.5 的土壤上，北方林木多生长在 pH 值为 6.5～8.7 的土壤上。根据森林植物适应各种土壤反应的能力，可将森林植物分为酸性土指示植物、钙质土指示植物和盐碱土指示植物。酸性土指示植物有马尾松、油茶、茶树、映山红、铁芒箕、狗脊等；钙质土指示植物有柏木、南天竹、圆叶乌桕等；盐碱土指示植物有柽柳、白骨壤等。

（2）土壤养分。土壤养分是森林植物生长发育所需的物质条件和基础。根据植物对土壤养分的需要量，土壤养分元素可分为大量元素和微量元素。大量元素通常指氮、磷、钾、钙、镁、硫等。微量元素是指硼、铜、钼、锌等。其中，氮、磷、钾是最易缺乏的元素，所以通常要通过施肥来补充。微量元素一般不会缺乏，但缺乏时会明显影响植物生长、开花和结果等。根据林木对养分的适应性的不同，树种可分为耐瘠薄树种和不耐瘠薄树种。前者通常包括马尾松、刺槐等，后者常指乌桕、榆树、槭树等。在生产中，人们应根据树种特性、经营目的、生长期、生长季节等情况，结合土壤养分特点进行合理施肥，如豆科植物通常以补磷、钾、钙为宜，一般树木的营养生长期以补氮为主。

### （二）森林与土壤改良

1.农用土壤改良

复合农林业是高效利用光能和土地资源，提高土壤肥力的有效途径。在黄淮海平原地区，旱、涝、盐、碱、风沙等灾害严重限制了农业生产，土壤障碍是重要原因之一。实施综合防护林体系工程，可发挥森林调节气候、防风固沙、改良土壤的作用，使土壤障碍因素得到控制，从而提高土壤肥力。

2.矿山土利用改良

如何利用矿山开采的废弃物是一个亟待解决的问题。采用林业复垦措施，可以收到较好效果。例如，山西矿区种植刺槐、臭椿、榆树、枣树、侧柏、杜松等树种，根系可深扎入矸石层12～30厘米，根幅半径为35～160厘米，还有凋落物，促进矿渣风化成土过程，随林分郁闭，土壤生物明显增加。树木比草本植物根系耐旱、耐污染，对改良利用矿山土更具优势。

## 五、森林与动物

动物和森林植物是相互依存、相互适应的关系。

### （一）动物对森林植物的依存

动物在很大程度上依赖森林而生存，原因如下：

（1）森林提供动物生存所需的食物。林木及其他森林植物的叶子、芽、种子、果实等通常是动物的食料。

（2）森林植物提供动物生活所需的场所。森林群落具有改善小气候、稳定温度、提供栖息条件、降低风速、滞水挡雨等作用。

（3）森林植物提供动物繁殖、换羽等所需的隐蔽条件。森林内环境安静，人迹稀少，动物幼崽能得到较好的保护和喂养。

### （二）动物对森林植物的作用

动物在其生命过程中不断地对森林植物发生有益和有害的作用。

（1）传授花粉，利于植物繁殖。许多植物依靠昆虫、鸟类及其他动物传授花粉，如刺槐、椴树、紫穗槐等。

（2）扩大植物分布区。很多林木的种子需要动物进行传播，一是经过取食排泄的体内传播，如一些浆果或肉质果实的小乔木等常依靠这种方式扩大分布范围；二是一些带刺或具黏液的种子常通过动物体外进行传播。

（3）改善土壤的理化性质。除过度放牧外，森林动物一般都有不同程度改善土壤理化性质的作用，如蚯蚓、蚂蚁之类的土壤动物，能够使土壤疏松，增加通气透水性能；土壤动物及兽类、鸟类动物等的排泄物能够增加林地养分和有机质，提高林地的肥力因素。

（4）破坏森林资源。森林动物常以森林植物的不同部分如花、叶、果实等为食料，使森林植物生长、繁殖乃至生存都受到影响，如森林虫害常使大面积森林毁灭。

（5）传播疾病。森林动物在传播种子和传授花粉的同时，也会传播疾病危害林木，如鸟类传播板栗疫病的病原体，蜜蜂等昆虫传播病原细菌，蚜虫、蝉等刺吸式口器昆虫传播病毒。

森林动物种类繁多，它们之间的关系错综复杂，通常所说的有益和有害动物都是以一定角度为出发点的，实际上这些有益和有害都是相对的，有时间性的，没有绝对的"益"，也没有绝对的"害"。

# 第四节　森林的功能与效益

## 一、森林的功能

### （一）涵养水源和保持水土的功能

森林结构复杂，有乔木层、灌木层、地被物等层次。这些层次都对降水有滞留作用。有林地段很少出现严重的水土流失，暴雨之后，洪水泛滥的现象也大大少于无林地段，也不容易因为干旱而使河川枯竭；而无林地段一旦遇到暴雨，水土流失现象往往很严重，甚至会引起山洪暴发，造成很大的危

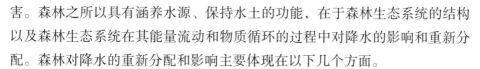

害。森林之所以具有涵养水源、保持水土的功能，在于森林生态系统的结构以及森林生态系统在其能量流动和物质循环的过程中对降水的影响和重新分配。森林对降水的重新分配和影响主要体现在以下几个方面。

**1. 林冠截留作用**

林冠截留是指降水过程中有一部分降水被林冠滞留的现象。被林冠滞留的降水一部分顺树干流到林地，其余的水分又因蒸发而回到大气中，林冠下降水一般小于林外。在降雨过程中，雨滴对裸露土壤表现出直接的侵蚀作用，而郁闭的森林，枝叶繁茂，林冠相接，通过林冠截留作用，林地土壤就可以在一定程度上免受暴雨的打击，从而减轻雨水对其土壤的侵蚀作用。

**2. 林地死地被物层的作用**

森林死地被物层通常是指覆盖在林地表面的枯枝落叶、落花和落果以及其他动植物残体等。该层主要由森林的凋落物组成，因而也被称为凋落物层或枯枝落叶层。森林中的死地被物层在森林生态系统中具有非常重要的作用，林地死地被物不仅是土壤有机质和养分的重要来源，还对涵养水源、保持水土具有极其重要的意义。死地被物层能够吸收大量的降水，明显地降低地表径流量。

**3. 林地土壤的水文效应**

由于森林植物对土壤的改良作用，与一般的无林地相比，森林土壤具有疏松、孔隙多、腐殖质含量高的特点。森林土壤孔隙度特别是非毛管孔隙度大，为林地水分渗透、蓄积降水创造了有利条件。由于森林土壤的孔隙度一般远大于其他土地，因而林地土壤的含蓄潜力一般都很大。在土壤孔隙中，毛管孔隙所贮存的水分能够抵抗重力作用而保持在孔隙中，这种水分对江河水流和地下水一般不产生直接影响，但毛管水对坡地植物影响巨大。非毛管孔隙除形成水分运动的通道外，还为水分的暂时贮存提供了场所。当水分进入土壤的速度大于其流到底层的速度时，水分就贮存在孔隙中，延长了水分向底层渗透的时间。森林的这种减少地表径流，促进水流均匀进入河川和水库，在枯水期间仍能维持一定水位、水量的作用，称为森林的水源涵养作用。

### （二）调节温度和影响降水的功能

有林地区和无林地区在气候特征上存在显著差异。当一个地区的大面积造林地郁闭成林后，其林地及其周围地区的热量和水分状况将产生明显变化，主要表现在以下几个方面。

1.对气温的影响

森林对气温的影响主要表现为森林能降低林地及其周边的年平均气温，缩小年温差和日温差，使其温度的变化幅度降低。据测定，在森林上空500米范围内，有林地年平均气温比无林地低 0.7 ℃～2.3 ℃。夏季林内气温比林外低 3 ℃～4 ℃，冬季林内气温则比林外高 1 ℃～2 ℃。一天之中的最高温度，林内低于林外，最低温度则林内高于林外，一般情况下，白天林内温度低于林外，夜间和黎明则高于林外。这种情况在晴天表现得尤其明显。

森林对气温的这种影响主要通过林冠层的遮挡和生理活动来达到。在晴朗的白天，太阳辐射强烈，但由于林冠层的遮挡，约有80%的太阳辐射不能直射林地，穿透林冠的部分又为林内灌木、地被物所吸收，因而进入林内的辐射能量大大降低。此外，林冠层还通过蒸腾作用消耗大量的太阳辐射能，同时林外热空气垂直上升，因而较少地影响到林内气温的升高。加之林冠的覆盖，林内空气对流大大减弱，所以林地气温在一定时间和时期（夜间、冬季）内较无林地高。

森林不仅能稳定林内气温，还会影响周边地区的气温条件。森林对气温、土壤温度和空气湿度的调节作用，不仅影响林木本身的生长发育，对林地附近农作物的生长也十分有利，还可以减少各种灾害性天气的发生。在春季和秋冬季，气温和土壤温度的升高，可延长林木生长期，提高生长量，还可减轻霜害。农田防护林就是通过这种作用对农作物起保护作用的。城市周围森林的这种空气缓流可减轻热岛效应，同时消散城市上空的废气，其生态意义尤其重要。

2.对降水的影响

森林对降水的影响包括两个方面：一是森林能够增加水平降水，这一结论已被众多学者所接受；二是森林能否增加垂直降水的问题目前依然没有定论。认为森林能够增加垂直降水的理由主要有以下几点：①森林具有强大的蒸腾作用，因而有林地上空空气湿度高、气温低，一个地区降雨的多少很大程度上取决于大气中水汽含量的多少。②在无林空旷地，只有地表蒸发，蒸发量小，对空气中水汽含量影响不大；而在有林地区，林木在生长过程中以其强大的根系吸收土壤深层水分，向上空大量蒸腾。③林冠蒸腾的大量湿气被迅速带到上空，森林附近空气湿度大、温度低，加上森林上空的空气流动旺盛，为水分凝结形成降水创造了条件。

### （三）防风固沙的功能

风对森林的影响可以表现在不同的方面。一方面，风对森林植物生理活动等产生一系列的影响；另一方面，风可以通过影响环境进而影响森林植物，如风可以将海洋的湿气带到大陆上空，还可以调节植物体温，促进植物生长，但风速大于 5 米 / 秒时，可能产生不同的消极影响，如使农作物倒伏，吹折树木茎干，使植物蒸腾作用过强，造成植物的凋萎、落花、落果、落叶等，使植物发育不良，生长衰退，甚至死亡。森林是风的强大障碍物，森林的存在能把风分散成小股气流，消耗风的动能，并改变风的方向。因此，人们多通过营造森林来保护农田、村庄、河流、道路等。

当风遇到林带后，树干、枝条和树叶对风反复产生摩擦、碰撞，从而消耗了风的动能，降低了风速。大部分风由于林木的阻挡被迫沿林冠吹向高空方向，再逐渐回到地面，由此大大减小了风速。林带降低风速的能力与林带的特征有关。这些特征主要包括林带的宽度、林分的密度、林带的结构、林带的高度、林带的方向以及树种组成等。

### （四）净化空气、改善环境

森林生态系统分布广阔、生物产量高、生命周期长，通过吸收同化、吸附阻滞等形式在净化空气、改善环境中发挥着极其重要的作用，具体表现在以下几个方面。

#### 1. 吸碳放氧

随着人口的迅速增加和工农业生产的发展，煤炭和石油的燃烧量不断增加，加上人们对土地的利用方式发生着一系列改变，大气中二氧化碳含量在不断上升。大气中二氧化碳浓度的不断升高导致的全球变化已经引起世界各国政府的广泛关注。虽然二氧化碳是无毒气体，但是大气中二氧化碳含量超过 0.05% 时，人们就会感到呼吸不适，达到 4% 时就会出现头痛、耳鸣和呕吐反应，含量达到 10% 以上，人会窒息死亡。森林通过光合作用吸收二氧化碳，放出氧气，又通过呼吸作用吸收氧气放出二氧化碳，但植物在白天进行光合作用所制造的氧气比呼吸作用消耗的氧气多 20 倍，因而从总体上看，森林植物是氧气的制造者。

2. 吸尘

在空气中，除尘埃外，尚含有油灰、炭粒、铅、汞等重金属小粒以及附着在烟尘中的微生物和病原菌等。这些有害物质通过肺直接进入血液或沉积于肺中，使人易患各种呼吸道疾病。同时，当大气中的灰尘浓度较大时，还会降低太阳辐射强度，降低大气的能见度。人们在长期的观察和研究中发现，森林对大气中的烟灰和粉尘具有明显的吸附和阻滞作用。一方面，树木和森林高大的树干和稠密的林冠具有显著减弱风速的功效，从而在很大程度上降低了空气携带灰尘的能力，使空气中的灰尘沉降下来；另一方面，树木叶片有一个较强的蒸腾面，尤其在晴天能够蒸腾大量的水分，使树冠周围和森林表面保持较大湿度，同时树木叶面粗糙、多茸毛、分泌黏液的特性可以滞留空气中的飘尘，从而大大降低空气中灰尘的含量。

3. 吸收有毒气体

树木净化空气中有毒物质主要有两种途径：一是利用叶子吸收有毒物质，降低有毒物质在空气中的含量；二是植物能够使有毒物质在体内分解转化为无毒物质，如二氧化硫进入叶片后会形成亚硫酸和亚硫酸根离子，而毒性很强的亚硫酸和亚硫酸根离子能被植物氧化，其毒性大大降低。很多树木都有吸收有毒气体的能力，在一定的浓度范围内，树木能够把这些有毒气体吸收掉，避免这些有毒气体在大气中日积月累达到有害的程度。

（五）维护生物多样性的功能

生物多样性是一定空间范围内多种活的有机体有规律地结合在一起的总称，包括所有植物、动物、微生物以及所有的生态系统和它们形成的生态过程。目前，人类世界所面临的人口、粮食、资源、环境和能源五大问题，都在不同程度和不同角度上与生物多样性的降低有关。因此，生物多样性的保护问题已经成为生态学和社会学所关注的热点问题。生物多样性是人类赖以生存的物质资源，是工业和农业的生产原料，又因其具有强大的生态系统服务功能而产生了巨大的间接价值。同时，生物多样性的美学、旅游、科学研究和伦理价值越来越被人们所重视，其前景是十分广阔的。

森林生态系统对生物多样性的保护作用主要体现在以下几个方面。

1.森林生态系统为物种多样性提供了重要的基质保证

森林生态系统不但为植物和微生物提供了生存的基本空间和营养来源，也为动物提供了栖息场所和丰富的食物。森林生态系统类型多样，内部环境异质性高，孕育了多种多样的植物类型，多样性的植物类型又孕育了多样性的动物种类和丰富多彩的微生物类型。森林之所以是众多的生物物种的乐园和庇护所，主要是因为森林具有特殊的时空优势、种群优势、群落优势、生产力优势及其环境的稳定性和异质性的明显优势。森林的这些优势为地球上众多的生物物种提供了栖息、繁衍、进化的场所。一般来说，地球上凡是具备森林形成条件的地方，无论目前是什么类型的生态系统，如果没有人类的反复破坏和特殊的自然因素的破坏以及诸如气候变迁等难以预测的干扰因素，最终将会演替为森林生态系统。生态系统的这种演替特性为丰富物种多样性提供了良好的机遇。

2.森林生态系统生物种类繁多，为形形色色的遗传基因提供了载体

物种多样性是遗传基因多样性的载体，森林生态系统的物种多样性必然孕育了丰富多彩的遗传基因多样性，森林生态系统的多样性是遗传基因多样性和物种进化的保证。在森林生态系统中，仅林木种质资源就蕴藏着极为丰富的遗传变异，变异越丰富，物种对环境的适应能力越强，物种进化的潜力也越大。人们可以利用这些遗传特性，运用基因工程的方法，培育高产、优质、抗病的经济动植物品种，如杂交水稻等。

## 二、森林的效益

森林是一种重要的资源，是人类的宝贵财富。森林不仅能提供木材、能源和多种多样的林副产品，还在保持地球生物圈的生态平衡中起着十分重要的作用。与煤、石油和天然气不同，一般情况下，森林是一种可再生性资

源，效益多样，功能特殊，同时具有持续性和社会性的特点。森林既具有自然的属性，又具有社会的属性，它与人类社会的发展密切相关。

森林既有各种各样的林产品效益，又在生长和发育过程中与环境发生着一系列的相互作用和相互影响，进行着物质和能量上的交换，从而发挥出巨大的系统效益。人们把森林的效益总结为三大效益，即经济效益、生态效益和社会效益。经济效益又称直接效益，生态效益和社会效益又称间接效益，三大效益总称森林的综合效益。森林的综合效益来自同一森林生态系统中，各种效益之间有着密切的联系。

### （一）经济效益

经济效益也称直接效益，即主要提供下列物质和能源的效益：①木材。木材是森林的主产品，可制作原木、板方材、三板材（纤维板、胶合板、刨花板）和削片，用于建筑、车辆、船舶、枕木、矿柱、造纸和家具制造等。②能源。每立方米木材可产生的热量约为 1670 万千焦。世界每年因为薪炭燃烧而耗费的木材约有 12 亿立方米，接近世界木材总产量的一半。在发展中国家，薪炭能源占总能源的比重超过 80%。现在，有的国家正试验从森林植物中提炼石油，以解决能源危机。③食物。可用作油料资源的林木种子有核桃、花椒、油茶、油橄榄、油棕等；可作为食品的有板栗、枣、柿、榧子、松子等。从植物枝、干、叶中还可提炼食用淀粉、维生素、糖等。林副产品中的蘑菇、猴头、木耳、银耳等都是佳肴珍品。森林中的鸟兽、两栖、爬行类等狩猎资源占陆生动物资源的绝大多数，出产大量肉、皮、毛、羽、骨、蛋等。④化工原料。松脂、单宁、紫胶、芳香油、橡胶、生漆等都可作为化工原料进行使用。⑤医药资源。药用植物如刺五加、毛冬青、人参、灵芝、猪苓、平贝母、冬虫夏草以及来源于动物的鹿茸、麝香、五灵脂等都是名贵中药。⑥物种基因资源。生存于森林中的生物种类甚多，其中有不少属于珍稀或濒危种类。

### （二）生态效益

森林的生态效益是指森林生态系统的生态过程在其影响所及的范围内，

产生的诸如保持水土、防风固沙、净化大气、保护生物多样性等对人类有益的全部效用。关于这一点，笔者在森林的功能中已经做了详细介绍，在此不再赘述。生态效益是森林生态系统中以木本植物为主体的生命系统和与其相适应的环境系统在进行各种生态作用的过程中所形成的效益。

### （三）社会效益

1.森林社会效益的定义

对"森林社会效益"进行科学的定义是研究森林社会效益的关键。社会效益是指产品和服务对社会所产生的好的结果和影响，是相对于经济效益、生态效益而言的，独立运作并起效。袁琳等认为，森林社会效益是指森林各种直接、间接或隐藏的功能作用于人，使人的各种生存因素发生变化而带来的效益。

在比照各种观点的基础上，笔者对森林社会效益给予了一个新的界定：森林社会效益是指主体人群在与森林进行交互作用的过程中所获得的各种需求的满足和利益的实现，其中需求和利益体现了森林社会效益的内涵，它涵盖了森林提升文化、疗养保健、改善民生等方面的功能。

2.森林社会效益的内涵

森林社会效益的内涵主要涉及森林文化、森林保健、生活改善三个方面。

（1）森林文化。森林文化是森林社会效益的第一内涵，森林社会效益的突出表现是拥有深远而浓厚的森林文化。森林塑造了人类文化，人与森林相互依存、相互发展。森林文化对社会文化的形成起到了不可替代的推进作用，并且对社会进步的贡献率日益提高。从广义上讲，通过与森林的接触，人更加亲近自然，从而能够领悟森林文化"天人合一"的内涵。从现实看，开发森林资源可以带动林区教育、科研的发展，提高人类文化素质、认知水平和劳动生产率，从而使林区社会形成蓬勃向上的精神动力。森林文化这一内涵包括人口素养、科技水平、劳动生产率等主要指标。

（2）森林保健。森林对环境的优化是一项重要的社会效益，森林不仅能够改善生存条件，还直接影响人类健康状况。现代人更加注重森林的保健作用，乐于在林区进行保健和疗养，这是由于森林为人们提供了优美的环境、洁净的空气和安静的气氛，使人能够得到精神上的愉悦和舒畅。同时，森林环境具有消除疲劳、镇静安神的作用，森林能够降低噪声并调节气温，特别适宜病后疗养。林木散发出的多种物质本身可杀菌和治疗某些疾病，林内的负氧离子可促进新陈代谢，提高人体免疫力，保证肌体健康，从而提高受益人口的寿命。森林保健这一内涵包括人口寿命、疗养防病等主要指标。

（3）生活改善。生活改善是森林社会效益的实际目标，就业是生活改善的首要体现。森林具有天然的解决就业的能力，可以长期提供各种工作岗位。森林就业可以吸收大量富余人员，使其投入到造林、森林抚育、森林采伐、林产品加工等劳动密集型产业中，从而带动相关产业的发展，增加居民收入。森林通过各种渠道所提供的优越生活在一定程度上降低了社会矛盾，不仅可以提升林区人群生活满意程度，还大大增强了社会的稳定性。生活改善内涵包括新增就业、有效就业、收入水平、社会治安情况、居住条件等主要指标。

# 第五节　森林群落

## 一、森林群落的概念

自然界各个地域由于环境条件的差异和植物种类适应性的不同，在一定地段的自然条件下，总是由一定的植物种类结合在一起，构成一个有规律的组合，这种植物组合被概括地称为植物群落。森林群落也是在一定的环境条件下的所有树木和其他植物的组合。大地上的森林植被就是由多种多样的森林群落镶嵌构成的，研究森林，往往是以一个个具体的群落为单元的。一个森林群落内植物之间及聚居在一起的动物之间，存在着复杂的相互关系和作用，群落内动植物就是在这些错综复杂的环境中生存和发展的。一个森林群落的特征主要取决于下列因素的相互作用：①生境或立地条件；②所生存的植物和动物的种类和数量；③时间或历史等因素。

森林植物群居在一起，占据一定的固有地段，因而森林群落是具体的实体。例如，一片松林、一片栎林、一片松栎混交林、一片竹林，这些都可以被看作是一个森林群落。

## 二、森林群落的结构

### （一）森林群落的垂直结构

森林群落的垂直结构是不同生态习性的植物在垂直高度和深度上分别处于不同位置的情况，其体现了森林植物彼此间有效利用空间，最大限度地从环境中获得物质和能量的一种适应现象。森林群落常可划分出乔木层、灌木层、草本层和地被物层四个层次，同一层高度相差不应超过20%。

林木的层次结构在林业上常称为林相。森林又分为单层林和复层林，前者只有一个乔木层，后者则有两个以上的乔木亚层，一般人工纯林为单层林，混交林为复层林。对于复层林而言，通常把盖度最大的层次称为主林冠层。主林冠层对森林环境如光照、温度、湿度、二氧化碳含量、死地被物的性质及保水能力有很大影响。如果主林冠层被毁，必然导致林内环境条件的骤然改变。

按植物高度来划分群落的垂直结构，不仅是形态特征方面的指标，还具有一定的生态学意义。同一层次的各种植物在生态习性上较为接近，都具有相互适应性和相对稳定性，各个层次特别是下层对位于其上面的层次具有更大的依赖性。营造混交林或进行林内多层经营时，应充分考虑所选树种或经济植物的生态习性、所处层次及相互间的适应能力和依存关系。

森林群落的成层现象既出现在地上部分，又出现在地下部分，一般群落的地下根系层次常与地上层次相对应。例如，乔木根系较深，灌木根系较浅，草本植物则多分布于土壤表层。乔木根系又有深根性与浅根性之分，位于上层的喜光树种多属于深根性，而下层耐阴树种多属于浅根性，即不同层次内的乔木树种，其根系分布也不在同一层次，从而可以更充分地利用土壤养分。

### （二）森林群落的水平结构

在任何森林群落中，环境因素在不同地段上都是不一致的，往往在土层厚度、土壤湿度、土壤养分、上层林冠的郁闭状况上存在着不同程度的差异，各种植物本身的生物学特性和生态学特性也各不相同。这两个方面的因素相互作用的结果是在群落的不同地段上自然地形成由一些植物种类构成的小群落。它们是整个群落的组成部分，每个小群落都具有一定的种类成分和生活型组合，是群落水平分化的一个结构部分。群落内的水平分化称作群落的镶嵌。

群落复合性即群落间的镶嵌，如森林群落与相邻低矮植被间形成的镶嵌，这种镶嵌又称群落的交错。两个群落间的界线不是一条明显的线，而是有一定宽度的过渡地带，这种过渡带即群落交错区。群落交错区包含两个相邻群落的某些生态特点，但又有其特有的生态结构。群落交错区会因时间的变化而发生移动，这主要是受气候等因素的影响。

### （三）森林群落的时间结构

时间结构是指群落结构在时间上的分化或在时间上的配置。它是由层片结构季节性更替（一个层片被另一个层片取代）而形成的。例如，温带落叶阔叶林中，早春时乔木层的树木尚未长叶，林下有很大的透光度，一些早春开花的植物层片出现。入夏后，上层林木枝叶茂密，林内光照变暗，早春开花植物层片消失。这一类随季节而出现的层片称为季节层片。

群落中种群的年龄结构是较大尺度的时间结构。群落中的种群既是整个植物群落结构的组成部分，又以它的不同年龄或物候状态进入各个层和层片，并在不同的层或层片中具有不同的个体数。随着时间的变迁，种群年龄不断变化，它们在各个层或层片中的个体数量和所处地位也在变化。这种年龄结构变化反映出群落结构在时间上的分化，形成群落的时间结构。异龄林的这种时间结构表现得比较明显。

## 三、森林群落的生产力

森林群落的生产力是森林群落最基本、最重要的数量特征和功能特征，森林生态系统中能流、物流的研究均以测定生产力为基础。

### （一）生产量

由森林群落中绿色植物光合作用所产生的有机物质的总量被称为总第一

性生产量（Pg），又称总初级生产量，简称总生产量。

总生产量（Pg）= 总光合量 = 净生产量（Sp）+ 植物呼吸消耗量（R）

在任何一段时间内，净第一性生产量的积累量叫作生物量。生物量用干质量表示，是绿色植物在单位面积上的质量，一般以干重（单位：kg/hm²、g/m²）表示。

### （二）生产力

生产力可用来表示生产的速度，指单位面积、单位时间内所生产的有机物质的量或固定能量的速率，常用 g/（m²·a⁻¹）表示。总生产力是绿色植物在单位面积和单位时间内所固定的总能量或生产的有机物质的总量。在植物呼吸作用之后，剩下来的单位面积、单位时间内所固定的能量或生产的有机物质的量称净初级生产力（净生产力）。在林学中，净初级生产力可分为平均生产力与连年生产力两种。平均净生产力（$Q_W$）是森林群落生物量（$w$）与年龄（$a$）之比，用下式求出：

$$Q_W = w/a$$

连年净生产力（$Z_W$）是森林群落某年（$a$）的生物量（$W_a$），与其上一年（$a-1$）生物量（$W_{a-1}$）之差，用下式求算：

$$Z_W = W_a - W_{a-1}$$

净生产量与净生产力的区别在于前者表示测定时多年积累的有机物质的量，后者表示单位面积和单位时间（1 年）内所生产出的有机物质的量。后者仅为前者的一部分，即前者一年内的净生产量。

### （三）森林群落的生产力

森林每年提供的净生产量占陆地年总净生产量的一半左右。因此，森林在固定能量、生产有机物质、维持生物圈的动态平衡中具有极其重要的地位。

地球上森林群落的生物量与净生产力存在很大差异，受许多因素影响，其中地理位置、树种的遗传特性及人为经营活动的影响尤为显著。高纬度地区的森林生物量和净生产力最低；人工林的净生产力一般高于天然林；树种在分布适宜区内的生物量及净生产力高于其分布适宜区外。

森林群落生产力的提高，从生态系统能量学的角度来说是由于增加了森林群落的能量（能量的补充来源）。在天然条件下，能量的补充来源于温度升高和雨量增多（水的循环和移动）。人工林的生产力的提高主要体现在人为经营管理水平上。

## 四、森林群落的演替

### （一）森林群落演替的概念

在自然界中，一切事物都处于不断的发展与变化中，生物群落也是如此。在一定的地段上，一个森林群落被另一个具有不同性质的森林群落所替代的现象称为森林群落的演替，或称群落更替。

森林群落的演替是随时间变化的连续过程。前一个群落被后一个群落替代的过程称为演替阶段。演替过程中依次连续出现的各个演替阶段组成一个系列，称作演替系列。

森林群落的演替是生态学中长盛不衰的研究领域。演替理论旨在揭示森林的动态变化模式、原因、速度以及可能达到的稳定程度，从而推测其过去，预见其未来。种群总是在不断地扩大个体的数量，补偿因个体的衰老或不利环境因子而造成的损失，使种群的生命得以延续。空间的扩展性和时间的延续性是种群的基本属性。

### （二）森林群落演替的原因

森林群落演替的原因可以归纳为两大类，即内因和外因。

1. 内因

内因是指由群落内部生物之间以及生物与环境之间的矛盾所导致的群落演替。一方面，不同物种之间为争夺有限的环境资源而产生竞争，其结果是优胜劣汰；另一方面，群落内部的建群种对生境有一定的改造作用，改变了原来的生境条件，不再适合原建群种的繁衍，由新种取代，导致群落的演替。例如，中亚热带马尾松林一般都要被栲属树种所取代。因为马尾松的幼树不能在郁闭的马尾松林下生长，而马尾松林的庇荫条件是需要适当荫蔽的

栲属树种的良好生长场所，所以马尾松林被栲属林取代。

2.外因

外因是指由群落以外的因素所引起的演替，如风灾、火灾、病虫害、气候的变迁、冰川等自然因素以及人类活动的影响所引起的群落演替。在所有外因演替因素中，人类经营、采伐活动的影响占有特别重要的地位。例如，不合理的经营方式以及乱砍滥伐森林，会造成森林环境的急剧改变，为另一种树种的发生提供新的条件。目前，我国原生植被几乎破坏殆尽，取而代之的绝大部分是人工针叶林，致使地力衰退，造成下一代森林生产力的下降。

群落演替由于起因不同，条件千差万别，可以划分为多种类型。按演替开始时基质的性质，演替可分为两类：一类是从原生裸地上开始，称为原生演替；另一类是植被的退化和恢复的过程，称为次生演替。演替按其进展的方向可分为进展演替和逆行演替两类。前者是指群落趋向于复杂，稳定性增强，生产力提高，环境向中生化方向发展；后者指群落趋向简单化，稳定性减弱，生产力下降，环境趋向极端化发展。

### （三）森林群落演替的系列

1.原生演替系列

在没有任何植被，甚至没有土壤的基面上发生的演替称为原生演替。没有土壤的原生基面很多，如裸岩、新生河滩、山灰等，在这类基面上发生的原生演替称为旱生演替；从湖泊水底开始的原生演替称为水生演替。旱生演替与水生演替发生于完全不同的基面生境，它们沿着各自严格的演替规律发展。

旱生演替以岩石基面为代表，大体分为以下几个演替阶段：

（1）地衣阶段。裸岩上干燥、光照强、温度变幅大，条件极端恶劣。由于岩面与降水和大气接触，细菌和单细胞藻类最先定居，之后适应干旱的壳状地衣出现，利用极微量水分季节性地生长，干季休眠。机体用假根分泌酸性物质腐蚀岩面，也用残体聚集沙尘，使岩面更适于地衣生长，进而叶伏地衣、枝状地衣出现。高度可达几厘米的枝状地衣，生物量更大，聚集沙尘更多，已有遮阴形成微小的空间林境，温度条件改善，微生物数量增加，为更高级植物的侵入创造了条件。

（2）苔藓阶段。苔藓从单株侵入，发展到密集簇生，光合作用能力更强，积累残体量更大，湿度条件更好，裸岩生境明显改变。

（3）草本阶段。长期的地衣、苔藓阶段过去后，会先出现一年生耐旱的草本植物，二年生、多年生的草本植物随后开始生长，环境条件愈来愈好。草类由旱生型发展为中生型，由几厘米长至一米到两米高。郁闭环境产生了贴地层的小气候特点，温度变幅变小，对环境的改良作用增强，微生物区系增多，土壤动物活动增加，有了一定的保土保水能力，灌木树种的侵入有了可能。

（4）灌木阶段。灌木耗水量比草本植物更大，根系更深；当草本群落发展到杂草、蒿草类型时，灌木开始出现，初期形成高草灌木群落，以阳性旱生灌木为主，逐渐形成中生灌木群落。

（5）森林阶段。此阶段为发达的灌木阶段，生境得到进一步改善，一些阳性乔木树种可以进入，其规律仍是由少到多，由阳性旱生型发展为中生型。和地衣、苔藓阶段一样，灌木和乔木的演变速度也很慢。阳性树种向耐阴性树种演替，当形成稳定的森林群落时，即长期稳定下来，立木可以在林下更新，下木的种类和数量减少或种类改变，各植物层次和动物区系呈现固有特征。

2.水生演替系列

该系列是在淡水湖泊、池塘中进行的演替，可分以下几个演替阶段：

（1）深水植物阶段。在几米深的深水湖泊中，有浮游生物的残体积累在湖底，有从陆地冲刷来的土壤矿物质和有机质的积累。这个环境中也有少量的光和氧气，所以轮藻类可以生活，它是水底的先锋植物群落。植物体阻拦流沙、土壤，积累有机体，使基面抬高，水体变浅，当水深为 2～4 米时，金鱼藻、眼子菜、黑藻、茨藻等更高等的水生植物增加，它们的残体更多，湖底抬高更快。

（2）浮叶根生植物阶段。水体变浅，基面土壤增厚，供氧贮氧能力提高，浮叶根生植物出现，如莲、菱等。浮叶类植物光合能力强，有机体积累更快，但它们所具有的遮阴能力又会使水中光照和氧气不足，所以藻类逐渐死亡。

（3）直立水生植物阶段。水体进一步变浅，基面更高，直立水生植物侵入，常见有芦苇、香蒲、泽泻等。这类植物根茎发达且易盘结，容易抬高基面。高大的直立茎密集生长，浮叶类植物被排挤，进而使基面露出水面，具有了陆生环境。

（4）草本植物阶段。此时土壤湿度过大，初期只有湿生草本植物生长，如苔草草甸。随着土壤水分的蒸发，土壤变干，中生、旱生型草本植物顺序出现。之后演替进入类似旱生演替的后期阶段。

（5）木本植物阶段。草本群落中，最先侵入湿生灌木。木本植物根系深、耗水量大，水位更快降低，湿生灌木变成中生型，乔木树种开始生长并逐渐形成森林。

由旱生演替系列和水生演替系列的规律可以看出：它们源自性质不同的基面而向着中生群落的方向发展，都是由简单到复杂、由低级向高级阶段发展。

3. 次生演替

在自然状态下，未经外界因素严重干扰的森林群落称为原始森林群落，又称原始林。原生群落受外界因素强烈干扰而发生的森林演替过程称为次生演替。经次生演替重新恢复的森林群落称为次生森林群落，又称次生林。

例如，云冷杉林被破坏后形成杨桦林，它们之间的演替就是次生演替。如果杨桦林又被采伐形成灌丛，或灌丛又被砍伐形成草地，或草地又被破坏沦为荒山，只要土壤尚存，它们每一阶段均属次生性质。由此发生的演替与原生演替的起点是不同的。

植被在人类活动的干预下经常出现形形色色的次生裸地，也就是说，自然界时刻进行着各个阶段的演替，从而增加了植被类型的多样性。其中，次生演替最为普遍。演替阶段、演替方向反映着植被的稳定、效益和价值，关系到自然界生态平衡和人类经营的利益。因此，研究森林及其他植被的演替有重大的生产意义。次生演替是外因力引起的，主要是在人类干预下发生的，人们必须要认识它的特点和规律。

次生演替有以下特点：

（1）演替在外因作用下发生。主要外因是人类经营活动，林火和病虫害是常见的自然外因力。

（2）次生演替的速度。演替不必经历漫长的土壤积累过程，因而演替速度较快。演替速度的快慢主要取决于原生群落被破坏的方式和程度，也与侵入体（植物）的种类特性和种源有关。

（3）演替方向。演替方向包括森林群落的退化和恢复两个方向相反的过程。人类不再砍伐破坏，群落进展演替；继续干扰破坏，群落逆行演替，群落质量、立地条件开始退化，衰退速度与干预破坏程度和持续时间相关。

（4）次生演替经历的阶段。这主要取决于外力作用的方式、作用的强度和持续时间的长短。破坏越严重，持续时间越长，群落退化的阶段越多、越远，恢复的阶段也越多。经长期连续的破坏，有可能退化成次生裸地，在极端的情况下，甚至会退化为原生裸地。

# 第三章　水土保持与生态系统

## 第一节　水土保持及其理论基础

### 一、水土保持概述

#### （一）水土保持的定义及范围

1.水土保持的定义

水土流失是指在水力、重力、风力等外引力作用下，水土资源和土地生产力遭受的破坏和损失，包括土地表层侵蚀及水的损失，又称水土损失。土地表层侵蚀是指在水力、风力、冻融、重力以及其他外营力的作用下，土壤、土壤母质、岩屑及松软岩层被破坏、剥蚀、搬运和沉积的全部过程。水土流失的形式除雨滴溅蚀、片蚀、细沟侵蚀、沟道侵蚀等典型的土壤侵蚀形式外，还包括河岸侵蚀、山洪侵蚀、泥石流侵蚀以及滑坡等侵蚀形式。

水土保持即防治水土流失，保护、改良与合理利用水土资源，维护和提高土地生产力，以利于充分发挥水土资源的生态效益、经济效益和社会效益，建立良好的生态环境。水土保持的对象不只是土地资源，还包括水资源。保持的内涵不只是保护，还包括改良与合理利用。不能把水土保持理解为土壤保持、土壤保护，更不能将其等同于土壤侵蚀控制，水土保持是自然资源保育的主体。水土保持的含义是"保育和有效利用与人类生活密切关联的水土资源，以增进人类生活"。换言之，是要以明智合理的土地利用方式，使我们和我们的后代永远享用水资源和土地资源。

2. 水土保持的范围

水土保持的范围主要包括合理利用土地、防治水土流失、防治土壤退化、充分利用有限的自然资源、控制地表径流、为农地保蓄水分、节水灌溉与适当排水、改善生态环境和提高农业生产等。

水土保持按项目类型主要分为农地水土保持、林地水土保持、草地水土保持、道路水土保持、工矿区水土保持、库区水土保持、城市水土保持等。

水土保持的范围具体体现在以下几方面：①土壤方面。增加土壤腐殖质，增进土壤蓄水及渗透能力，改良土壤结构及物理特性，增强土壤抗蚀性能。②植物方面。保护性耕作栽培、营造防护林及植草都属于此范围。轮作、等高耕作、免耕等保护性耕作栽培措施以及种草等都是有效的水土保持方法。③工程方面。应因地制宜，采用不同的措施，主要有坡地水土保持工程、沟道水土保持工程、山洪及泥石流排导工程和小型蓄水保土工程。

## （二）水土保持应遵循的原则

### 1. 坚持可持续发展的原则

农业是中国国民经济的基础。农业与农村的可持续发展是中国可持续发展的根本保证和优先领域。目前，中国农业和农村的发展正面临一系列严重问题：①人均耕地少，农业自然资源短缺，人均占有量逐年下降。②农村经济欠发达，农民平均收入甚低，而且增长缓慢；农村人口增长快，文化水平较低，农业剩余劳动力多。③农业综合生产力尚低，抗灾能力差，农业生产率常有较大的波动。④农业经济结构不合理，农业投入效益不高，化肥和灌溉水利用率较低，农业生产成本上升很快。⑤农业环境污染日益加重；土地退化严重，自然灾害频繁。

中国的农业与农村要摆脱困境，必须走可持续发展的道路，其目标是保持农业生产率稳定增长，提高食物生产和保障食物安全；发展农村经济，增加农民收入，改变农村贫困落后状况；保护和改善农业生态环境，合理、永续地利用自然资源，特别是生物资源和可再生能源，以满足国民经济发展和人民生活的需要。而水土保持是农业发展的基础，其可以使农业生态环境的改善和农业生产的提高同步发展。也就是说，所采取的措施对土地生产力和生态环境的有利作用必须相当或超过土地退化过程的不利作用。

2.遵守"水—土—植物—大气"相互作用的原则

水土流失虽然是气候、地形、土质、植被、人为作用等因素综合作用的结果，但最主要的根源是雨水不能全部快速地下渗到土中。受此影响，宝贵的水资源就产生了不利于农业生产、不利于人民生活的双重祸害：一方面，土壤、水库无水可储，干旱频繁发生；另一方面，大量产生地表径流，造成严重的侵蚀和淤积现象，直接危及人类的生活和生存。因此，水土保持的实质应当是促进雨水下渗到土中，做到滴水归田，充分发挥水资源的作用，并将侵蚀和淤积的祸根消灭于萌芽之中。一切有效的水土保持措施，只有与提高土壤下渗水分能力和保蓄水分能力的技术环节紧密结合，才能最大限度地防止侵蚀和淤积，从而经济、有效地利用水资源。

3.遵循生态效益、社会效益、经济效益相统一的原则

水土流失造成土壤进一步退化，导致山洪、泥石流、干旱等自然灾害发生，这是引起生态危机和土地生产力下降最直接的根源。水土保持工作不仅要防治水土流失，恢复和建立生态平衡，还要发展经济，脱贫致富，实现水土流失地区经济的可持续发展。因此，水土保持工作必须站在生态与经济两大战略高度，把生态环境建设与经济开发巧妙地结合起来，打破这一恶性循环，积极探索生态上依靠自我维持，经济上富有弹性和活力，物质和能量上良性循环的生态经济道路。

### （三）水土保持的重要意义

《中华人民共和国水土保持法实施条例》总则的第一条指出："防治水土流失，保护和合理利用水土资源，是改变山区、丘陵区、风沙区面貌，治理江河，减少水、旱、风沙灾害，建立良好生态环境，发展农业生产的一项根本措施，是国土整治的一项重要内容。"

1.保护水土资源

水土资源是重要的自然资源，是发展国民经济的基础。我国国土总面积

居世界第三位，耕地面积占世界第四位，但人均耕地面积较少。在水资源方面，我国人均水资源量不及世界平均水平的1/4，并且水资源的年际和季节间的变幅很大，地区分布很不平衡。今后，随着人口的继续增长和工农业的发展，水土资源不足、人多地少的矛盾将日益尖锐。水土流失是破坏土地资源的一个重要方面，也是社会生产力低的表现。水土流失严重的地区一般经济发展都较为落后，仅能维持简单的再生产。水土流失导致土壤肥力下降、土层变薄，甚至使其完全丧失生产条件，这不仅会影响人们的生产生活，还将影响子孙后代和民族的生存。因此，水土保持的第一要义就是要保护我国有限的水土资源。

2.促进生态系统的良性循环

水土保持可以促进生态系统向良性循环转化，减少或消灭自然灾害的发生，有力改善生态环境。例如，日本的国土中山地丘陵占81%，中央山脉纵贯南北，山高坡陡，河川短急，火山、地震、台风和暴雨频繁，重力侵蚀严重。针对上述问题，日本吸取历史教训，大力进行国土保育，控制并减轻了自然灾害的发生，为日本的经济发展起到了重要的作用。

我国朱显谟院士根据全国水土流失调查情况，提出在黄土高原实行"全部降雨就地拦蓄入渗"、长江流域实行"排水保土"的分区治理措施，形成了目前我国黄土高原淤地坝系建设和长江流域兴修梯田并辅以坡面水系工程的水土保持综合治理的良好局面。黄土高原地区几十年的淤地坝建设实践充分证明，坝系建设具有显著的生态效益、社会效益和经济效益，在治理水土流失、减少入河泥沙、发展区域经济、提高群众生活水平和改善生态环境等方面具有不可替代的作用。

3.促进水利、航运、水产、旅游等行业的济的发展

水土流失不仅危害江河、湖泊、水库、渠道等水利设施，还会阻塞航运，污染环境，影响水能开发和水产、旅游事业的发展。中华人民共和国成立以来，由于水土流失造成水库淤积，经济损失巨大。据估算，黄河中游的大型水库每年损失库容近1亿立方米；湖南的洞庭湖，由于淤积，大大降低了调蓄长江洪水的能力，威胁到了长江两岸人民的生命财产安全。

水土流失造成的河道阻塞、河床抬高影响了交通航运，造成洪水泛滥。水土流失造成的河流含沙量增高、环境恶化和污染，还将影响到水能利用以

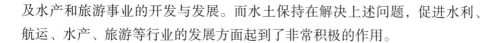

及水产和旅游事业的开发与发展。而水土保持在解决上述问题，促进水利、航运、水产、旅游等行业的发展方面起到了非常积极的作用。

## 二、水土保持的理论基础

### （一）生态环境脆弱带原理

生态环境脆弱带是指在生态系统中处于两种或两种以上的物质体系、能量体系、结构体系、功能体系之间的界面，以及围绕该界面向外延伸的空间过渡带。它的主要特点有：①这里是多种要素的转换区，各要素相互作用强烈，常是非线性现象显示区、突变的产生区和生物多样性的出现区。②抗干扰能力弱。这里对改变界面状态的外力只有相对低的阻抗。界面一旦遭到破坏，恢复原状的可能性很小。③变化速度快，空间迁移能力强。根据我国生态环境脆弱带的实际情况，结合水土保持的特点，在此以山地平原过渡带为例论述其特点。

我国地势的显著特点是青藏高原逐级向太平洋沿岸下降，存在着巨大的台阶，由两条山岭组成的地貌界线，把我国大陆分成三级台阶。西边一条由昆仑山、祁连山、岷山和横断山组成，东边一条由大兴安岭、太行山、巫山和雪峰山组成。西边界线以西为第一级台阶，主要由青藏高原组成，海拔为4000～5000米。东边界线以西、西边界线以东为第二级台阶，主要由高原与盆地组成，如云贵高原、内蒙古高原、黄土高原和塔里木盆地、准噶尔盆地、四川盆地等，海拔下降到1000～2000米。东边界线以东直到滨海为第三级台阶，主要由东北平原、华北平原、长江中下游平原和东南丘陵组成，平均海拔为200～300米。

我国山地平原过渡带的分布有两种情况：第一种分布在第一、第二级台阶与第二、第三级台阶的陡坎地带，如昆仑山—塔里木盆地、祁连山—河西走廊、岷山—成都平原等，便是第一、第二级台阶之间的山地平原过渡带；大兴安岭—东北平原，太行山、豫西山地—华北平原，豫西山地—江汉平原等，则属于第二、第三级台阶之间的山地平原过渡带。这一类过渡带的特点是具有较大的高度梯度，内外力作用十分强烈。第二种分布是在台阶内部，如耸立在第一级台阶及其边缘上的山脉有喜马拉雅山、喀喇昆仑山、唐古拉山、冈底斯山等，与其邻近的高原面形成一系列山地平原过渡带。耸立在第二级台阶上的山地有乌蒙山、苗岭、大娄山（云贵高原）、六盘山、贺兰山、吕梁山、秦岭（黄土高原）、阴山（内蒙古高原）以及第二级台阶上的盆地与其周边山地，都能形成一系列的山地平原过渡带。在第三级台阶与沿海的低山丘陵地（主要是长白山、沂蒙山、武夷山、南岭、大瑶山等）也能形成山地平原过渡带。台阶内的山地平原过渡带因其高度梯度较小，外力作用不如第一种强烈。

不论是哪一种情况的山地平原过渡带，都表现出明显的脆弱性，其特点如下：内外力作用较强烈，对内外力侵入的抵抗能力很低。山地平原过渡带由于存在着较大的高度梯度，常形成特殊的热力与动力条件，易形成暖区暖带或成为暴雨中心。例如，河南省境内秦岭—黄淮平原过渡带，西部秦岭山地海拔在1000米以上，东部平原海拔不足100米，过渡带为海拔200～500米的低山丘陵与平原，交错分布，冬季从过渡带向西，随海拔增高气温很快降低；从过渡带向东，气温不是随高度降低而增高，而是比平原高，形成过渡带气温比东西两侧同纬度的平原与山地气温高的暖区，暖区中心1月均气温比周围高0.5 ℃～0.8 ℃，日均温稳定超过0 ℃的总日数一般比同纬度的平原区多。这种冬暖现象主要是由西部和北部山地对冷空气的阻隔作用所造成的。该过渡带的地形常形成常定的地形流场，特别是过渡带南部的驻马店和鲁山附近的喇叭口地形常形成气旋式切变。在暴雨形成期，东南、偏东和偏南气流在过渡带地形的屏障和摩擦作用下，风速不断减小，从而使山前地带成为强烈的风速辐合区，风向发生气旋式切变，使流场强烈变形。这种辐合变形流场将暖湿气团和积雨云团向山前集中，汇入过渡带中喇叭口地形区，使驻马店和鲁山丘陵区成为暴雨多发区。暴雨落区的高度多在海拔100～200米，这是因为当积雨云团移到海拔100～200米高度时，气流动能进一步减小，云团进一步抬升，在此高度往往存在有大片的层状云系。比此高度高的海拔在500米以上的山地，降水云系一般为单层云系，很少成为暴雨中心。正是由于以上原因，过渡带常成为暴雨中心。

山地平原过渡带降水较多，又是暴雨中心所在地，加之靠近山地一侧的高差较大，坡度陡，因而水土流失较为严重。我国第一类山地平原过渡带即分布于第一、第二级台阶之间和第二、第三级台阶之间的山地平原过渡带，

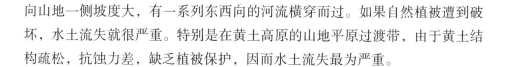

向山地一侧坡度大，有一系列东西向的河流横穿而过。如果自然植被遭到破坏，水土流失就很严重。特别是在黄土高原的山地平原过渡带，由于黄土结构疏松，抗蚀力差，缺乏植被保护，因而水土流失最为严重。

### （二）生态恢复与重建理论

目前，有关恢复与重建的科学术语很多，如恢复、改造或改良、改进、修补、更新和再植等，这些术语从不同角度反映了恢复与重建的基本意图。生态恢复与重建是指根据生态学原理，通过一定的生物、生态以及工程技术与方法，人为地改变和切断生态系统退化的主导因子或过程，调整、配置和优化系统内部及其与外界的物质、能量和信息的流动过程及其时空秩序，使生态系统的结构、功能和生态学潜力尽快地成功恢复到一定的或原有的甚至更高的水平。生态恢复过程一般是由人工设计进行的，而且是在生态系统层次上进行的。需要说明的是，生态系统或群落在遭受火灾、砍伐、弃耕后而发生的次生演替实质上属于一种生态恢复过程，只是它是一种自然恢复的形式罢了。

生态恢复与重建的难度和所需的时间与生态系统的退化程度、自我恢复能力以及恢复方向密切相关。一般来说，退化程度越轻的和自我恢复能力越强的生态系统越易恢复，其所需的时间越短。生态系统的自我恢复往往较为缓慢，而人为恢复可在一定程度上改变生态系统演替的方向和速度，并可缩短其恢复周期。在不同地区，生态系统的自我恢复能力是不同的，恢复所需的时间也不同，也就是说，生态系统的自然恢复能力存在地域差异。通常而言，在温暖潮湿的气候条件下，自然恢复速度比较快；在寒冷和干燥的气候条件下，自然恢复速度比较慢。在寒冷的阿拉斯加，即使是先锋植物阶段的演替（地衣苔藓植物群落）也需要花费 25～30 年的时间，而在热带地区，这个阶段的演替时间只需要 3～5 年即可完成。

### （三）景观生态学理论

景观生态学是研究一个相当大的区域内，由许多不同生态系统所组成的整体（景观）的空间结构相互作用、协调功能及动态变化的一门生态学的新分支。景观生态学的理论及方法与传统生态学有着本质的区别，它注重人类活动对景观格局与过程的影响。退化和被破坏的生态系统和景观的保护与重建也是景观生态学的研究重点之一。

景观生态学理论可以指导退化生态系统恢复实践，通过景观空间格局配置构型来指导退化生态系统恢复，使恢复工作获得成功。

1.景观格局与景观异质性理论

景观异质性是景观的重要属性之一，*Webster's Dictionary* 将异质性定义为"由不相关或不相似的组分构成的系统"。异质性在生物系统的各个层次上都存在。景观格局一般指景观的空间分布，是指大小与形状不一的景观斑块在景观空间上的排列，是景观异质性的具体体现，也是各种生态过程在不同尺度上作用的结果。恢复景观是由不同演替阶段、不同类型的斑块构成的镶嵌体，这种镶嵌体结构由处于稳定和不稳定状态的斑块、廊道和基质构成。斑块、廊道和基质是景观生态学用来解释景观结构的基本模式，运用景观生态学的这一基本模式，可以探讨退化生态系统的构成，可以定性、定量地描述这些基本景观元素的形状、大小、数目和空间关系，以及这些空间属性对景观中的运动和生态流的影响。

景观生态学研究表明，斑块边缘由于边缘效应的存在而改变了各种环境因素，如光入射、空气和水的流动，从而影响了景观中的物质流动。同时，不同的空间特征决定了某些生态学过程的发生和进行。斑块的形状和大小以及边界特征（宽度、通透性、边缘效应等）与采取何种恢复措施和投入有很大关系，如紧密型形状有利于保蓄能量、养分和生物；松散型形状（长宽比很大或边界蜿蜒曲折）易于促进斑块内部与周围环境的相互作用，特别是能量、物质和生物方面的交换。不同斑块的组合能够影响景观中物质和养分的流动，生物种的存在、分布和运动，并且这种运动在多尺度上存在，这种迁移无论是传播速率还是传播距离都同均质景观不同。总体而言，景观异质性或时空镶嵌性有利于物种的生存和延续以及生态系统的稳定，如一些物种在幼体和成体阶段需要两种完全不同的栖息环境，还有不少物种随着季节变换或进行不同生命活动时（觅食、繁殖等）需要不同类型的栖息环境。因此，通过一些人为措施，如营造一定的砍伐格局、控制性火烧等，有意识地增加和维持景观异质性有时是必要的。

2. 干扰理论

干扰是景观的一种重要生态过程，是景观异质性的主要来源之一，它既能够改变景观格局，又受制于景观格局。不同尺度、性质和来源的干扰是景观结构与功能变化的根据。在退化生态系统恢复过程中，如果不考虑干扰的影响就会导致初始恢复计划的失败，浪费大量的人力、物力和财力。从恢复生态学角度看，其目标是寻求重建受干扰景观的模式，所以在恢复和重建受害生态系统的过程中必须重视各种干扰对景观的影响。

退化生态系统恢复的投入同其受干扰的程度有关，如草地由于人类过度放牧干扰而退化，那么控制放牧就可以使其恢复，但当草地被野草入侵，且土壤成分已改变时，控制放牧就不能使草地恢复，而需要投入更多人力、物力和财力。在亚热带区域，顶极植被常绿阔叶林在干扰下会逐渐退化为落叶阔叶林、针阔叶混交林、针叶林和灌草丛，每越过一个阶段恢复的投入就会越大，尤其是从灌草丛开始恢复时投入更大，因而应该控制人类活动的方式与强度，补偿和恢复景观生态功能。比如，对土地利用方式的改变，对耕垦、采伐、放牧强度的调节，都将影响到生态系统功能的发挥或恢复。在退化生态系统恢复过程中，人们可以适当地采取一些干扰措施以加速恢复，如在盐沼地增加水淹可以提高动植物对边缘带的利用率，从而加快恢复速率。因此，人们可以通过一定的人为干扰使退化生态系统正向演替来推动退化生态系统的恢复。

3. 尺度

景观是处于生态系统之上、大地理区域之下的中间尺度，许多土地利用和自然保护问题只有在景观尺度下才能有效解决，全球气候变化的影响在景观尺度上也变得非常重要，因而对不同时间和空间的景观生态过程研究十分重要。退化生态系统的恢复可以分尺度研究：在生态系统尺度上，揭示生态系统退化发生机理及其防治途径，研究退化生态系统生态过程与环境因子的关系，以及生态过渡带的作用与调控等；在区域尺度上，研究退化区生态景观格局的时空演变与气候变化和人类活动的关系，建立退化区稳定、高效、可持续发展模式等；在景观尺度上，研究退化生态系统间的相互作用及其耦合机理，揭示其生态安全机制以及退化生态系统演化的动力学机制和稳定性机理等。对于退化生态系统恢复的研究在尺度上可以从土壤内部矿物质的组成扩展到景观水平，多种不同尺度上的生态学过程形成了景观上的生态学现象，如矿质养分可以在一个景观中流入和流出，或者被风、水及动物从景观的一个生态系统转移到另一个生态系统而重新分配。

# 第二节　水土流失的影响因素

一般认为，导致水土流失的因素有两种：一是自然因素，即气候、地质、土壤、地形、植被等；二是人为因素，即人类加剧土壤侵蚀活动，人类控制土壤侵蚀活动等。前者是影响水土流失发生和发展的潜在因素，后者是影响水土流失发生、发展和保持水土的主导因素。

## 一、自然因素

水土流失是全球性的一个严重问题，影响水土流失的自然因素主要有气候、土壤、地质、地形和植被等，它们对水土流失的影响各不相同，即便是对同一类型的水土流失，在不同自然因素的组合下，其影响也各不相同。因此，在讨论某一因素与水土流失的关系和拟定相应的水土保持措施时，必须同时考虑到各种自然因素间相互制约、相互影响的关系。一般情况下，气候、土体（包括一部分基岩）和地形是水土流失过程中必须同时具备的因子，是造成水土流失的潜在因素，但若气候、土体和地形条件同时具备，是否形成水土流失还取决于植被因素。

### （一）气候因素

所有的气候因子都从不同方面并在不同程度上影响着水土流失，大体可分为两种情况：一种是直接的，如降雨和风对土壤侵蚀的促进作用。暴雨是造成严重水土流失的直接动力和主要气候因子。另一种是间接的，如温度、湿度、日照等因素对植物的生长、植被类型、岩石风化速度、成土过程和土壤性质等都有一定的影响，进而间接影响水土流失的发生、发展过程与程度。

降水是气候因子中与土壤关系最为密切的一个因子，是地表径流和下渗

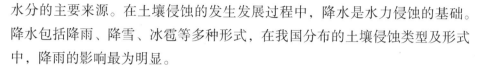

水分的主要来源。在土壤侵蚀的发生发展过程中，降水是水力侵蚀的基础。降水包括降雨、降雪、冰雹等多种形式，在我国分布的土壤侵蚀类型及形式中，降雨的影响最为明显。

1. 降雨的影响

降雨对水土流失的影响主要有两个方面：一是降雨强度；二是降雨量。降雨量影响地面径流，从而影响水土流失。降雨量越大，水土流失情况越严重。降雨强度主要是通过影响雨滴对地面的冲击来影响水土流失状况的。强度越大的雨滴对地面的冲击越强烈，土壤侵蚀就越严重。在同一地区，降雨强度对水土流失的影响要比降雨量的影响大。一般而言，并非所有的降雨都会引起严重的水土流失，只有降雨强度较大的暴雨才会造成较严重的水土流失。因为只有当降雨强度达到一定值后，降雨量超过土壤渗透量时，才会产生地表径流，而径流又是水力侵蚀的动力；同时，暴雨雨滴大，击溅侵蚀作用也强，因而较大强度的降雨会造成严重的水土流失。

2. 降雪的影响

在北方和高山冬季积雪较多的地方，由融雪水形成的地表径流的大小取决于积雪和融雪的过程与性质。在冬季较长的多雪地区，降雪后常不能全部融解而形成积雪。积雪受到风力和地形的影响进行再分配，在背风斜坡和凹地堆积较厚。融雪时产生不同的融雪速度和不等量的地表径流，在表层已融解而底层仍在冻结的情况下，融雪水不能下渗，就会形成大量的地表径流，常引起严重的水土流失。

3. 风的影响

风是土壤风蚀和风沙流动的动力。风蚀活动范围大，一般不受地形条件的影响，在平原也能发生，且终年均可发生。在有些地方风蚀所造成的土壤流失量比水蚀还要大。在我国，风蚀主要集中在东北、华北、西北等地区的干旱、半干旱地带，最严重的为长城两侧地区。此外，在黄河古道、豫东和沿海地区也时有发生。有些地方水蚀和风蚀现象同时存在。在比较干旱、缺乏植被的条件下，当地表风速大于 4～5 米/秒时就会发生风蚀。一般来讲，土壤流失量大体与风速的平方成正比。风速越大，流失量越大。

### （二）地质因素

#### 1.岩性的影响

岩性就是岩石的基本性质，对风化过程、风化产物、土壤类型及土壤的抗蚀能力有重要的影响。

（1）岩石的风化性。由容易风化的岩石发育形成的土壤，如岩浆岩中的侵入岩，结晶颗粒大，晶形完好，风化强烈，往往容易遭受较为强烈的土壤侵蚀。我国南方的花岗岩风化壳一般厚度为 10～20 米，有的甚至达40 米，以石英砂为主，结构松散，黏粒含量低，抗蚀能力极弱。沉积岩抗风化能力的强弱取决于胶结物的种类、岩石的节理和层理状况。当胶结物为硅质时，则不易风化，如硅质岩等；以铁质、钙质或黏土质物质为胶结物时，则易风化。节理发达、层理较薄的岩石也易风化，形成较厚的风化层，为土壤侵蚀奠定了基础。变质岩的风化性与变质过程密切相关，既可使难风化的岩石通过变质作用成为易风化的岩石，又可使易风化的岩石变成难风化的岩石。

不同种类岩石的风化产物和特征及遗留给土壤的特征（如质地、矿物养分的组成及含量）也不相同，这些都对水土流失有影响。紫色页岩等软质岩层容易风化，风化产物富含矿物营养，多开垦为耕地，一般水土流失较为严重。

（2）岩石的透水性。岩石的透水性对降水的渗透、地表径流和地下潜水的形成有重要的影响。在浅薄层下为透水差的下伏岩层时，土层含水量迅速饱和，多余降水极易形成地表径流，冲蚀土壤。若透水快的上层较厚，则再难透水的土层上也能形成暂时潜水，使上部土层和下伏基岩间的摩擦变小，导致滑坡的发生。相反，当地面为疏松透水性强的物质或下伏基岩的层理和节理较发育，且层理方向垂直向下或地层倾斜时，下渗的水分就会沿着岩石的层理、节理或断层间隙迅速下渗，不至于引起较为严重的水土流失。

（3）岩石的坚硬性。块状坚硬的岩石能抵抗较大的冲刷，阻止沟头前进、沟床下切和沟壁扩张。岩体松软的黄土和红土，沟床下切很深，沟壁扩张和沟头前进很快，全部集流区被分割得支离破碎。黄土具有明显的垂直节理，当沟床下切、沟壁扩张时，常以崩塌为主。红土由于比较黏重、坚实，

沟床的下切较黄土慢，沟壁扩张以泻溜、滑坡为主。

2.新构造运动的影响

新构造运动是指在第四纪发生的地壳运动，通常也包括第三纪末期的地壳运动。它之所以不同于其他各纪的构造运动，是因为它具有振荡性、节奏性和继承性的特点。新构造运动是导致侵蚀基准面变化的根本原因。在水土流失区，如果上升运动显著，就会导致该区冲刷作用加剧，促使一些古老的侵蚀沟再度发生水土流失，下降地区则表现为接受沉积。

### （三）土壤因素

1.土壤透水性

径流对土壤的侵蚀能力主要取决于地表径流量，透水性强的土壤往往能在一定程度上减少地表径流量。土壤的透水性主要取决于土壤机械组成、土壤结构、土壤持水量等因素。

（1）土壤的机械组成。一般沙性土壤的颗粒较粗，土壤孔隙大，因而其透水性好，不易产生地表径流。黏质土壤的透水性较沙性土壤差。

（2）土壤结构性。土壤结构越好，透水性和持水量越大，土壤侵蚀的程度越轻。

（3）土壤持水量。土壤持水量的大小对地表径流的形成和大小也有很大的影响。如果持水量很低，渗透强度又不大，那么在大暴雨时，就会形成大量的地表径流。

2.土壤抗蚀性

土壤抗蚀性是指土壤抵抗雨滴击打和径流悬浮的能力，其大小主要取决于土粒对水的亲和力。亲和力越大，土壤越易分散悬浮，土壤团聚体越易受到破坏而解体。土壤抗蚀性的大小可用水稳性指数表示。

3.土壤抗冲性

土壤抗冲性是指土壤抵抗径流和风等侵蚀力的机械破坏作用的能力。紧实的土壤往往具有较强的抗冲性。另外，植物根系网络和固结土壤，可增强土壤的抗冲性。

### （四）地形因素

地形是影响水土流失的重要因素之一，地面坡度、坡长、坡形和坡向等地形因素都在不同程度上影响着水土流失。

1. 坡度

地表径流所具有的冲刷能力随径流速度增大而增加，而径流速度的大小主要取决于径流深度和地面坡度。当其他条件相同时，地面坡度越大，径流流速越大，径流冲刷能力越大，土壤侵蚀量也越大。在 5°～40°的坡耕地或荒坡上，土壤侵蚀量随坡度的增加而增加，呈明显正相关关系。细沟侵蚀是坡面侵蚀的主要形式，其侵蚀量占坡面总侵蚀量的 70% 以上。

2. 坡形

自然界中坡形虽复杂多样，但一般不外乎凹形坡、凸形坡、直线形坡和阶梯形坡四种。坡形对水土流失的影响实际上就是坡度、坡长两个因素综合作用的结果。直线形斜坡在自然界中所占比例很小，这类斜坡只要坡度较大，距分水岭越远，汇集的地表径流水就越多，水土流失也越严重。凸形斜坡上部缓，下部陡而长，随着径流路线的加长，坡度越大，水土流失越严重，下部的流失量较直线坡更大。在凹形断面斜坡上，随着径流路线的加长，坡度减小，如果下部平缓，常使水土流失停止，甚至发生沉积现象。在阶梯形断面的斜坡上，各陡坡地段易发生水土流失，距分水岭最远的陡坡是侵蚀最严重的地段，而在较低洼的台阶部位，水土流失很轻微。

3. 坡向

一般阳坡较阴坡接受更多的光照，土壤水分散失较快，土体空气充足，有机质分解快、积累少，土壤的发生层次较薄且偏干旱，植被生长较差，易发生水土流失，阴坡则相反。

4. 地面破碎程度

地面破碎程度对水土流失有明显的影响。地面越破碎，便越起伏不平，斜坡越多，地表物质的稳定性降低，同时地表径流容易形成，由此加剧了水土流失。例如，我国晋西北和陕北黄土高原丘陵区地面破碎程度相当高，水土流失情况也相当严重。如果其他条件不变，则水土流失量与地面破碎程度呈正相关关系。

### （五）植被因素

植被条件的好坏直接影响着水土流失的程度。植被可以减少或防止雨滴直接冲击地面，减少地面径流量，并对径流速度起控制作用；植物凋落的枯叶覆盖地面，形成保护层，在它们腐烂分化的过程中，可以改善土壤的孔隙状况，有利于水流的分散和入渗，从而减少坡面径流量；植被的根系纵横交错，可加强土体的固结力。

植被在保持水土方面具有重要的地位，几乎在任何条件下都有阻缓水蚀和风蚀的作用。良好的植被能够覆盖地面，截留降雨，减缓流速，分散流量，过滤淤泥，固结土壤和改良土壤，减少或防治水土流失。植被一旦遭到破坏，水土流失就会产生和发展。植被在水土保持上的主要功效在本书第二章讲述森林功能的部分已有介绍，在此不再赘述。

## 二、人类活动因素的影响

水土流失的发生和发展是外营力的侵蚀作用大于土体抗蚀力的结果。人类活动作为一种特殊的地质营力，是水土流失发生、发展和水土保持过程中的主导因素。随着人口的剧增、人类活动的增多，人类对环境资源的影响越来越大，沙漠的进退、河流湖泊的变化以及全球性的土壤沙化问题都与人类活动有关。一方面，人类可以按照自然规律合理利用土地，通过适宜的治理措施，控制水土流失的发展，变荒沟为良田；另一方面，随着人口的不断增长和人类对自然资源不合理开发利用频度的增加，人类会自觉或不自觉地破坏自身的生存环境，致使水土流失加剧。人类加剧水土流失的活动主要表现在以下几个方面。

### （一）土地利用结构不合理

随着人口的剧增，平原地区的人口的开始迁居山区，这加大了山区的压力。为了生存，人们砍伐森林，开垦土地，导致坡耕地比重过大，林业、牧业用地比例不断减小，水土流失日益加剧，最终使我国不少人工林地区长期步入了"人口增加—过度开发—水土流失加剧—环境恶化和土地退化—地区贫困化"的恶性循环。因此，人们需要合理调整农业、林业、牧业的比例，对禁垦坡度以上的陡坡地严禁开垦，以免出现新的水土流失；对已经在禁垦坡度以上开垦种植农作物的，要监督开垦者按计划退耕还林还草，恢复植被；对已开垦的禁垦坡度以下、5°以上的坡耕地，应积极采取水土保持措施，降低水土流失量。

### （二）森林经营技术不合理

人们在重利用轻保护观念的指导下，无计划地乱砍滥伐、烧山炼山、樵采灌丛和大面积皆伐以及不合理地造林整地，这些都在一定程度上加剧了水土流失的发生和发展。一方面，无计划、无节制地砍伐，使森林遭到严重破坏，失去涵养水源、保持水土的功能；另一方面，在水土流失严重的地区，采用大面积"剃光头"式的皆伐作业，会使采伐迹地失去森林植被的覆盖，导致地面暴露出来，直接受到雨滴的打击、破坏以及流水和风的侵蚀。此外，我国不少林区历来有"炼山"的习惯，即将山坡上的林、灌、草全部砍光挖松后整地，或者烧光后整地。这可能使林地肥力在短期内有所提高，从而促进幼林生长，但种树后，幼树难以起到覆盖作用，导致地面裸露，雨水直接打击土壤，水土流失严重。

### （三）过度放牧

过度放牧使山坡和草原植被遭到破坏和退化，难以得到恢复，种群结构趋于单一，长势衰退，地表覆盖度降低，甚至出现裸露荒坡，易遭受水蚀和风蚀，加剧水土流失和风沙危害。铲草皮不但会降低地表植被覆盖状况，而且会使土壤失去植物根系的固持作用，遇暴雨或大风极易发生水土流失。因此，应提倡舍养，改变野外放牧习惯，或有计划地采用轮封轮牧，坚决杜绝铲草皮这种"杀鸡取蛋"的行为。

### （四）工矿、交通及基本建设工程

开矿、冶炼、建厂、采石、挖沟、修路、伐木、挖渠、建库等活动会使地表植被遭到破坏而导致水土流失。同时，排弃的表土、岩石、尾沙、废渣如果不做妥善处理，冲进沟道和江河，也会加剧水土流失。

### （五）现代城市的迅速发展

如今，城市水土流失现象已越来越普遍，城市水土流失是在改革开放以后，城市化过程中由于大规模土地开发或基本建设发生负面效应所致，这是一个新的地貌灾害问题。与乡村山野的水土流失情况不一样，城市水土流失已不完全受自然规律的支配，而是以人为因素的影响为主，其发生原因复杂，具有隐蔽性的特点。

### （六）旅游活动

众多游客在旅游风景区的密集活动会对自然生态环境产生一系列的负面影响，这些影响主要包括土壤板结、树木损坏、根茎暴露、水质污染、动植物种群成分改变以及生物多样性下降等。虽然不同形式或种类的旅游活动对自然生态环境的影响方式和程度不同，但它们都可能直接或间接地影响到旅游区和（或）邻区的土壤、植被、野生动物和水体。土壤和植被是构成风景区生态环境的最基本要素，植被可通过改变地面粗糙度、地表水径流条件和其他各种动力场的时空变化来减弱水土流失的动力强度，从而起到控制水土流失的作用。但在旅游风景区，土壤和植被承受着旅游活动带来的主要压力，旅游活动对土壤和植被造成的干扰和破坏改变了土壤结构，降低了植被的蓄水保土作用，进而引发了水土流失。

# 第三节　土壤侵蚀及其危害

## 一、土壤侵蚀的概念与动力

### （一）土壤侵蚀的概念

《中国大百科全书·水利卷》水土保持分支中指出，土壤侵蚀是在水力、风力、冻融、重力等外引力的作用下，土壤、土壤母质被破坏、剥蚀、转运和沉积的全部过程。

美国土壤保持学会关于土壤侵蚀的解释是："土壤侵蚀是水、风、冰或重力等营力对陆地表面的磨损，或者造成土壤、岩屑的分散与移动。"英国学者对土壤侵蚀是这样定义的："就其本质而言，土壤侵蚀是一种夷平过程，使土壤和岩石颗粒在重力的作用下发生转运、滚动或流失。风和水是使颗粒变松和破碎的主要应力。"美国土壤保持学会及英国学者对土壤侵蚀所下的定义都忽视了沉积这一过程。

土壤在外引力作用下产生位移的物质量称为土壤侵蚀量。单位面积、单位时间内的侵蚀量称为土壤侵蚀速度（或土壤侵蚀速率）。土壤侵蚀量中被输移出特定地段的泥沙量称为土壤流失量。在特定时段内，通过小流域出口某一观测断面的泥沙总量称为流域产沙量。

土壤侵蚀会导致土层变薄、土地退化、土地破碎，破坏生态平衡，并引起泥沙沉积，淹没农田，淤塞河湖水库，对农业生产、水利、电力和航运事业等危害极大，直接影响国民经济建设。

### （二）土壤侵蚀的动力

#### 1. 内营力作用

内营力作用的主要表现是地壳运动、岩浆活动和地震等。

（1）地壳运动。地壳运动会使地壳发生变形和位移，改变地壳构造形态，因而又称为构造运动。根据地壳运动的方向，地壳运动可分为垂直运动和水平运动两类。垂直运动也叫升降运动或振荡运动。运动方向垂直于地表，即沿地球半径方向。这种运动表现为地壳大范围区域的缓慢上升与下降，出现于大陆和洋底，具有此起彼伏的补偿运动性质。垂直运动的一个显著特点是作用时间长，影响范围广。水平运动的方向平行于地表，即沿地球切线方向运动。现代科学技术证实，世界大陆的形成经历了长距离的水平位移。水平运动使板块互相冲撞，形成高大的山脉，如喜马拉雅山脉、安第斯山脉等。印度大陆向喜马拉雅山脉方向运动的速度达 5 厘米 / 年，我国山东郯城至安徽庐江的断裂，其西北盘与东南盘相对错动达 150～200 千米，汾渭断裂深达 4000 米以上，这些都反映出地壳存在着水平运动。地壳在内引力作用下发生水平运动，也会导致侵蚀基准面发生变化而影响到土壤侵蚀的发生和发展。

（2）岩浆活动。岩浆活动是地球内部的物质运动（地幔物质运动）。地球内部软流圈的熔融物质会在压力、温度改变的条件下，沿地壳裂或脆弱带侵入或喷出。岩浆侵入地壳形成各种侵入体，喷出地表则形成各种类型的火山，改变原来的形态，造成新的起伏。

（3）地震。地震是内营力作用的一种表现，往往与断裂、火山现象相联系。世界主要火山带、地震带与断裂带分布的一致性即是这种联系的反映。

2. 外营力作用

外营力作用的主要能源来自太阳能。地壳表面直接与大气圈、水圈、生物圈接触，它们之间相互影响并相互作用，从而使地表形态不断发生变化。外营力作用总的趋势是通过剥蚀、堆积（搬运作用则是将两者联系成为一个整体）使地面逐渐夷平。外营力作用的形式很多，如流水、重力、波浪、冰川、风沙等。各种作用对地貌形态的改造方式虽然不相同，但从过程来看，都经历了风化、剥蚀、搬运和堆积（沉积）几个环节。

（1）风化作用。风化作用是指矿物、岩石在地表新的物理、化学条件下所产生的一切物理状态和化学成分的变化，是在大气及生物影响下岩石在原地发生的破坏作用。风化作用可分为物理风化作用和化学风化作用。生物风化作用就其本质而言，可归入物理风化作用或化学风化作用之中，它是通过生物有机体来完成的。

（2）剥蚀作用。各种外营力作用（包括风化、流水、冰川、风、波浪等）对地表进行破坏，并把破坏后的物质搬离原地，这一过程或作用称为剥蚀作用。狭义的剥蚀作用仅指重力和片状水流侵蚀地表并使其变低的作用。一般所说的侵蚀作用是指各种外营力的侵蚀作用，如流水侵蚀、冰蚀、风蚀、海蚀等。鉴于作用营力性质的差异，作用方式、作用过程、作用结果不同，通常将侵蚀作用分为水力侵蚀、风力侵蚀、冻融侵蚀等类型。

（3）搬运作用。风化、侵蚀后的碎屑物质随着各种不同的外营力作用转移到其他地方的过程称为搬运作用。根据搬运介质的不同，搬运分为流水搬运、冰川搬运、风力搬运等。搬运方式也存在很多类型，有悬移、拖曳（滚动）、溶解等。

（4）堆积作用。被搬运的物质由于介质搬运能力的减弱或搬运介质物理、化学条件的改变，或在生物活动参与下发生堆积或沉积，称为堆积作用或沉积作用。按沉积的方式，沉积作用可分为机械沉积作用、化学沉积作用和生物沉积作用等。搬运物堆积于陆地上，在一定条件下就会形成"悬河"并导致洪水灾害的发生；搬运物堆积在海洋中，会改变海洋环境，引起生物物种的变化。

## 二、土壤侵蚀的程度

土壤侵蚀的程度是指历史上和近代的自然、人为诸因素对地表及其母质的侵蚀作用的结果和所形成的现状，它可以从数量上更具体地反映土壤侵蚀的强弱，表明土壤现有肥力的高低和今后利用的方向，为确定水土保持工作重点，编制水土保持区划、规划和制定水土保持措施提供理论依据。需要指出的是，土壤侵蚀程度级别不是恒定值，而是处在变化之中，它仅表示某一时间各因子所处状况的外在表现。用来表示土壤侵蚀严重程度的数量指标主要有以下几种。

### （一）土壤侵蚀广度

它是指土壤侵蚀面积占总土地面积的百分数，即

$$土壤侵蚀广度 = \frac{土壤侵蚀面积}{总土地面积} \times 100\%$$

### （二）年土壤侵蚀模数

它是指年土壤侵蚀总量与总土地面积之比，即

$$年土壤侵蚀模数 = \frac{年土壤侵蚀总量}{总土地面积} \times 100\%$$

$$年土壤侵蚀总量 = 年冲刷深度 \times 土地侵蚀面积 \times 土壤天然容重$$

### （三）土壤侵蚀强度

它是指单位土壤侵蚀面积上的土壤侵蚀量，即

$$土壤侵蚀强度 = \frac{年土壤侵蚀量}{土壤侵蚀面积} \times 100\%$$

## （四）径流系数

它是指年平均径流深与年平均降水量之比，即

$$径流系数=\frac{年平均径流量}{年平均降水量}\times100\%$$

## （五）沟壑密度

它是指沟壑总长度与总土地面积之比，即

$$沟壑密度=\frac{沟壑总长度}{总土地面积}$$

## （六）输移比

它是指流域输沙量与流域内侵蚀量之比，即

$$输移比=\frac{流域输沙量}{流域内侵蚀量}\times100\%$$

## （七）悬移质输沙率

它是指单位时间内通过河流某一过水断面的泥沙重量，即

$$悬移质输沙率 = 流量 \times 含沙量$$

## （八）土壤侵蚀速率

它是指有效土层厚度与侵蚀深度的比值，是反映土壤侵蚀潜在危险程度的指标，即

$$土壤侵蚀速率=\frac{有效土层厚度}{侵蚀深度}$$

土壤侵蚀面积包括坡耕地、耕地、植被盖度在 60% 以下的荒坡、荒沟和其他用地（村庄、沟床、道路）等面积。

土壤侵蚀程度除用上述数量指标表示外，还可以用侵蚀沟的沟头延伸速度或某一地区、某一流域侵蚀沟沟壑总面积占土地总面积的百分比来反映，也可以用本地区主要河流的年径流模数和年输沙量来反映。

### 三、土壤侵蚀的类型

土壤侵蚀研究及其防治的侧重点不同，土壤侵蚀类型的划分方法也就不一样。最常用的方法主要有以下三种：按照土壤侵蚀的成因和发展速度划分土壤侵蚀类型；按照土壤侵蚀发生的时间划分土壤侵蚀类型；按照导致土壤侵蚀的外营力种类划分土壤侵蚀类型。

#### （一）按照土壤侵蚀的成因和发展速度划分

根据土壤侵蚀的成因和发展速度，以及是否对土壤资源造成破坏，土壤侵蚀分为正常侵蚀和加速侵蚀。

正常侵蚀是在没有人类活动干预的自然状态下，纯粹由自然因素引起的地表侵蚀过程。在人类出现以前，这种侵蚀就在地质作用下缓慢地有时又很剧烈地以上万年或更长时间为周期进行着，其结果不显著，常和土壤的自然形成过程取得相对稳定的平衡，即土壤的流失小于或等于土壤形成作用的进程，也不至于对土地资源造成危害，且不易被人们所察觉。因此，这种侵蚀不仅不会破坏土壤及其母质，反而有时还会对土壤起到更新作用，使土壤肥力在侵蚀过程中有所增高，如在坡地上的一些原始土壤剖面能够保存下来，这就是自然侵蚀的结果。

随着人类的出现，特别是在世界人口急剧增长的情况下，人们加速了对各类土地的开垦和利用，如在坡地上垦殖，出现了过度樵采、滥伐森林、过度放牧等现象。人类活动破坏了自然状态，加快和扩大了某些自然因素作用引起的地表土壤移动过程，直接或间接地加快了土壤侵蚀速度，使侵蚀速度大于土壤的自然形成速度，导致土壤肥力每况愈下，理化性质变劣，甚至使土壤遭到严重破坏，人们通常把这种现象称之为加速侵蚀。

人类的生产活动常造成较为剧烈的土壤侵蚀，破坏了人类赖以生存的环境条件。土壤不断流失也意味着人类不断丧失生存的基础。通常，人们根据有无人类活动影响，把土壤侵蚀分为正常侵蚀（自然侵蚀）和加速侵蚀两类。人们常说的土壤侵蚀是指由于人类活动影响所造成的加速侵蚀。水土保持学所研究和治理的对象也是加速侵蚀。

## （二）按照土壤侵蚀发生的时间划分

根据土壤侵蚀发生的时间，土壤侵蚀可分为古代侵蚀和现代侵蚀。

古代侵蚀是指在人类出现以前的地质时期内，在构造运动和海陆变迁所造成的地形基础上进行的一种侵蚀作用。古代侵蚀的实质是地质侵蚀，即正常侵蚀。古代侵蚀的结果是形成了今日的侵蚀地貌，这种侵蚀地貌既是古代侵蚀的产物，又是现代人类赖以生存的基础。因此，古代侵蚀所形成的地貌条件与现代侵蚀有密切关系。

现代侵蚀是指人类出现以后，受人类生产活动影响而产生的土壤侵蚀现象。随着地面植被的大量破坏，土壤侵蚀的规模和速度逐渐增加，这种侵蚀有时十分剧烈，往往会在很短的时间内侵蚀掉在自然状态下经过千百年才能形成的土壤，给生产建设和人民生活带来了严重后果，从而影响和限制了人们的生产和经济活动。因此，现代侵蚀又称之为现代加速侵蚀。

综上所述，古代侵蚀所形成的地貌是人类进行生产和经济活动以及现代侵蚀发生发展的基础，也是防治现代侵蚀的场所，而现代侵蚀是人们当前防治土壤侵蚀的主要对象。

## （三）按照导致土壤侵蚀的外营力种类划分

国内外关于土壤侵蚀的分类多以造成土壤侵蚀的外营力为依据，这是土壤侵蚀研究和土壤侵蚀防治工作中最为常用的一种方法。在各种诱发土壤侵蚀的因子中，降水和风是最重要的侵蚀外营力，此外还有重力作用、冻融作用、泥石流作用等。

我国土壤侵蚀类型的划分基本以诱发侵蚀的外营力为依据，但同时也会考虑侵蚀形式和防治特点。因此，我国的土壤侵蚀类型可分为水力侵蚀、风力侵蚀、重力侵蚀、冻融侵蚀、泥石流侵蚀（混合侵蚀）和化学侵蚀等。另外，还有一种土壤侵蚀类型，即生物侵蚀，是指动植物在生命活动过程中引起的土壤肥力降低和土壤颗粒迁移的一系列现象。

## 四、土壤侵蚀的危害

### （一）破坏土壤资源

土地资源是三大地质资源（矿产资源、水资源、土地资源）之一，是人类生产活动最基本的资源和劳动对象。人类对土地的利用程度反映了人类文明的发展，但也造成了对土地资源的直接破坏。19 世纪以来，全世界土壤资源受到严重破坏，土壤侵蚀、土壤盐渍化、沙漠化、贫瘠化、渍涝化以及因自然生态失衡而引起的水旱灾害等使耕地逐日退化甚至丧失生产能力。其中，土壤侵蚀尤为严重，是当今世界面临的又一个严重危机。

土壤侵蚀对土地资源的破坏表现在外营力对土壤及其母质的分散、剥离以及搬运和沉积上。由于雨滴击溅、雨水冲刷土壤，坡面被切割得支离破碎，沟壑纵横。在水力侵蚀严重的地区，沟壑面积占土地面积的 5% ～ 15%，支毛沟数量多达 30 ～ 50 条 / 平方千米。上游土壤经分散、剥离，砂砾颗粒残积在地表，细小颗粒不断被水冲走，沿途沉积，下游遭受水冲砂压。如此反复，细土变少，砂砾变多，土壤沙化，肥力降低，质地变粗，土层变薄，土壤面积减少，裸岩面积增加，最终导致弃耕，成为"荒山荒坡"。同时，在内陆干旱、半干旱地区或滨海地区，由于土壤侵蚀，地下水得不到及时补给，在气候干旱、降水稀少、地表蒸发强烈时，土壤深层含有盐分（钾、钠、钙、镁的氯化物、硫酸盐、重碳酸盐等）的地下水就会沿土壤毛管孔隙上升，在表层土壤积累时，逐步形成盐渍土（盐碱土）。它包括盐土、碱土、盐化土和碱化土。其中，盐土进行着盐化过程，表层含有 0.6% ～ 2% 以上的易溶性盐；碱土进行着碱化过程，交换性钠离子占交换性阳离子总量的 20% 以上，结构性差，呈强碱性。盐渍土危害作物生长的主要原因是土壤渗透压过高，引起作物生理干旱和盐类对植物的毒害作用；同时，过量交换性钠离子的存在也会引起一系列不良的土壤性状。

### （二）土壤肥力下降

土壤肥力是反映土壤肥沃性的一个重要指标。它是土壤各种基本性质的综合表现，是土壤区别于成土母质和其他自然体的最本质特征，也是土壤作为自然资源和农业生产资料的物质基础。土壤肥力按成因可分为自然肥力和人为肥力。前者指在五大成土因素（气候、生物、母质、地形和年龄）的影响下形成的肥力，主要存在于未开垦的自然土壤中；后者指长期在人为的耕作、施肥、灌溉和其他各种农事活动的影响下表现出的肥力，主要存在于耕作（农田）土壤中。土壤肥力是土壤的基本属性和本质特征，是土壤为植物生长供应和协调养分、水分、空气和热量的能力，是土壤物理、化学和生物学性质的综合反应。四大肥力因素有养分、水分、空气和热量。养分和水分为营养因素，空气和热量为环境条件。我国的耕地资源极为贫乏，尤其近年来随着人口的不断增长，其数量不断减少，土壤肥力也逐渐下降，这在影响我国农业生态系统环境建设和生产的同时，制约着农业经济发展。

　　土壤肥力是土壤的本质，是土壤质量的标志。肥沃的土壤能够不断供应和调节植物正常生长所需要的水分、养分（如腐殖质、氮、磷、钾等）、空气和热量。裸露坡地一经暴雨冲刷，就会使含腐殖质多的表层土壤流失，造成土壤肥力下降。土壤侵蚀致使大片耕地被毁，山丘区耕地质量整体下降。我国的农业耕垦历史悠久，大部分地区的土地已经遭到严重破坏，水蚀、风蚀都很严重。根据史料记载，在开垦前，黑土区人烟稀少，植被覆盖度较高，土壤侵蚀非常轻微。大面积毁林开荒，播种极易造成土壤侵蚀的粮食作物，对黑土区的农业生态环境造成了严重的破坏。

### （三）淤积抬高河床，加剧灾害发生

　　由于严重的土壤侵蚀，地表植被被严重破坏，自然生态环境失调恶化，洪、涝、旱、冰雹等自然灾害接踵而来。以黄土高原地区为例，每10年中有5～7年是旱年。频繁的干旱严重威胁着农业和林业生产的发展。由于风蚀的危害，大面积土壤沙化，中国西北地区经常出现沙尘暴天气，造成了严重的大气环境污染。土壤侵蚀使河道不断淤积，河床抬高，降低了河道原有的防洪、抗涝能力蓄水能力。河道出现严重的淤积情况，不仅影响了河道的通航和泄洪能力，还对河道的生态功能产生了一定的破坏。发生河道淤积的原因有河流动力所导致的泥沙相互转换，也有人为破坏所带来的影响。陆海间的泥沙相互转换是全球剥蚀系统的一个重要组成部分。许多河道由于常年

没有进行疏导和维护，其淤塞现象开始逐年上升。同时，许多河道的闸门常年处于关闭状态，使河道水流的自然流动性受到了不同程度的破坏，削弱了河道的自净能力。另外，大量的强降雨将地表中的土壤颗粒挟带到河流中，从而形成了黏附力较强的淤泥，在不断地淤积下导致河道发生严重的堵塞，使河道的正常功能受到较大的影响。土壤侵蚀导致大量泥沙淤积下游河床，江河湖泊防洪形势严峻。

### （四）危害水资源，降低蓄水能力

流域上游山丘区地表植被遭到严重破坏，降低了蓄水能力。同时，由于缺乏拦蓄降雨和径流的蓄水保水措施，降雨时地表径流增大，流速加快，导致大部分降雨以地表径流方式汇集河道成为山洪流入江河湖海，土壤入渗量减少，地下水得不到及时补给，水位下降。暴雨时山洪暴发，暴雨过后的河流干枯、土壤干旱，又会致使人畜吃水困难。

1. 土壤侵蚀造成水资源污染

土壤和水分是工农业发展的必要条件，土壤侵蚀所引起的大量的泥沙、乱石及其他土壤中存在的污染物质流入河流之中，使可供使用的水资源遭到污染，降低了本地区水资源的利用率，提高了工农业的生产成本，不利于经济的可持续发展。土壤侵蚀是面源污染发生的重要形式和运输载体。土壤侵蚀导致化肥、农药等进入地表水体，引发了江河湖海面源污染。

2. 导致水资源紧缺，甚至生态环境恶化

大量的降雨使地表的土壤层变得越来越薄，蓄水能力也越来越弱，降水往往无法补给地下水，而是成为地表径流蒸发或消失了，所以水资源可利用率越来越低，严重的甚至面临枯竭的局面。另外，水资源的紧缺还会导致生态环境的恶化，使人与自然的矛盾愈演愈烈。通常，土壤侵蚀严重地区的农业发展都会受到自然环境和社会环境的双重制约，农业收入往往比较低，加上一些地区的农民不懂科学知识，在条件本就恶劣的基础上大肆开采岌岌可危的水资源，并且没有采用科学的开采方法，致使土壤侵蚀加重。目前，云南省有多数贫困县均存在严重的土壤侵蚀情况。

3. 土壤侵蚀使水资源得不到利用，可能引发旱灾

土壤侵蚀致使可利用水资源无法集聚，不仅白白浪费了水资源，还可能

因此造成旱灾等自然灾害。以黄土高原地区为例，黄土高原地区土壤侵蚀面积大且严重，影响了降雨和土壤含水能力，致使旱灾频繁。所谓干旱，是指久晴不雨或少雨、空气干燥、土壤中水分大量耗散、植物体内水分严重亏缺，导致植株生长发育不良，出现叶片萎蔫、卷缩、凋萎或枯死，继而造成种植业减产，甚至绝收的一种灾害。严重时，它还可造成水库干涸、水断流、地下水位下降、人畜饮水困难，进而影响人类社会经济活动的各个方面。

# 第四节　水土保持生态恢复

## 一、水土保持生态恢复的基本原则

水土保持生态恢复是指在遵循自然规律的基础上，通过人类的作用，根据技术上适当、经济上可行、社会能够接受的原则，使受害或退化的生态系统重新获得健康并有益于人类生存与生活的生态系统重构或再生过程。水土保持生态恢复的基本原则有以下几点。

### （一）以生态学为主导的原则

水土保持生态恢复的基础依据是生态学的理论及原理，进行水土保持生态恢复时，需要坚持以生态学为主导的原则，遵循生态学的规律。自然法则是生态系统恢复与重建的基本原则，也就是说，只有遵循自然规律的恢复与重建才是真正意义上的恢复与重建，否则只能是背道而驰，事倍功半。人们只有在充分理解和掌握生态学的理论和原则的基础上，才能更好地处理生物与生态因子间的相互关系，了解生态系统的组成以及结构，掌握生态系统的演替规律，理解物种的共生、互惠、竞争和对抗等关系，从而更好地依靠自然之力来恢复自然。

### （二）以自然恢复为主、人工干预为辅的原则

生态恢复要充分利用生态系统的自组织功能。当外界干扰未超过生态系

统的承载能力时，可以按照自组织功能靠自然演替实现自我恢复目标；当外界干扰超过生态系统的承载能力时，则需要辅助人工干预措施创造生境条件，然后充分发挥自然恢复功能，使生态系统实现某种程度的恢复。

### （三）流域整体恢复的原则

水土保持生态恢复属于小流域综合治理中对生态恢复理论以及技术的应用，以提升生态系统自我恢复能力来加快水土流失的治理步伐。因此，对小流域治理中的生态恢复，需要以流域为单位，从整体设计上保持生态恢复的布局。与此同时，由于流域与上游以及下游之间有着紧密的联系，为了使生态恢复效果更佳，人们将流域作为一个单元进行规划设计是一个必要的措施。

### （四）因地制宜原则

我国是一个领土面积广阔的国家，不同地区的自然条件差别较大，在降水量、水土流失强度、林草覆盖率、人口以及社会经济条件等方面都有着很大的差别。因此，生态恢复采取的措施也有一定的区别。由此可见，某一个地区的成功实例并非完全适宜另一个地区，机械、教条的应用根本无法达到治理的效果。在水土保持生态恢复工作中，人们需要根据当地的实际情况，认真分析、研究植被恢复的特点，从而选择出适宜的生态恢复技术及方法，促进生态恢复工作的顺利开展。

### （五）生态恢复措施和工程措施相结合的原则

水土保持生态恢复措施并不能将传统的及成功的水土保持措施完全替代，一些比较成功的水土保持工程措施在治理水土流失方面发挥着极其重要的作用，如坡面水系工程、经果林建设工程。另外，水土保持生态恢复作为治理水土流失的新技术和新手段，使传统水土流失问题得到进一步改善。因此，在生态恢复规划及设计中，人们需要将生态恢复措施与工程措施相结合，从而做好水土保持工作。

## （六）工程措施和非工程措施相结合的原则

人们在应用传统的坡面水系工程、经果林建设工程等措施进行水土保持生态恢复的同时，应采取相应的非工程性措施。政策保障以及公众支持是水土保持生态恢复工作顺利开展的必要前提。要想有效地开展封禁措施、退耕还林（草）、生态移民以及产业结构调整工作，就需要政策保障以及公众支持。这需要着重从两个方面出发：其一，加强对公众的宣传和教育，使之得到当地公众的支持及参与，从而更好地落实恢复措施；其二，这些措施的采取需要一系列的政策和机制来保证，如封禁区居民的生活保证、产业结构调整的进行、生态移民权益的保障以及退耕还林（草）后农民土地的补偿等，都需要有相应的非工程措施与之配合，而这些措施是生态恢复工作的重要组成部分。

## （七）经济可行性原则

社会经济技术条件是生态系统恢复重建的后盾和支柱，在一定尺度上制约着恢复与重建的可行性、水平与深度。虽然水土保持生态恢复具有省钱且效果显著的优点，但这并不意味着在进行水土保持生态恢复规划设计时可以不考虑经济可行性的原则。所谓的经济可行性原则，是指在水土保持生态恢复工作中的投入既要符合当前经济发展水平，使资金的投入有可靠的保证，又要分析封禁、退耕还林（草）等水土保持生态恢复手段对当地经济发展的影响，对于一些条件允许的地区可以实行严格的封禁，若条件不允许则应该从经济可行性原则出发，将恢复与开发利用相结合，从而保证既能实现经济的发展，又能很好地保护生态环境。

## （八）可持续发展性原则

可持续发展强调，实现人类未来经济的持续发展，必须协调人与自然的关系，努力保护环境。作为人类生存和发展的一种手段，经济的增长必须以防止和逆转环境进一步恶化为前提，停止那种为达到经济目的而不惜牺牲环境的做法。但是，可持续发展并不反对经济增长，反而认为无论发达地区还是贫穷地区，积极发展经济都是解决当前人口、资源、环境与发展问题的根本出路。

## 二、水土保持生态恢复的基本机理

传统的水土流失综合治理基本以中短期效果为目标，如植被的快速覆盖、坡地改造沟道工程等，从保土保水效果来看，短期内确实十分明显。但是，从生态恢复的角度看，系统退化到了人们可以直观察觉到的水土流失的层面，其结构和功能的损伤就已经相当严重了，要恢复到健康状态绝不是短期可以见效的。目前，水土流失治理仅仅是完成了植被的快速覆盖和沟道工程，深层次的生态系统恢复仍任重而道远。

从人类与自然的关系来看，水土保持作为人类与水土流失做斗争的一门科学，其基本目标是实现人类与自然的协调发展，这种协调既包括人类活动要适应自然规律，又包括人类主动利用自然规律达到人类发展的目的。水土保持作为社会公益性工程，需要巨大的人力和资金的投入，目前的治理速度和规模很难满足国家经济发展对环境的要求。生态恢复作为一种低成本的措施，将水土保持概念进一步扩展，充分利用大自然的生态自我恢复潜力，达到生态改善的目的。尽管水土保持生态恢复的关键是植被的恢复，但在我国水土流失类型多样、社会经济条件千差万别的条件下，它仍然是一项复杂的系统工程。人们在水土流失地区实施生态恢复，应用了许多生态学原理，其机理见表3-1。

表3-1　水土保持生态恢复机理

| 分　类 | 水土保持生态恢复机理 |
|---|---|
| 限制因子原理与生态恢复 | 生物的生存和繁殖依赖各种生态因子的综合作用。其中，限制生物生存和繁殖的关键性因子就是限制因子。缺少这些因子，生物的生存和繁殖就会受到限制。降水、气温、水资源是生态系统的主要限制因子，它们之间的相互作用决定了生态恢复的潜力及适宜区 |
| 生态适宜性和生态位原理与生态恢复 | 根据生态适宜性原理，在进行生态恢复工程设计时，要先调查恢复区的自然生态条件，然后根据生态环境因子来选择适当的生物种类，尽量采用乡土种进行生态恢复，使生物种类与环境生态条件相适宜。根据生态位理论，在生态恢复中要避免引进生态位相同的物种，尽可能使物种的生态位错开，使各种群在群落中具有各自的生态位。合理安排生态系统中的物种及其位置，可以避免种群间的直接竞争，保证群落的稳定，从而使物种充分利用时间、空间和资源，更有效地利用环境资源，维持长期的生产力和稳定比例 |

续 表

| 分 类 | 水土保持生态恢复机理 |
|---|---|
| 生物演替理论与生态恢复 | 人们应以植被演替理论为指导，控制待恢复生态系统的演替过程和发展方向，恢复和重建生态系统的结构和功能，并使系统达到自维持状态。植被的正向演替是通过生态系统的反馈能力、抵抗力和恢复力来实现的，这是生态系统自我恢复的驱动因子。因此，退化生态系统的恢复与重建最有效的方式是顺应生态系统演替发展规律进行群落的演替，从先锋群落经过一系列的阶段达到中生性顶极群落。从这个意义上讲，水土保持生态恢复过程就是植被群落的进化和重建过程。在黄土高原生态环境严重失调、生态系统失去自我调节能力的地区，可通过适度减少人为干扰或人工合理的干预为生态的自我恢复和群落进化提供必要条件，以加快生态恢复的进程 |
| 生物多样性原理与生态恢复 | 生物多样性是指生命形式的多样化，各种生命形式之间及其与环境之间的多种相互作用，以及各种生物群落、生态系统及其生境与生态过程的复杂性。一般认为，物种多样性是生态系统稳定与否的一个因子，复杂的生态系统通常是最稳定的，它的主要特征之一就是生物组成种类繁多而均衡，食物网纵横交错。其中，某个种群偶然增加或减少，其他种群就可以及时抑制补偿。在恢复和重建退化生态系统的过程中，多样性是一个必须考虑的因素 |
| 地带性分布规律与生态恢复 | 以黄土高原地区为例，黄土高原划分为几个植被带，即森林地带、森林草原地带、典型草原地带、荒漠草原地带，这充分反映了黄土高原植被的经度地带性分布。在强烈的大陆性气候的笼罩下，以及从北向南出现的一系列东西走向的巨大山系，打破了纬度的影响，使黄土高原从北到南的植被水平分布出现了纬向变化。不同土质、地形部位和坡向的地块，土壤水分状况存在一定差异，适合不同植被群落的生长，这也就导致了黄土高原的植被分布存在非地带性特征，其植被分布的总体特征应为植被的地带性分布与非地带性分布的自然组合。黄土高原的生态恢复必须遵循植被的自然分布规律，在森林区域恢复森林植被，在草原区域恢复草原植被，使自然恢复的植被最适应当地的自然环境，形成的群落最为稳定 |
| 缀块—廊道—基底理论与生态恢复 | 缀块泛指与周围环境在外貌或性质上不同，并具有一定内部均质性的空间单元，如植物群落、湖泊、草原、农田或居民区等。廊道是指景观中与相邻两边环境不同的线性或带状结构，如农田间的防风林带、河流、道路、峡谷、输电线等。基底就是指景观中分布最广、连续性最大的背景结构。在进行生态恢复时，要考虑整体土地利用方式，考虑生境的破碎化，恢复和保持景观的多样性和完整性 |

## 三、水土保持生态恢复的特点

### （一）水土保持生态恢复需重视封育保护

在水土保持生态恢复中，封山禁牧、停止人为干扰是其主要的手段之一，而封禁是其核心。大量的实践证明，采取封禁治理能够在一定程度上提高林草的覆盖率，降低土壤侵蚀模数，从而使水土流失问题得到有效的治理，很好地改善当地的生态环境。

### （二）水土保持生态恢复离不开人工及政策措施的辅助

封禁并非水土保持生态恢复的唯一途径，生态恢复离不开人工以及政策措施的辅助。其一，可采取人工育林育草的措施加快封禁区的生物量生长，如因地制宜地补植补种、防治病虫害等，同时保证生态用水等；其二，有必要采取相应的管理措施，只有将封禁区的管理工作做好，才能更好地保障居民的生产生活，使封禁区水土保持生态恢复取得一定的成效。

### （三）水土保持生态恢复周期比较长

由于植被的生长需要一定的时间，所以相较工程措施而言，生态恢复的周期较长，其效益往往需要 3 ～ 5 年之后才能慢慢体现。同时，植被恢复的速度与当地的自然条件有着紧密的联系，在自然条件差的情况下，植被恢复的速度自然变慢。由此可见，水土保持生态恢复的成效相对来说较为缓慢，其功能的完善与发挥所花费的时间要更长。

## 四、水土保持生态恢复范式运行的内在机制

### （一）生态恢复范式运行中的动力机制

任何系统的运转都离不开动力的支持，没有动力的支持则系统难以运转。水土保持生态恢复范式作为一个将各种要素组装起来的系统，其在运转过程中必然需要一定的推拉动力（包括内动力和外动力），否则，就难以成

为一个有价值的范式。对生态系统恢复范式而言，动力机制就是在一定影响范围内，对每一个影响可持续发展的具体因子给予关注。从主体因素来看，水土保持生态恢复范式运转所需要的动力主要来源于各个地区的各个主体对生活水平目标提高的追逐、对环境改善程度增大的希望和对经济不断发展及社会文明进步的期盼。这些目标的实现过程是一个耗费能量的过程（精神能和物质能），需要源源不断的能量补给。这种存在于能耗与能补之间的关系及确保这种关系的协调发展是动力机制运转的核心所在。

对于各个地区的生态系统恢复主体来说，动力机制的运转是否顺畅首先涉及能否保证农民收入和地方财政在一个可以预见的未来是否有所增长的问题。当然，不管是农民个人，还是地方政府群体，其水土保持生态恢复范式的方式及收入增长的来源可以有多种，如直接增加产品产出、外部或上级主体的投资或资金拨入等。这关系到区域内部主体的积极性问题，即动力生成问题。如果不能存在一个预期，或者不能出现一个理想的预期，就会因对区域主体缺乏刺激或者刺激不够而导致动力衰减，最终影响到水土保持生态恢复范式的运转。因此，在水土保持生态恢复范式中，其动力机制运转的关键在于采取多种措施不断地培育动力，运用正确的方式不断增强对区域主体的刺激（正的刺激或负的刺激），使之能够保障生态系统恢复范式运转所耗费的能量的补给，从而保障水土保持生态恢复范式的顺畅。

### （二）生态恢复范式运行中的协调机制

水土保持生态恢复范式作为一个系统，是由许多不同的子系统组成的。从构成模块来看，有环境子系统、经济子系统、社会子系统等；从能量传输关系来看，有投入子系统和产出子系统。在每个子系统内也存在着许多不同的单元。比如，在经济子系统内，有农业经济单元、工业经济单元和商业经济单元等；在投入子系统内，有物质要素投入单元和劳动力要素投入单元等。每一个单元又存在着许多不同的部件，如农业经济单元中有种植业生产、畜牧业生产和林业生产等。因此，要保持生态恢复范式的良好运转，各个部件、单元或者子系统之间就必须相互协调，密切配合，使之成为一个有机的整体。

事实上，水土保持生态恢复范式作为一个开放型的系统，是一个有机的整体，其内部的各个子系统、单元或部件之间存在着互相依存、互相联系的高度"关联性"。生态恢复范式系统内的各个组成要素之间的联系不是简单的拼凑和组装，而是通过分工与协作把各个功能相异的构成要素组装成一个具有完整功能的、有利于实现当地可持续发展目标的系统。它的要素、部件、单元及子系统之间的分工是紧紧围绕当地可持续发展目标的实现所做出的分工，其相互协作也是由此而进行的相互配合，是对分工的一种落实，也是实现其相互之间有机配合和密切协作的关键。因此，建立和完善生态系统恢复范式运转中的协调机制对增强范式的功能和提高范式的运转效率具有重要意义。

## （三）生态恢复范式运转中的自恢复机制

自恢复机制是指水土保持生态恢复范式系统在推广或者运转过程中，由于外部环境与条件的变化，原有的或者既定的范式在某些方面因不能适应这些新的变化而自我做出的适当调整。自恢复机制使这些范式在符合或者遵循自身内在演变轨迹的情况下，职能更加完善，作用更加强大。自恢复机制的建立反映了事物发展过程中的动态演变规律，说明了同类区域里的不同地域之间所存在着的一定差异，是既定范式在推广过程中对外在变化的一种本能反应，因而成为水土保持生态恢复范式运转过程中的内在要求。

由于各种自然的（如自然环境的变化等）和社会的原因（如技术的进步、生产力水平的提高和生产关系的变革等），社会经济系统总是处在不断变化的状态。水土保持生态恢复范式作为一种特殊的社会经济系统，自然也会在周围环境与条件的发展变化过程中呈现出一个动态演进的状态。而这种演进的过程不能离开水土保持生态恢复范式的本质特点进行，必须依循其内在的固有轨迹展开。为此，在水土保持生态恢复范式的运转过程中，必须构造和建立一种能够完成这种使命的机制。

建立水土保持生态恢复范式运转中的自恢复机制主要有两个方面原因。其一，从横向看，在同类型区域内，如黄土高原丘陵沟壑区，尽管大的地形地貌相似、自然条件趋同，但各个县域之间仍然存在着一定的差异，或者是微气候条件上的差异，或者是社会经济发展水平上的差异，或者是文化背景与风俗习惯上的差异。因此，一个既定的范式不能完全照搬照套，而应该根据当地的具体情况对范式做出适当的调整，使之更加符合推广地区的实际情况。其二，从纵向看，事物发展的动态性特征更加明显，尤其是在生产力水平不断提高和生产关系不断调整的时候。如果某一范式不能对此做出自我调整和自我适应，那么该范式的生命力将十分有限。当然，在自我调整与自我恢复的过程中，其方式和方法可以是多种多样的，如在范式内部引入新的成分，或者分化出新的子系统，或者增加新的要素，等等。总之，要运用一切办法使范式得以正常运转，并且保持一个高效的且富有生机的运转状态。

# 第四章　水土保持的林学措施

## 第一节　水土保持林的作用

森林是全球生态系统的主体，森林在保持水土、涵养水源和改良土壤等方面的作用与功能体现了水土保持林的作用与功能。本书第二章已经对森林的功能做了简要的阐述，本节将结合水土保持就水土保持林的作用做进一步的论述。

### 一、对降雨的截留作用

在有林流域中，当降雨到达林冠层上时，其在从林冠层向下运动的过程中就要被重新分配，总的趋势是到达林地土壤表面的降雨有所减少。其中，相当一部分的降雨要被植物冠层（乔木、下木、灌木）和活地被物及枯枝落叶层截留，并通过蒸发增加大气湿度，从而抑制林木的蒸腾和地表土壤的蒸发，使进入土壤的水分有充足的时间在土内重新再分配，而后更有效地供给林木及其他植物的蒸腾需要。同时，这种从林冠上、地面上对降雨进行再分配的作用对降雨的雨滴动能可以起到一定的削弱作用，即减小或削弱雨滴对土壤的分散力，防止地表土壤被侵蚀。这种截留作用的直接结果是地面净雨量减小，即在降雨量和降雨强度比较大时可以起到减缓洪水的作用。

## （一）林冠层对降雨的截留作用

当降水到达林冠层时，有一部分降水会被林冠层的枝叶、树干所临时容纳，而后又通过蒸发返回大气中。在降雨过程中的某一时段内，从林冠表面通过蒸发返回大气中的降水量和降水终止时林冠层还保留的降水量统称为该时段内的林冠截留量。在该时段内，林冠截留量与林外降水量之比称为林冠截留率。一部分降雨顺着枝条、树干流到地面，称为干流量或径流量。林外降雨量与林冠截留量和干流量的差就形成了林内降雨量。林内降雨量由从林冠间隙直接降落到地面的林冠透雨量和从林冠枝叶体表面降落到地面的林冠滴下雨两部分雨量组成，其中前者的雨滴动能不受林冠截留作用的影响，后者则要受林冠截留作用的影响。

影响林冠截留降水的因子很多，大体上可分为外因和内因两类：外因有风速与风向、地形和坡度、降水特性、空气湿度等；内因有林冠特征（冠幅、冠高、枝叶数、叶比表面积、枝条着生角度、林冠湿润程度等）和林分特征（树种、郁闭度、林龄等）。

由于林冠对降雨的截留作用，林内降雨的开始时间与林外降雨的开始时间并不同步，一般会出现滞后效应。同时，由于降雨的不断补给，截留在林冠上的雨水会滴落到林下，即使在降雨停止后的一段时间里，林冠上的超饱和雨水也还是会滴落下来，因而林下降雨的总历时比林外降雨要长。此外，由于截留在树冠上的降水最终会通过蒸发回到大气中，因而林地降水总量减少。林下降雨强度因林冠截留而显著低于林外，其减弱林下降雨强度的作用与降雨本身的特性有很大的关系，一般减弱程度会随着降水强度的增加而减轻，林内降雨强度通常比林外降雨强度小 10%～30%。

## （二）林下灌草层对降雨的截留作用

穿过林冠的雨水与林下灌木和草本植物接触后，会有一部分被截留。林下灌木草本层截留量的大小取决于自身生长状况和枝叶量的多少。灌木草本层的生长发育状况又受到上层林冠的影响：上层林冠郁闭度大，下层灌草层稀少，盖度低，对降雨的截留量小，如华北落叶松、油松、华山松等；林冠郁闭度低，下层灌草生长茂密，盖度高，对降雨的截留量大。

### （三）枯枝落叶层对降雨的截留作用

林地的枯枝落叶层也叫枯落物层，是由林木及林下植被凋落下来的茎、叶、枝条、花、果实、树皮和枯死的植物残体所形成的一层地面覆盖层。它是林地地表所特有的一个层次。根据分解程度，枯枝落叶层可分为上、中、下三层，上层为枯落物未分解层，中层为半分解层，下层为完全分解层或腐殖质化层。经过林冠截留和下层灌草层截留后降落到地表的雨水一部分被枯落物截留吸收，并随即通过蒸发回到大气中，这部分水量称为枯落物层截留量。由于受林内蒸发的限制，枯落物层截留量一般只有几毫米。

林地枯枝落叶层是影响森林整个水文过程的一个极为重要的因素，降雨无论是形成地表径流流走，还是转化成土壤水贮存在土壤内或变成土内径流，枯枝落叶层都是必须经过的一个层次。因此，是否具有良好的枯枝落叶层是评价森林水文效益的一项重要指标，保护好林地枯枝落叶层也成为森林经营管理的一项重要内容。

降雨被林冠层进行分配之后到达林地枯枝落叶层，被枯枝落叶吸收、分散、消能之后再到达土壤层进行再次分配。林地枯枝落叶层在水土保持中的作用是：彻底消灭降雨动能；吸收降雨；增加地表糙度，分散、滞缓、过滤地表径流；形成地表保护层，维持土壤结构的稳定；增加土壤有机质，改良土壤结构，提高土壤肥力。

## 二、对土壤水文性质的改良作用

降水通过林冠层和枯枝落叶层的再分配之后到达土壤层，先后产生入渗、填洼、贮存、径流以及蒸发、蒸腾等水文过程。这些过程在流域的水文循环中对贮存量和输出量都有非常显著的影响。土壤层对降雨进行再分配的效果不仅是影响坡面径流和流域出口流量的重要因素，还是影响水蚀强度的重要因素。森林土壤由于林木的存在，其土壤水文性质与无林时相比，水分的输出和在土壤中的贮存过程及数量发生明显的变化。同时，土壤中的水分会对林分生存、生长发育产生重要影响，其形态、数量以及动态变化规律又影响着森林的表现形式。土壤拦蓄降雨的能力很大，在森林的拦洪效益中起决定性的作用。不同的森林由于土壤的入渗能力和贮水容量差异很大，其土

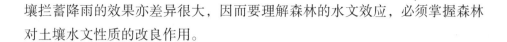

壤拦蓄降雨的效果亦差异很大，因而要理解森林的水文效应，必须掌握森林对土壤水文性质的改良作用。

### （一）林地土壤水分入渗

入渗是指水分（降水和灌溉水）进入土壤形成土壤水的过程，它是降水、地面水、土壤水和地下水相互转化的一个重要环节。入渗按其水分运动的维数，可分为一维入渗和多维入渗。其中，一维入渗又分为无重力作用的水平入渗和有重力作用的垂直入渗。此外，按入渗界面的供水方式，入渗又可分为充分供水入渗和非充分供水入渗或者有压入渗（积水入渗）和无压入渗（无积水入渗）。简单来说，入渗包括垂直入渗和侧向入渗，在野外一般均指垂直入渗。

入渗是水文循环中的要素之一，受土壤特征和供水过程的影响。土壤水分入渗是一个极为复杂的过程，水分进入土壤后，可以饱和流和不饱和流的形式运动，历经所谓的再分布和内排水过程。在入渗—再分布—内排水这一紧密相关的过程中，如果不断得到下渗水的补充，入渗水分可以下移直至地下水面；反之，在蒸发的作用下，入渗水分可以上移进入大气或被植物吸收利用。在土体内部各方向，由于各点势能的差别，也时刻存在着水分的再分布过程。它不仅直接影响着地面径流量的大小，还影响着土壤水分及地下水（潜水）的增长，以及壤中流的产生和地下径流的形成。

森林植被以其独特的方式对土壤入渗性能产生直接和间接的影响。一般而言，林地土壤疏松，物理结构好，孔隙度高，具有比其他土地利用类型高的入渗速率，并且随着林龄的增加而逐渐增强。据刘向东、吴钦孝在六盘山对土壤入渗能力的测定结果，则乔木林地＞灌木林地＞草地。

林地土壤与非林地土壤相比，土壤的入渗能力有很大的不同。林地土壤的入渗能力一般要高于非林地土壤。反映在入渗曲线上（图4-1），主要表现在以下几方面：一是曲线上移，林地土壤的初期入渗能力和终期入渗能力都要高于非林地土壤；二是曲线的形状发生变化，有林地下渗曲线呈圆滑型，非林地入渗率随时间增加迅速降低，入渗曲线急剧转折又迅速趋于平稳达到终期入渗能力；三是曲线反映的下渗容量不同，即使林冠、枯枝落叶的截留作用会使达到林地地面上可供入渗的总水量有所减少，有林地的总入渗容量也不一定小于非林地，特别是在高强度的降雨条件下。另外，有林地由于枯枝落叶对地表径流的滞缓作用，相应地增加了下渗容量。

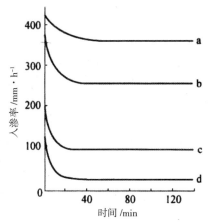

a 阔叶林；b 赤松林；c—草地；d—裸地

图 4-1　入渗率曲线

## （二）林地土壤水分贮存

降雨除了会被林冠层、灌草层和枯枝落叶层截留之外，还会有一部分变成地表径流，其余部分被土壤贮存。贮存的水分一部分被植物吸收利用、蒸发，还有一部分成为土内径流，最终进入河槽或变成地下水贮存起来。

具有良好结构的森林土壤也具有良好的水文特征，反映在水分贮存上，需要具有以下能力：一是在降雨时，特别是在降暴雨时，林地土壤吸收贮存水分的能力；二是在降雨停止以后，林地土壤吸收的水分的保持能力及多余水分的排除能力。前者可以减少地表径流，防止土壤侵蚀，削弱洪峰；后者可以含蓄水源，延长洪峰历时，补充地下水。近年来，随着对森林水源涵养作用和森林拦洪能力研究的不断深入，土壤水分贮存量已成为评价森林作用的一项重要指标。

土壤水分贮存有以下两种形式：

（1）吸持贮存。在不饱和土壤中，大孔隙基本被空气占据，而小孔隙中有无数水和空气的交界面，水依靠毛管吸持力贮存，即吸持贮存。吸持贮存的水分供植物根系吸收蒸腾或最后被蒸发掉，与径流和地下水供给不发生关系。吸持贮存的上限是田间持水量，即土壤在特定条件下能够抵抗重力保持水分的最大量；实际下限是永久凋萎点，即低于此值根系不再吸水的含水量。

（2）滞留贮存。饱和土壤中自由重力水会在非毛管孔隙（大孔隙）中暂时贮存，称滞留贮存。这些水分属于通过深层渗透进入地下水或土内径流或深层土壤再分配的那部分水量。滞留贮存在大雨或暴雨时提供了应急的水分贮存，减少了地表径流，降雨停止后水分逐渐向深层入渗，从而起到了保持水土和涵养水源的作用，因而维持或改善滞留贮存方式在森林土壤管理中具有十分重要的意义。

这两种形式贮存的水量分别叫吸持贮存量和滞留贮存量，两者合称土壤贮存水量或森林蓄水量。

从水土保持角度看，吸持贮存和滞留贮存都有助于减少地表径流和防止冲刷，其中吸持贮存更能反映土壤保水性能及土壤水分对林木生长的有效性。土壤水分贮存量的多少取决于土壤孔隙度的大小。降雨初期的土壤贮水主要靠毛管孔隙，后期主要靠非毛管孔隙；降雨停止后，土壤保持水分的能力主要取决于土壤的毛管孔隙度；降雨过程中和降雨后，重力水的排除则取决于非毛管孔隙度。森林具有良好的土壤结构，毛管孔隙和非毛管孔隙都较无林地大，所以也具有较高的吸持贮存量和滞留贮存量。林地土壤与非林地土壤相比，更有利于水土保持和水源涵养，即更加有利于对降雨的吸收和吸收后重力水的排除。

## 三、涵养水源及对水质的改善

### （一）水源涵养作用

水源涵养作用是指暂时贮存的水分的一部分以土内径流方式或地下水的方式补充给河川，起到调节河流流态和季节性河川水文状况的作用。森林具有涵养水源的功能。森林和水的关系十分密切，许多河流都发源于高山密林之中。例如，松花江、牡丹江发源于长白山林区，闽江发源于武夷山林区。实际上，森林涵养水源的功能不能仅从它对河流的年径流量的增减来评定，还要看其在增加枯水量、减少洪水量方面的作用。

1. 森林对枯水流量的影响

枯水期径流是当进入冬春旱季时，地表径流中断，此时河流的流量是年内的最小流量，称为枯水流量。森林对枯水期径流的影响主要是森林可以减少地面蒸发，增加水分入渗，减少地表径流，使降水有效地进入土壤层，并通过林冠截留、枯落物持水和林地土壤的入渗来改变流域内的水分在时空上分布的变异性。

枯水量的大小与当地气候、地形、地质、土壤及森林植被状况都有密切的关系。在降水量多且时间分配均匀的地域，枯水量相应就较大；在基岩渗透性强的流域，地下水量较丰富；在节理、龟裂发达和断层破碎带区域，裂隙地下水比较多；在土层富含孔隙、透水性能强的区域，以及具有凹凸形的斜坡、地表坡度中等的山腹和山脚缓坡地带，枯水量比较丰富；在森林植被生长良好的地区，入渗性强，枯水量较大。森林的涵养水源作用之一就是增加干旱季节河流的径流量，并使河流量保持稳定。

影响枯水流量的因素仍然是气候、下垫面和人为因素。枯水流量与枯水期的降水量、流域的水文地质条件、人工修建的调蓄水工程等有着极为密切的关系，森林植被仅仅是下垫面中的一个重要因素。因此，森林对枯水流量的影响是一个十分复杂的问题。

森林是影响枯水流量不可忽视的、敏感的、活跃的因素。森林能够增加枯水流量，使流量保持稳定，其主要原因如下：①增加流域的降水量，特别是在少雨季节；②减少地面蒸发，增加水分入渗，减少地表径流，使降水有效地进入土壤层，同时林地大孔隙的增加有助于水分以重力水的形式向深层入渗，不断补充地下水；③有效控制地表径流量，增加亚表层流或内径流，延长了径流持续时间；④在以降雪为主、夏季少雨的地区，森林具有改变积雪和融雪过程、延长融雪期的功能。

2. 削减洪峰的作用

降水时，由于林冠层、枯枝落叶层和森林土壤地对雨水的截留、吸持渗入和蒸发，减小了地表径流量和径流速度，增加了土壤拦蓄量，将地表径流转化为地下径流，从而起到了滞洪和减少洪峰流量的作用。

森林的缓洪作用是森林水文效应的综合发挥，概括起来有四个方面：①通过林冠截留减少流域降水量；②通过枯枝落叶层、土壤入渗及贮存和森林蒸发的作用，减少流域的地表径流量；③通过枯枝落叶层的阻延流速、土壤的入渗及贮存，使部分地表径流转变为土内径流，从而减缓了流速，延长了汇流时间；④延长融雪时间，使流域各部分的融雪时间不一致，防止融雪水在时间上和地域上过分集中。当然，森林在缓洪方面也存在一些不利因素：一是森林具有增加降水的功能；二是森林对林地地面蒸发具有抑制作用，可以使地被物和土壤表层保持较多的水分，提高土壤前期的含水量；三是森林可以使积雪保持到春天，当受到急剧的温暖降雨的侵袭时，积雪骤然融化，有时会产生大洪水流量。但是，这些负效应与正效应相比，数值上要小得多，而且有些可以通过某种经营措施得到一定程度的改善。

### （二）改善水质的作用

降水是水分进入森林生态系统的主要途径，地表径流和地下径流则是液态水分输出的主要形式，森林流域水质的研究分析主要集中在降水形成径流过程中水质的变化方面。降水挟带的各种物质进入森林生态系统后，第一个作用面为林冠层，一部分水会被林冠截持，另一部分物质（包括沉积在林层表面的及植物体本身分泌出的）将会被雨水淋溶；当降水到达林地后，地被物和土壤层对水的影响作为第二层界面，它影响了活地被物和枯枝落叶层的截留，微生物对化合物的分解、对离子的摄取，土壤颗粒的物理吸附，土壤对金属元素的化学吸附和沉淀，等等。与无林地流域对比，除有庞大的森林林层外，森林林地土壤还有良好的团粒结构、利于微生物生长的湿润条件、完整的地被物层，使森林生态系统比空旷地具有更强的净化水质功能。

## 四、对水蚀的控制作用

森林防止水蚀的机理为：森林植被的地面覆盖可以减弱降雨动能，防止地面击溅；减少地面径流，滞缓流速，降低径流冲蚀力，控制面蚀和沟蚀；改良土壤，提高土壤的抗蚀性和抗冲性。森林的存在可以不断改善降雨侵蚀力和土体抗侵蚀力的对比关系，从而有效地控制水蚀。

### （一）森林对击溅侵蚀的影响

降雨到达地面时，雨滴打击地面，造成土壤分散和溅蚀。现代侵蚀理论证明，降雨的侵蚀力受雨滴大小、雨滴终极速度、形态、暴雨历时、风速等因素的影响。当林木存在时，降雨降落到地面之后，树冠的截留作用会降低降雨的动能。此外，枯枝落叶层覆盖于林地地表，也能够防止雨滴击溅，其原因如下：一是雨滴不能直接接触土壤；二是枯枝落叶层具有弹性，当雨滴打击到其上时会受到反弹，降雨动能大部分转化为弹性能量而削减。当枯枝落叶层达到一定的厚度时，能够消灭降雨动能，消除击溅侵蚀。

有学者指出，虽然林木的树冠具有截留作用，但当树木较高时，林内降雨也会产生一定的冲击力，所以为了防止林内降雨动能对地表的强烈侵蚀，人工林应形成复层结构，并做到乔、灌、草结合；在水蚀严重、立地恶劣的地区，营造纯灌木林；当森林为纯林时，必须有效保护下层植被和枯枝落叶层，这样才能消灭降雨动能，根除地表侵蚀的动力因素。

## （二）森林对土壤抗侵蚀能力的影响

土壤的抗侵蚀能力主要取决于土壤的内在特性，如土壤的容重、渗透性能、机械组成、孔隙状况、有机质含量、水稳性团聚体含量等指标，而根系层的存在能逐步改善土壤的内在特性，使其抗侵蚀能力加强。植物根系层抵抗坡面水力侵蚀的作用主要表现在根系层能稳定表土层结构，提高土壤入渗性能和抗剪强度，增强土壤抗冲性。

刘定辉、李勇指出，根系提高土壤抗侵蚀性、改善土壤抗侵蚀环境的显著特点之一，就是根系增加了水稳性团粒及有机质含量，稳定了土层尤其是表土层结构，创造了抗冲性强的土体构型。刘国彬在对草地植被恢复不同阶段土壤抗冲性变化的研究中提出，根系缠绕、固结土壤，强化抗冲性作用有三种：网络串连作用、根土黏结作用及根系生物化学作用。径流对土壤的侵蚀力主要取决于地面径流量，土壤渗透性是制约坡面径流、土壤侵蚀的重要因子，土壤的渗透性主要由土壤的物理性质决定，植物根系是通过影响土壤物理性质来影响土壤渗透性的。林地土壤具有较大的毛管和非毛管孔隙度，从而增大了林地土壤的入渗率和入渗量。土壤入渗能力随着森林植被覆盖率的增加呈指数增加，林地内入渗率具有很大的空间变异性，距离树干越远，渗透能力越小。朱显漠认为，根系对土壤渗透力的作用主要是根系能将土壤单颗粒黏结起来，同时能将板结密实的土体分散，并通过根系自身的腐解和转化合成腐殖质，使土壤有良好的团聚结构和孔隙状况。王库认为，植物根系对土壤水力学性质的影响主要是通过根系的穿插、缠绕及网络的固持作用来影响土壤的物理性质，进而使土壤的抗冲性、渗透性、剪切强度等水力学性质得以改善，并得出直径小于 1 毫米的根系在提高土壤的水力学效应方面贡献最大。

### （三）森林对泥石流的抑制作用

泥石流是土石山区常见的一种水土流失形式，它具有突发性和巨大的冲击力、破坏力，危害性极大。泥石流发生必须具备三个条件：一是动力条件，即有短历时、高强度的暴雨，形成有巨大能量的径流（有持续的前期降雨，危险性更大）；二是地形条件，即上游有较大的汇水面积和陡峻的地形，流域汇流历时短；三是物质来源，即沟道内堆积大量的松散岩土物质。泥石流流域可分为形成区、通过区和沉积区三段。

森林对泥石流的影响主要体现在形成区和通过区：①森林通过较强的蒸发作用，减少了岩石土体内部的含水量，提高了岩土物质的抗剪强度，使不透水层潜流大大减少，控制了滑坡面的形成，减少了泥石流产生的物质来源；②林木根系的固土作用稳定了坡面，同时坡体下部和坡麓地带的森林对上方的崩塌、崩落岩土有阻拦作用，也起到了减少泥石流物质来源的作用；③通过林冠截留、强化入渗及滞留贮存等功能，延长径流历时，削减洪峰，控制泥石流形成的动力条件；④当泥石流在发展过程中遇到足够强大的林分时，移动会减慢，破坏力也会减弱。因此，在泥石流形成区和通过区两侧坡麓营造森林就显得特别重要。

## 五、改良土壤的作用

森林改善区域水文状况的作用和防止土壤侵蚀的作用与其改良土壤的作用是具有密切关系的。可以说，森林改善生态环境的作用是以改良土壤的作用为基础的。在水土流失严重的地区，因为多数土壤遭到严重的毁坏和退化，多数植物生长的适宜性降低，自然植被恢复极为困难，只能通过人工措施按照不同植物群落的生态需求性及发育规律人为地逐步恢复植被。在这些地区，随着森林的建立和生长发育，水土流失迅速得到控制，土壤的水热条件及生物活动状况逐渐得到改善。在林分生物小循环及其对环境的作用下，该地区生态系统中的物质循环和能量循环的数量及速度就发生了较大的变化。该地区的生态系统变得更加复杂，物流和能流的速度加快，出现了过去相当长的时期里未有的生物、矿质元素的循环关系，促进了土壤的发育进程，使土壤的理化性质得到改善，肥力不断提高。这样，林木生长的环境条件也不断得到改善，土壤的抗蚀性不断增强，形成了生态系统的良性循环。

### （一）林地土壤养分循环

#### 1.森林养分的生物小循环

森林枯枝落叶等凋落物的积累与腐解增加了土壤有机质和各种矿物元素的含量；根系的纵横穿插和选择吸收形成了良好的土壤结构；树冠截留降水及降水淋溶，调节了土壤养分。在土壤—森林—大气中存在着一种天然的养分循环关系，森林植物利用根系吸收土壤中的养分，根系吸收的养分一部分通过枯枝落叶及枯倒木的腐烂分解以及降水对林冠及树干的淋洗等归还土壤；另一部分被森林植物吸收存留，供个体生长发育利用。这种吸收—存留和归还—吸收的循环过程（图4-2）被称为森林养分生物小循环。

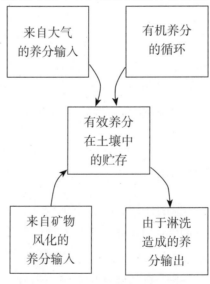

图4-2　森林土壤养分循环简图

森林植物从土壤中吸收养分的量称为养分吸收量，理论上，吸收量是植物体内留存量和枯落物、降水淋洗等归还量的和。森林改良土壤的效应与森林土壤的养分循环量及速度有关。一般来说，森林生产量越高、枯枝落叶量越大的森林类型，土壤养分的循环量越大；反之则较小。高温高湿地区的森林土壤循环最快，低温干燥地区的森林土壤循环则较慢。循环的快慢还取决于微生物分解活动的旺盛程度，以及森林植物生长和吸收养分的速度。北方温带针阔混交林较南方热带雨林土壤养分循环量小，但因循环速度慢，森林中仍然能积累较多的养分（如森林类型下形成的暗棕壤）；反之，南方热带雨林土壤养分循环量大，但因循环速度快，所以森林土壤中积累的养分较少（如森林类型下形成的砖红壤）。

2. 森林养分的地球化学循环

大气中的物质和地质风化的养分输入森林生态系统，以及随着径流输出森林生态系统的养分循环过程称为地球化学循环。大气输入是来自森林生态系统外部的可溶的、微粒状的、悬浮在空气中的化学物质或气体物质，输入的途径以降水为主，其次是风。地质风化的养分输入是森林生态系统内部的原生或次生无机物风化释放出来的养分。森林养分的地球化学循环通常在闭合集水区进行研究，目的是精确了解森林生态系统养分输入和输出的量及其净变化，依此掌握各子系统的功能。地球化学循环是一个开放的循环系统，输入和输出的净变化值反映了系统的贮存功能，也就是说，系统养分是积累过程或者是损失过程。

3. 森林养分循环与水分循环

水是森林生态系统中最活跃的因素，是森林植物所必需的，并且是系统内部养分循环以及溶解物质和悬浮微粒转运的载体，在森林养分循环中占有重要位置。水作为养分循环中营养元素的携带者和溶解剂，直接或间接地参与了养分循环。水循环与营养物质的外界输入、淋溶增值、生物循环吸收有着密切的关系。总的来说，除少数情况外，一般降水量越大，营养元素总淋溶量越大。从降水对森林生物循环中营养元素的吸收量的影响来看，也是降水量越大，循环吸收量越大。

森林养分循环的积累过程实际上就是森林改良土壤的过程，包括森林对林地土壤养分状况和土壤物理性质的改良作用。

### （二）改善土壤养分状况

#### 1. 枯枝落叶层及腐殖质层的改良作用

森林土壤与其他土壤相比，最大的特点就是地面覆盖枯枝落叶层。森林凋落物分解转化形成腐殖质，它是有机质存在的主要方式，森林腐殖质层对营养元素的保存和释放改变了森林土壤营养元素的循环和供应。森林腐殖质层中营养元素的含量取决于林分组成、土层和母岩的性质以及腐殖质的形态。一般来说，耐阴树种腐殖质层中的营养元素含量高于喜光树种；基性岩浆岩发育的土壤上的凋落物矿质元素含量高，软腐殖质的碳氮比率比粗腐殖质的碳氮比率小，但有效氮素含量高。腐殖质不但以有机形态贮存和吸附一部养分，而且能有规律地释放林木需要的养分。

#### 2. 林木根系、根际微生物及菌根对土壤养分供给的影响

林木根系对土壤营养元素具有选择吸收的功能，使某些营养元素富集于土层上部，从而改变土壤的营养状况。根系死亡腐烂是土壤有机质的重要来源。林木根系可分泌各种水溶性的低分子有机物，如氨基酸、低分子有机酸、单糖、低聚糖、核苷酸等，有助于吸引和刺激微生物大量聚集在根际，直接改变根际化学环境，从而有利于根的生长和对水分、养料的吸收利用。根际微生物群能够增加土壤养分的供给，如某些能分泌 2- 氧代葡萄糖酸的微生物，能够使根从不溶性磷酸钙中获取更多的磷，当介质缺磷时，根分泌的氨基酸和酰胺酸数量增加，进一步促进这类溶磷微生物的活动，从而使土壤磷供给状况得到改善。菌根菌对矿物质的溶解和酸化环境具有很大的作用，菌根菌产生的化合物在溶解和浸提能力方面往往超过酸的作用。

### （三）改良土壤物理性质

对于林木生长发育和水土流失控制来说，森林改良土壤的作用中最有直接意义的就是土壤物理性质的改良作用。与无林地相比，一般林地土壤容重降低，孔隙度增大，具有较大数量的水稳性团粒结构，土壤持水性和导水性好，入渗量大，透气性好，塑性指数提高。

大量的研究表明，土壤物理性质主要受土壤中增加的有机质含量、土壤微生物活动、土壤中动物的活动以及林木的生长等方面因素的影响。林地有

机质含量的增加促进了土壤微生物的活动，微生物的活动又加速了有机质的转化过程。微生物分解产生了相当稳定的有机酸，具有极大的胶结作用，有助于团粒结构的形成，防止团聚体消散，从而增加团聚体的水稳性。大量的观测研究也证实，根系对改善土壤结构有着重要的意义。根系的生长可以增加土壤的孔隙度，降低土壤容重，特别是增加非毛管孔隙度和深层土壤孔隙度，有利于土壤的气体交换和渗透性的提高。但是，根系对团聚体形成的确切作用机制还没有被证实，一般认为有这样几方面的原因：①根系对土壤所施加的压力引起了附近的土粒分离，并使土壤单体挤压在一起形成团聚体。换句话说，穿过大量团聚体的每一个根毛都会造成一个脆弱点，当根毛穿透得足够多时，即产生团粒。②当根系附近水分被植物吸收时，土壤的脱水作用相当于干湿交替的作用。③可能是分泌物对土壤的胶结作用。在根系附近较小的团聚体形成较大的团聚体，一般认为是根产生的胶结物质造成的。④林木根系的分泌物和活根残根的微生物转化产物也具有胶结作用。活性腐殖质和稳定的团聚体的形成主要是生长着的林木的根际细菌活动的结果。

土壤中动物活动的影响是土壤物理性质改变的另一个重要原因。在林地土壤中，活动着的动物群主要有啮齿类动物、无脊椎动物、蜘蛛纲和昆虫纲及其他无节足动物门的动物。其中，最突出的是蚯蚓的活动。蚯蚓咽下土壤和部分已分解的有机质并加以混合，然后排泄出来作为地表泥或亚表土，并形成一些孔隙。这些活动的结果促成了良好土壤结构的形成。

# 第二节　水土保持林的规划设计

## 一、水土保持林规划设计的重要性及原则

### （一）水土保持林规划设计的重要性

规划设计是造林工作的重要环节。只有通过合理的规划设计，才能真正做到适地适树，实现科学造林，提高造林成活率，保证造林质量，避免财力、物力和人力的浪费。水土保持林的营造是一项系统工程，为了控制水土

流失，恢复和重建山丘区森林植被，更好地发挥森林的水土保持功能，获得最大的生态经济效益，在造林前必须进行造林规划设计。

水土保持林规划设计是一项十分重要的工作，要搞好规划设计，先要查清水土流失区的自然条件、社会经济状况，掌握水土流失特点，在合理安排土地利用的基础上，对荒山、荒地进行分析和评价，编制科学合理的水土保持林规划，设计先进、实用的造林技术措施，为山丘区水土保持林体系建设提供科学的依据和技术支撑。

规划设计包括规划和设计两个方面的内容：规划是反映长远设想和全局安排，制订山丘区水土保持林业发展计划和决策的依据；设计是规划的深入和具体体现，是近期水土保持林建设的具体安排，是实施造林施工的依据。

水土保持林规划设计是山丘区水土保持林体系建设的前期基础工作，其重要性表现在以下几个方面：

（1）通过规划可以对山丘区水土保持林体系建设进行全面考虑，提出长远规划安排。在地域上，合理进行土地利用规划，调整各业用地，确定林业用地和数量。在时间上，根据经济条件和人们的需要，做出合理的进度安排。这种规划不仅为林业部门制订林业计划提供了依据，还解决了农业、林业、牧业用地之间的矛盾。

（2）在水土保持林规划设计中，通过查清造林地的立地条件，了解和掌握树种的生物生态特性，根据立地类型在不同小班安排适宜树种，可以真正做到适地适树。把水土保持整地工程技术和先进适用的造林技术安排到山头地块，实行科学造林，大大提高了造林成活率和生产力，保证了造林质量。

（3）通过规划设计可以增强造林的科学性和技术性，克服盲目性，避免不必要的损失和浪费。比如，有些地区由于没有制定和落实合理的造林规划设计，育苗计划性差，致使造林所需苗木供不应求或不需要的苗木过剩，有什么苗就造什么林，违反了适地适树原则，导致造林失败。因此，只有通过造林规划设计，合理安排造林、育苗，筹措资金，调配劳力，才能避免浪费，提高造林工作成效。

## （二）水土保持林规划设计的原则

### 1.统筹安排，集中治理

绿化荒山荒地，改变水土流失面貌，应本着"因地制宜、因害设防"的原则，在统筹安排的基础上，使农业、林业、牧业生产统筹兼顾，这样才能保证造林用地，解决农业、林业、牧业生产之间的矛盾。营造水土保持林是一项大规模的基本建设，不可能在短期内完成，所以应统筹安排，集中力量，抓好以小流域为单位的集中治理，采取打歼灭战的方法，从上到下，一座山、一面坡、一道沟、一条河地进行绿化，做到造一片成一片，巩固一片，造一沟成一沟，巩固一沟，逐步扩大，达到全面绿化的目的。

### 2.全面绿化与工程结合

水土保持林以防止水力侵蚀为主，要尽可能地将大面积坡面上的土壤就地保持在原处，所以，必须随着沟道的曲折及坡面的高低起伏进行全面绿化。在严重的侵蚀地区，单纯造林不结合工程措施也往往不易成功或成效不大。因此，在全面绿化的同时应进行各种水土保持的工程措施。例如，黄土高原丘陵地区在修梯田平整土地的同时，要营造塬边防护林和道路林网，从而实现塬面方田化；在治沟修建池塘、水库的同时，要在库区和上游造林种草，涵养水源，减少泥沙淤积；在挖方开渠的同时，要在渠岸上下坡上营造护渠林，以防止滑塌，堵塞渠道，影响渠道畅通。总之，要做到有工程就有树，使生物措施与工程措施紧密结合，并以生物措施为主，从而达到保持水土的目的。

### 3.以短养长，长短结合

营造水土保持林必须要结合群众的个人利益与集体利益、眼前利益与长远利益。在选择树种时，要把适应性强、见效快的速生树种与其他树种配合起来，达到"以短养长，长短结合"的目的，以获得速生、稳定、持久的水土保持效益和经济收益。

### 4.确定林种，选择树种

营造水土保持林，要采用防护、用材和经济林相结合的营造方法，依据不同的立地条件和防护目的，因地制宜，因害设防，在同一地形部位，配置具有不同的树种组成、林型结构和防护作用的水土保持林体系。同时，应根据树种的生物学特性和当地土壤条件以及气候条件，选择适宜的树种。

5.因地制宜，采用混交林

营造混交林的好处是可借助上层林冠遮挡暴雨的击溅，近地面层能拦蓄径流，截留泥沙，地下根系能固持土壤并改良土壤结构和性状。混交林要根据树种特性、立地条件等具体情况，选择对立地条件有相同适应性、种间互利的树种，使其长期共存、互助。比如，沙丘沙岗土壤瘠薄，选用毛白杨、加杨同刺槐混交栽植，则普遍生长良好；石质山区可以充分利用侧柏、麻栎耐瘠薄的特点实行混交。另外，沙棘和杨树、柳树、榆树、油松等的混交类型都是防止水土流失较好的林型。一般情况下，无论上述哪种形式的混交林，其防护效益均高于纯林。

## 二、水土保持林规划设计的任务和内容

### （一）水土保持林规划设计的任务

造林规划设计的任务：一是制定造林规划方案，为制订林业发展计划和决策提供依据；二是提出造林设计方案，指导造林施工，加强造林科学性，保证造林质量，提高造林成效与水平。造林规划任务具体包括以下几个方面：

（1）查清土地资源、森林资源、自然条件和社会经济状况。

（2）综合分析规划设计区的自然条件和社会经济条件，结合当地经济建设和社会需求，对林种配置、树种选择、造林技术、种苗培育、现有林经营与管理等提出规划设计方案，并对投资及效益进行估算。

（3）根据实际需要，对有关附属项目进行规划设计，主要包括道路、通信、灌溉与排水工程等规划设计。

（4）编制造林规划设计文件，包括绘制规划设计图和编写规划设计说明书。

### （二）水土保持林规划设计的内容

水土保持林规划设计是在土地利用规划和水土保持规划的基础上，以小流域为单元，以小班为基本单位，对宜林荒山荒地进行规划设计，为编制造林计划、预算投资和进行造林提供依据。它的主要内容包括土地利用规划、

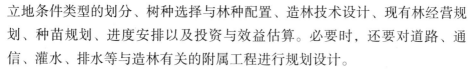

立地条件类型的划分、树种选择与林种配置、造林技术设计、现有林经营规划、种苗规划、进度安排以及投资与效益估算。必要时，还要对道路、通信、灌水、排水等与造林有关的附属工程进行规划设计。

1.土地利用规划

在植被建设中，正确处理农业、林业和牧业之间的关系，制定出符合国家和当地社会经济持续发展要求的土地利用规划，是造林规划设计工作的首要任务，关系到造林工作的成败。在调查土地利用现状的基础上，要根据林业区划（规划）提出的农业、林业、牧业的用地比例，并结合当地实际情况制定合理的土地利用规划，确定林业用地面积和宜林地面积。

2.立地类型划分

在造林规划设计中，选择造林树种是一项十分重要的内容。为了做到适地适树，通常要根据立地条件类型选择适生的造林树种。因此，立地条件类型划分的正确与否直接关系到造林工作的成败。

在立地条件类型划分的基础上，编绘立地类型图，用图面形式直观地反映立地分类的成果，并将其作为造林规划设计的依据和专用图，是世界上林业发达国家的普遍做法。近年来，在我国的造林规划工作中，立地类型图也得到了广泛的应用。

3.林种规划

林种规划要按照《中华人民共和国森林法》划分的防护林、用材林、经济林、薪炭林和特种用途林五大林种，根据规划地区的自然条件和社会经济条件，因地制宜地确定合适的林种，在立地调查和造林地调查的基础上具体落实林种布局。

4.树种规划

树种规划主要是按照适地适树的原则，兼顾国家和群众的需要来选择树种。在地形、土壤比较复杂的地方，应根据海拔高度、地形部位、坡向、土壤种类和厚度、地下水位、盐渍化程度等影响造林的主要因子，选择适合生长的树种。规划设计必须坚持以当地优良乡土树种为主，乡土树种与引进外地良种相结合的原则，不断丰富造林树种。

在树种搭配上，尽量做到针阔叶树种相结合，常绿与落叶树种相结合，乔、灌、草相结合，为造林后形成良好的林分结构奠定基础。

5.造林技术设计

造林技术设计是在造林立地调查及有关经验总结的基础上，根据林种规划和造林主要树种的选择，制定出一套完整的造林技术措施。它是造林施工和抚育管理的依据。

造林技术设计的主要内容包括造林类型、苗木规格、整地工程、造林密度、造林树种组成、造林季节、造林方法和幼林抚育管理等。

在进行造林技术设计前，应全面分析研究本地或邻近地区不同树种人工造林的主要技术环节、技术指标和经验教训，以供造林技术设计参考。

6.种苗规划

要保证造林规划设计的实现，必须要有充足的种苗，要根据造林规划设计提出的树种和种苗规格要求制定种苗规划。造林地区要以育苗为主，尽量减少苗木调运，但对外地优良品种应积极扩大繁殖。规划时，要先计算出每年各树种种苗的需要量，然后提出用种和育苗计划，并落实种子生产及育苗基地等。

7.现有林经营措施规划

在有林地调查的基础上，规划者应分析经营管理存在的问题，划分林分经营类型，如幼林抚育型、间伐抚育型、林分改造型、封山育林型、采伐利用型等，并针对不同经营类型进行经营措施规划设计，如幼林抚育和间伐抚育等方法、强度、次数、间隔期等技术措施。

8.自然恢复规划

自然恢复是按照自然生态规律，充分利用当地的光、热、水、土、生物等自然资源，依靠大自然的循环再生能力和生态系统的自我修复能力恢复植被。自然恢复符合生态演变的基本规律，是恢复林草植被、改善生态环境的根本途径。自然恢复需要气候温和、雨量充沛和适宜植被生长的环境，即具备植被自然生长的温度和湿度。自然恢复区必须采取措施限制人类活动，特别是严禁人类破坏地面植被。

9.造林进度规划

造林进度规划的目的在于加强造林工作的计划性，避免盲目性，便于有计划地准备苗木，安排劳力。在安排造林进度时，既要考虑林业区划和规划提出的造林总任务，又要考虑规划地区造林的任务和种苗、劳力、经济条件，通过全面的分析研究做出切合实际的安排。根据实践经验，进度规划的年限不宜过长，一般以 3 ～ 5 年为宜，这样才能使规划设计落到实处。

10. 投资和效益估算

投资估算主要是计算造林所需要的人力、物力和资金，如种苗费、劳务费、运输费、灌溉费、排水费和道路建设费等。效益估算主要是计算造林完成后的森林覆盖率、立木蓄积、抚育间伐所生产的林产品和林副产品，以及多种经营的实际收益和生态效益等。

11. 施工设计

造林施工设计是在造林规划设计方案的指导下，针对不同作业区，为确定下一年度的造林任务按小班所进行的施工设计工作，其内容包括林种、树种、苗木规格、整地、造林方法、造林密度、抚育管理、施工顺序、造林时间、劳力安排等。施工设计主要作为制订年度造林计划及指导造林施工的依据。

## 三、水土保持林规划设计的步骤

水土保持林规划设计的步骤一般分为准备工作、外业调查、资料的检查与整理、规划设计四个阶段。

### （一）准备工作

为了保证规划设计工作的顺利进行，在进行外业调查之前，应做好以下几项准备工作。

1. 成立规划设计小组

根据调查地区面积的大小、任务和目的要求，确定规划设计小组的组织规模。根据专业规划设计人员和基层技术人员的多少，实行分队编组，明确任务，分工负责，以保证规划设计工作的顺利完成。

2. 收集资料

（1）图面资料。图面资料是造林规划设计的基础资料，主要包括地形图、卫星遥感相片、航空摄影相片、林业区划图、水土保持区划图和综合农业区划图等。其中，最重要的是航空摄影相片和 1 ∶ 10000 的地形图。航空摄影相片是地面的缩影，能清楚地反映地面的真实状况。利用航空摄影相片能很容易地勾绘出土地利用现状，了解有林地和宜林荒山荒坡的面积和分布情况，以提高规划设计的精度和减少野外工作量。在没有航空摄影相片的情况下，可采用地形图进行现场勾绘，应用地形图可进行立地调查和小班区划，地形图又可作为规划设计图的底图。

（2）规划、区划资料。规划、区划资料主要包括土地利用规划、林业区划、农林牧业发展区划、水土保持区划与规划说明书及其成果。此外，还有造林技术经验与存在的问题等方面的资料。

（3）自然条件资料。自然条件资料主要包括气象、地形地貌、地质、水文、土壤、植被、水土流失、土地荒漠化和盐渍化等方面的资料。

（4）社会经济资料。社会经济资料主要包括人口、劳力和交通情况，农林牧业生产经营现状和生产条件，耕地和粮食产量情况，当地工农业产值和农民收入情况，等等。

3.做好物资准备

为了保质保量按时完成外业调查任务，做好内业设计工作，必须做好各种调查设计用表，如立地类型调查表和汇总表、造林小班调查表、造林类型设计表、种苗用量表、投劳用工表、投资效益估算表等。此外，还要做好仪器用具、文具用品、生活用品及交通工具的准备工作。

4.制定技术方案

制定技术方案的目的是统一技术标准、统一外业调查方法，其包括划分地类、立地类型、林种、林龄组、海拔、地貌部位、坡向、坡度、坡位等方面的技术规定。

5.搞好技术培训和试点工作

技术培训和试点是提高规划设计人员技术水平和规划设计质量的重要措施。因此，在进行外业调查前，应有组织、有计划、有步骤地搞好技术培训和试点工作。

## （二）外业调查

1.立地因子调查

在大面积造林地区，不可能对每块造林地都进行立地因子调查。因此，在进行立地因子调查时，既不能使外业调查的工作量过大，又要使调查材料能够较为全面地反映不同立地的特征。对立地因子的调查一般包括地点、调查段周围情况、地形地貌因子、土壤因子、水文因子、生物因子、人为活动情况、侵蚀情况、小气候特点等。调查的方法通常是在收集与分析现有资料的基础上，采用线路调查和典型调查相结合的方式进行。

（1）线路调查。线路调查是在规划设计区域内选择一些具有代表性的线路，沿线路划分出不同立地的线段，并逐步进行详细的调查和记录。

（2）典型调查。典型调查通常是在线路调查的基础上进行一些必要的典型补充调查，或者当局部造林地面积较小，不便设置调查线路时，可直接在造林地选择典型地段进行调查。

完成线路调查以后，如果发现调查资料不能涵盖本地区所有造林地的立地类型，或者调查资料不够典型，不能充分反映某立地类型特征，以及某些立地类型调查资料较少（一个立地类型尚不足三个调查段），汇总资料不够充分，都应进行典型补充调查。

典型调查应根据所需补充调查的对象和数量，在该类型具有代表性的地段进行（应避免选在会线路调查相重复的地点）。当某一类型需要补充两个以上的调查资料时，不应在同一地段内重复选设调查点。典型调查的内容、方法与线路调查相同。典型调查应另行编号。

2.小班区划与勾绘

小班又称地块，是造林设计和施工的基本单位。在进行小班区划与勾绘时，可以利用航空摄影照片或地形图进行室内判读和野外勾绘，或直接用大比例尺地形图进行小班区划。

（1）小班区划的原则。小班区划既要反映自然条件的地域分异规律，又要便于识别和经营管理。小班界线最好能与地貌线和地物标志相一致，如山脊线、水系、地类界和道路等。一般情况下，可将土地利用类型、权属和立地条件基本一致的地块划分为一个小班。小班区划的原则：①在不同土地利用类型中，按农业用地、林业用地、牧业用地、特种用途地、暂不利用地划分。②在林业用地中，按有林地、疏林地和宜林地划分。其中，有林地按林分起源（天然林、人工林）、乔木林地、灌木林地、林种、树种、林龄、郁闭度划分。③宜林地按立地条件类型划分。

（2）小班勾绘。根据上述原则，采用对坡勾绘的方法，在 1∶10000 的地形图上进行小班区划。对坡勾绘时，首先要站在能看清小班全貌的地方，在图上准确判定自己所处的位置，然后按照小班区划的原则，沿等高线勾绘小班界线，并对小班进行编号，一般按图面从上到下、从左至右依次用阿拉伯数字编号。

为了便于造林和经营，现有林和宜林地小班区划面积最大不超过20平方千米，其他地类的小班最大面积一般不应设限。小班区划的最小面积应按所使用的图面材料比例尺的大小而定，以在规划设计图上能明显、准确地反映出小班为原则。在地形支离破碎的坡面，当每种类型都达不到规定的小班最小面积时，可划分复合小班，但须在调查表上注明各类型的面积及所占比例。

3.林业用地小班调查

（1）宜林地小班调查。在宜林地小班内，应选择具有代表性的地段进行调查，一般应调查地形、地势、土壤、植被和土地利用情况，并确定适合的立地类型、造林类型及设计意见。

（2）林地小班调查。林地小班包括幼林、成林、疏林、灌木林、经济林等。林地小班调查应分别调查天然林和人工林的树种组成、林龄、平均高度、平均胸径、密度、郁闭度等，并确定适当的林分经营措施类型及设计。

（三）资料的检查与整理

资料整理是进行内业设计前的一项重要工作，对各种外业调查表格和图面资料应进行详细的检查和核对，若发现错误、疑问或漏填，应返回现场重新校核和填写。

1.图面资料检查

（1）地形图上地类、地形、地物界线是否衔接。

（2）地形图上各种行政区划线、地类线、小班界线是否勾绘得完整无误，有无遗漏；图上符号是否符合要求。

（3）小班编号有无重叠遗漏现象；图上小班编号应与调查卡片编号一致。

2.资料检查

（1）调查卡片上各调查因子是否按要求填写，调查项目有无遗漏。

（2）立地条件类型是否合理。

（3）初步规划意见是否切合实际。

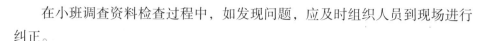

在小班调查资料检查过程中，如发现问题，应及时组织人员到现场进行纠正。

3. 调查资料的整理

调查资料检查无误后，以流域或乡、村为单位，按小班编号顺序装订成册。

4. 统计汇总

整理好调查资料后，用统计表进行汇总，统计表主要包括以下方面：

（1）基本情况统计表。

（2）土地利用情况统计表。

（3）立地条件类型及面积统计表。

（4）造林类型典型设计图表。

（5）造林类型设计面积表。

（6）设计实施进度表。

（7）造林用工量及经费概算表。

（8）种苗需要量及费用概算表。

（9）小班设计一览表。

各项统计表要自下而上逐级统计，最后按小流域设计地区汇总。

**（四）规划设计**

1. 小班面积的计算

根据外业小班区划调绘结果，用求积仪、小方格法、AutoCAD 或 GIS 软件测算小班面积及流域总面积。如果采用 AutoCAD 或 GIS 软件，小班面积可以自动求算。若用求积仪、小方格法测算，小班面积应达到一定的精度要求。小班面积之和与流域面积之间的差数应控制在规定的误差范围（0.5%）以内，否则要重新测定和计算。当小班面积计算达到精度要求后，按下列方法进行平差改正：

（1）土误差 = 小班面积之和 − 总面积。

（2）改正系数 = 土误差 / 小班面积之和。

（3）改正值 = 小班面积 × 改正系数。

（4）改正后各小班面积 = 各小班面积 ± 改正值。

通过小班面积的计算，可以得出农业、林业、牧业等不同土地利用类型的面积及其所占比例，弄清林业用地中有林地、疏林地和宜林地的面积及其所占比例，为进一步规划设计提供依据。

2. 立地条件类型的划分

在立地因子调查的基础上，要全面分析各个因子对造林成活率和树木生长的影响，评价不同树种生长的适宜性。有林区用立地指数法，无林区用主导环境因子法划分立地条件类型。用主导环境因子法划分立地条件类型时，要先将地貌部位、海拔、坡向、坡度、土壤种类等主导环境因子进行分级，组合成不同的立地条件类型，然后命名。

立地条件类型确定之后，要编制立地条件类型表，其主要内容包括立地类型名称及代号、立地条件类型特征、宜林程度评价、适生树种及适宜造林类型。

3. 树种规划

按照适地适树的原则，兼顾防护、水土保持作用和群众的需要来选择树种。选择树种时，必须坚持以当地优良乡土树种为主，乡土树种与引进外地良种相结合。在树种搭配上，应尽量做到针阔结合、乔木和灌木相结合。

4. 林种规划

在树种规划的基础上，可以根据各树种的生产和防护性能，计算用材林、防护林、薪炭林、经济林等林种的面积及其所占比例。虽然水土保持林是防护林的一种，但从广义上讲，在水土流失区，能够产生防护及水土保持作用的林木均可归入水土保持林体系的范畴，其主要包括分水岭防护林、坡面水土保持林、护坡薪炭林、护坡用材林、护坡经济林、坡面护牧林、梯田护埂林、沟头沟边防护林、沟底防冲林、水库防护林、护岸固滩林等。

5. 种苗规划

根据各树种的造林面积、单位面积的需苗量和需种量，统计造林所需的种苗规格、苗木和种子数量。根据各造林树种的用苗量，进行苗圃规划。一般造林应以临时苗圃为主，其优点是可以就地育苗、就地造林，苗木适应性强，能提高造林成活率。苗圃规划的内容主要包括造林树种年育苗面积、苗圃地规划、产苗量和苗木质量标准、年造林和育苗需种量、种子来源和种子质量等。

6. 现有林经营措施规划

在有林地调查和资料整理的基础上，按需要采取的经营措施划分林分经营类型，分析经营管理存在的问题，根据不同类型林分特点和经营目的提出经营措施。

（1）幼林抚育型。在幼林未郁闭前需要进行人工抚育，采取除草、松土、培土、施肥等措施，促进幼林正常生长。措施类型应按需要的抚育年限、次数，以及除草、松土、施肥的时间等不同要求和规格进行划分。

（2）间伐抚育型。对于生长过密、林木分化严重、林冠下层大部分枯死的中幼林分，应立即进行间伐。间伐抚育方案多为下层间伐，即砍除被压木、畸形木、病株以及少数霸王木等，以便使林分保持一定的合理株数，充分吸收水分和养分，使林分生长旺盛。林分经营措施类型根据采取的间伐强度和次数、间隔期等进行编制。

（3）林分改造型。对劣质林分和遭病虫危害或人为破坏的残次林实行部分砍除，进行林分改造；根据清除对象、方式、规格等划分林分经营措施类型，同时选定合理的改造技术措施。

（4）封山育林型。对疏林地、采伐后造林不易成活的林分等，可以采取封山育林措施。此类林分的经营类型按所采取的封禁办法划分，如按全封禁或季节性封禁，以及部分割草、修枝等进行划分。

（5）采伐利用型。现有成林、过熟林应进行采伐利用，其经营措施类型根据所采取的采伐方式及更新造林技术措施类型进行划分。

7. 自然恢复规划

在种源丰富、立地条件好的高山区、远山区，实行封山育林、育灌。在黄土高原较陡的坡面，侵蚀比较严重，造林不易成活，且施工不便，应封山育灌育草，依靠生态系统的自我繁殖和自我调节能力恢复林草植被。

8. 附属项目规划设计

根据实际需要，对造林有关的附属项目进行规划设计，包括道路、灌溉、排水等。

9. 投资与效益估算

根据种子费、苗木费、运输费和投劳费等估算投资费用。其中，投劳费按整地、造林、抚育、补植、育苗等所用劳力来计算。根据造林完成后的活立木蓄积量、林产品和林副产品，以及多种经营收入计算经济效益，并对生态效益和社会效益进行估算。

# 第三节  水土保持林的建设

## 一、对现有森林的保护和管理

### （一）对现有天然林和天然次生林的保护和经营管理

我国现有的天然林和天然次生林，主要分布在大江大河的上游，一般处在人烟稀少、山高坡陡的地方，其涵养水源、保持水土的意义十分重大。但是，由于管理和使用不当，森林植被受到严重破坏，水土流失加重，江河水文状况恶化。

在水土流失严重的地区，保护和管理好现有的天然林和天然次生林尤为重要。例如，我国黄土高原地区，现有天然次生林和人工林覆盖率非常低，目前的主要问题仍然是利用不合理、滥砍滥伐等现象严重，致使生态环境质量恶化。解决的办法有以下两个方面：

（1）管理体制和政策方面：党和政府十分重视，并已着手解决，如制定了《中华人民共和国水土保持法》，其目的就是预防和治理水土流失，保护和合理利用水土资源，减轻水、旱、风沙灾害，改善生态环境，保障经济社会可持续发展。

（2）技术方面：采取以林为主、管护为主的生产建设方针，封造并举扩大森林面积；对一些陡坡或重要水利设施上游严禁采伐；在一些林区采取停止采伐以及普遍号召和组织造林、种草等措施。

### （二）对现有人工林的保护和经营管理

中华人民共和国成立以来，我国各地营造了大面积的人工乔木纯林和人工灌木林，大多林分整齐且生长健壮。当然，也有一些地方由于种种原因，林木生长不佳，形成"小老树"林分。有条件的地方应立即更新，对暂时不能更新的应加强经营管理，改善林分状况，促进林木生长。

在人迹稀少的偏远山区，无论是天然林还是人工林，"封山育林"都是保护森林植被、提高水源涵养能力的有效措施，是利用自然条件恢复山区植被的好方法，可收到事半功倍、一举多得的效果。经营管理一般应做到以下几点：

（1）加强组织领导，各级应有专人负责，形成封山育林的骨干队伍。

（2）封山之前，制定封山规章或公约，并立告示牌"广而告之"。

（3）统一规划，合理安排，放牧区、打柴区、封禁区等都要明确规定。

（4）对宜林荒山荒坡，要先封山育草、保持水土，然后再进行人工造林。

（5）轮封、轮开、轮用，做到封而不死，开而不乱。

（6）在有母树林的残林山坡，人口较多但缺乏烧柴、牧草的山区，也可采取分期轮封、轮开的办法，加强母树管理，创造天然下种及幼苗成活生长的有利条件。

（7）封山必须与育林相结合，做到封、管、育并重，如果封山育林没有切实的管护措施，也不能取得预期的效果。

（8）封山之后，有条件的山坡要进行人工天然更新和人工造林，尽快恢复植被。

## 二、水源涵养林的建设

水源涵养林泛指河川上游、湖泊和水库集水区内的天然林和人工林。这些森林以其自身的作用，吸收、储蓄地表径流，从而对下游的水文状况产生显著影响。如果这些林分具有良好的林分组成，在上游占一定面积，就可以将地表径流控制在森林内，使地表径流转化为地下径流，从而起到减缓洪峰、调节河川径流的作用，变水害为水利。因此，水源涵养林是水土保持林体系的重要组成部分。

### （一）土石山区的水源涵养林建设

我国各河川的水源地区大多是石质山地或土石山区，一般都保留有相当数量的原始林，而且能划出相当数量的土地进行造林。因此，在制定水土保持规划时，应将河川上游，特别是大中型水库上游山高坡陡、不宜划作农牧用地的坡地，尽可能地划作林地，营造水源涵养林。

一些边远山区和丘陵地区广泛分布着未曾开垦的天然林和天然次生林，虽然这些天然林曾屡遭破坏，但通常由于地广人稀，基本上没有水土流失现象，但从涵养水源、彻底消除山洪、泥石流等自然灾害的发生和发展林业的要求来看，还需做许多工作。对于这些天然林或天然次生林，通常采用封山育林或林分改造的办法来恢复植被、提高林分质量，使其在合理利用的基础上，发挥涵养水源、改善生态环境的作用。

### （二）丘陵地区的水源涵养林建设

在丘陵漫川漫岗地区，由于人口密集、垦殖指数较高、条件较好的斜坡大都已开垦为农耕地，在开展以小流域为单元的综合治理规划时，应尽可能将流域上游，特别是水库和塘坝上游坡度较陡、不宜作农牧用地的山坡规划为林业用地，营造水源涵养林。但是，在这些地区，水源涵养林的面积比例仍将远远小于石质山区，这就要求人们设计出最佳的水源涵养林（合理的树种、组成、密度、配置方式、经营管理等），并与当地的分水岭防护林、护坡林等结合起来，以最小的林地面积发挥最大的生态效益。

在受到广泛垦殖、水土流失严重的丘陵山地，由于不合理的耕作习惯、经济贫困等原因，开展水源涵养林建设的难度较大。在这类地区，要在做好群众思想工作、解决好群众实际困难的基础上，发动群众营造水源涵养林。

## 三、坡面防护林的建设

在丘陵山地，斜坡坡面既是农林牧业的生产基地，又是产生地表径流和土壤冲刷的基地。坡面治理状况如何，不仅影响其本身生产利用的可能性和生产力，也直接影响坡下农田的生产条件及沟道、河流的泥沙淤积和水文状况。在大多数山丘区，适宜农业利用的土地只限于那些坡度缓（<15°）、坡面较长、土层较厚的局部坡耕地和一些需要修成各种梯田的土地，其他坡地大多数为宜林地，所以配置在坡面上的水土保持林多呈片状或带状分布，发展潜力大，从而成为当地水土保持林体系的主要组成部分。在坡面营造水土保持林，并结合田间工程和农业耕作技术，可以控制坡面径流，从而改善农牧业的生产条件，为农业和牧业的发展创造良好的环境条件。

### （一）护坡林带的设置

1. 护坡林带的位置

只有合理设置护坡林的位置才能最大限度地发挥其阻截、吸收、分散径流的作用。设置时，应使地表径流不集中在一处流入护坡林，同时要尽可能提高护坡林的有效系数。例如，改善护坡林的组成、结构，在林内进行造林整地工程等。如果防护林的位置不合理，则起不到拦截径流的作用。在此，着重介绍如何选择护坡林的位置。

（1）平直斜坡。在斜坡上，越往下径流汇合越集中，流速越来越大，冲刷也越来越严重。设置防护林带的位置，就应当选在斜坡中部，使斜坡上部的径流因逐渐被林带阻截、吸收、分散而减少，这样就能消除产生地表径流的根源。

（2）凹形斜坡。凹形斜坡的上半部邻近分水线，坡度较陡，土壤冲刷也较严重，而距分水线越远，坡度越趋平缓，在坡的中下部虽然流量集中，但随着坡度的减小，流速逐步变小，土壤冲刷也随之减轻，往往还会出现泥沙沉积现象，因而设置防护林带的重点位置应在斜坡中上部的中间地段。若上部坡陡，则应往上部移动，这样才能最大限度地发挥其调节径流的作用。

（3）凸形斜坡。凸形斜坡在邻近分水线附近坡度平缓，以后随坡长的增加坡度增大，地表径流也随之增加。坡面流量汇集到中下部时，坡陡、流速大，水土冲刷特别严重，因而设置护坡林的重点位置应在斜坡中下部，这样效果较好。

（4）阶梯形斜坡。自然形成的斜坡是多种多样的，除了上述三种类型的斜坡外，还有兼有上述三种斜坡特点的阶梯形斜坡。它的水土流失特点是随着坡度的转折和坡长的变化，水土流失状况也发生了变化。在坡度大、坡面长的地段，水土流失较为严重，且在凸形斜坡转变为凹形斜坡的转折处最为严重。因此，设置防护林带的重点位置应在斜坡陡而长的地段，这样才能起到阻拦、缓冲地表径流的作用。

2. 护坡林带的方向

林带承受径流的多少取决于地形、林龄、林分组成和林带内草本植被状况等。护坡林带的方向原则上应沿等高线分布，即与径流方向垂直，这样可最大限度地发挥阻拦、吸收地表径流，防止水土流失的作用。但是，由于实际地形比较复杂，径流线有长有短，分布参差错落很不规则，若机械地按等高线布设防护林带，则会造成林带承受径流负荷量大小不均的现象，不能充分发挥整体防护效能。

为使各段防护林能够均匀地承受径流，当坡度逐渐倾斜时，林带应按垂直于径流线的方向，沿地表径流中部连线布设，这样径流在相对集中而又未引起冲刷时就被林带分散、吸收了。

为防止林带走向与地表径流线不垂直而有偏角时引起的部分径流于林带上方边缘集中造成的冲刷，可在防护林带上方边缘，每隔 50 ～ 100 米的距离挖一道分水沟，沟埂的高低应根据地表径流的大小而定，一般培起 0.5 ～ 1 米高，以便分散径流，使林带上方的径流均匀地流入林带内，从而更好地发挥其阻拦、吸收地表径流，防止土壤侵蚀的作用。

3. 防护林带宽度

一般来讲，林带越宽，密度越大，效果越好。实际上，林带宽度应根据暴雨频率和最大径流系数，以及坡度的大小、侵蚀强弱、土地利用状况等条件来综合确定。集水面积大、坡度陡、径流量大时，林带应宽些，一般为 20 ～ 40 米；反之，林带应窄些，一般为 10 ～ 20 米。若地块面积小，坡陡且短，地形起伏，插花地多，则可沿地坎或梯田埂营造 1 ～ 2 米宽的窄林带；若地块面积大，则可每隔 15 ～ 20 米，沿水平方向营造 2 ～ 4 米宽的林带。

4. 防护林带的间距

当集水区很宽，有明显的斜坡，径流线很长时，应当营造多条防护林带，林带间距则应根据林带本身吸水力的大小来决定。实践证明，一般林带能够吸收上方裸露地表水的面积，相当于林带宽度的 4 ～ 6 倍。若为乔灌木混交类型，且林木生长良好、能形成良好的枯枝落叶层，则能达到 10 倍。如果按照我国各地多年来设置 20 ～ 40 米宽的护坡林带来计算，林带间距为 80 ～ 240 米，但这要根据当地实际情况灵活掌握，尤其在我国黄土丘陵区，相对高差大，地形起伏，插花地多，只能在 20 ～ 50 米之间设置一条宽 4 ～ 6 米的林带，而不能生搬硬套、硬性规定林带间距的大小。

### （二）石质山区和丘陵漫岗区护坡林的建设

石质山区和丘陵漫岗区的自然条件、水土流失状况差异较大，因而不同护坡林的树种、配置以及目的、任务也有所不同，所以对其做单独的简单介绍。

1. 山区护坡林

一般来说，在山区划作护坡林用地的坡面，坡度较大，水土流失严重，土层瘠薄，土壤干旱且肥力较低、结构差。护坡林的主要目的是保持水土、防止土壤进一步受到冲刷，并起到涵养水源的作用。对于这种坡面，如期望生产大量木材则会受到一定限制，宜成片营造以解决"三料"（燃料、肥料、饲料）为主的灌木型护坡林。另外，也可配置一些具有改良土壤作用的灌木，成片营造乔灌木混交林，以生产一定量的小径材，经过一段时期的造林和改土后，可发展成中小径材基地。当然，在山区也有一部分坡面因坡度较陡，水土流失严重，而需要退耕还林。这些坡面有的经连年耕种和施肥，还保持着一定的土层厚度和肥力；有的因开垦年限不长，土层较厚，肥力较高，因而应营造以用材林和经济林为主的护坡林。

山区坡面立地条件差（水土流失、干旱、风大、霜冻等），在造林特别是营造经济林时要通过水土保持治坡工程，如水平阶、反坡梯田、窄面梯田、鱼鳞坑等整地措施，为幼树成活和生长创造条件。在树种配置上，一般采用乔灌木混交方式使之形成复层林冠，发挥生物群体相互间的有利影响，使林分尽快郁闭，形成较好的枯枝落叶层，充分发挥其调节坡面径流、涵养水源和固结土壤的作用。

2. 丘陵漫岗防护林

在丘陵漫岗区，划作护坡林用地的坡面与山区有很大差别。除少数地块外，大部分坡面具有一定的土层厚度和土壤肥力，坡度也较小；还有些地方因不合理的人为活动，植被受到严重破坏，以及采用不合理的耕作方式，水土流失比较严重。有些护坡林地与农田紧密相连，大多处在坡度较陡和土壤瘠薄之处，所以丘陵漫岗区的护坡林应与林业建设结合起来，要求护坡林不仅能固持和改良土壤，改善环境，也要能生产一定数量的木材、果品和燃料。

在丘陵山地营造护坡林，应本着"因地制宜，因害设防"的原则，在立地条件差、坡度陡的坡面上，以保持水土、涵养水源为主，同时兼顾生产木材和燃料；在立地条件中等的坡面上，既要保持水土，又要生产木材、燃料，以解决群众缺少木材和薪材的问题，积极发展用材林和薪炭林；在立地条件较好、坡度较缓的坡面上，应注重效益，积极发展经济林，如木本粮油树种、果树、特种经济树种等，同时加强管理，实行集约经营和规模经营，努力改变山丘区的经济面貌。

## 四、水库河川防护林的建设

### （一）水库防护林

在水库周围及上游沟道采取水土保持综合治理措施，是控制和减少水库泥沙淤积的一项重要内容。其中，因害设防地配置水库防护林，形成由坡面到沟道、由沟系到库区的防护林体系，对减少水库泥沙的淤积效果极为显著。水库防护林的配置包括三大部分：进水道过滤挂淤林、水库沿岸防护林和坝体前方低湿地防护林。

1. 进水道过滤挂淤林

水库上游常常有许多沟道，每条沟道都包含了一定的集水面积。当降雨产生坡面径流时，坡面上的部分土壤颗粒便随之移动，伴随着坡面径流的不断汇集，泥沙量不断增加，最后径流全部汇集至沟道形成集中股流，随着股流冲刷量的增加，沟道内的泥沙碎屑物移向下游，随水流一起进入水库。因此，上游及其库区沟道一方面是水库水量的主要来源，另一方面又是库区泥沙来源的主要通道。为了控制上游集水区的泥沙，同时起到固定沟床、防止冲刷、减少水库淤积的作用，首先应在这些沟道集水区的坡面上配置水土保持林，如果坡面为耕地，不能全面造林时，则应在径流和泥沙的主要汇集凹地处营造乔灌混交林带或灌木林带。当集水区面积较小，上游来水量不大时，则可营造数条5～10米宽、带间距为2～5米的灌木带。当沟道很长时，可以分段造林，由3～5个灌木带组成一段。当集水区面积很大，沟道宽阔，流量较大时，可营造乔灌混交林带进行挂淤，一般乔木带宽为10～15米，灌木带宽为15～20米，乔灌带相间配置组成一段，灌木段配置在上游段，

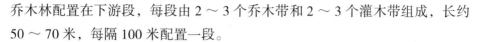

乔木林配置在下游段，每段由 2 ～ 3 个乔木带和 2 ～ 3 个灌木带组成，长约 50 ～ 70 米，每隔 100 米配置一段。

2. 水库沿岸防护林

在设计水库沿岸防护林时，应具体分析研究水库各个地段的库岸类型、土壤母质性质及与水库有关的气象水文资料，如高水位、常水位、低水位等持续的时间和出现的频率，主风方向，风速大小，泥沙淤积等特点，然后根据水库周边的实际情况进行分地段设计。水库沿岸防护林由靠近水面的防浪林和其上坡的防蚀林组成。如果库岸为陡峭类型，基部为基岩母质，则无须设置防浪林，根据具体条件可在距低水位线一定距离处配置以防风和防蚀为主的防护林带。因此，在设计水库沿岸防护林带时，应重点关注由疏松母质组成、具有一定坡度（30° 以下）的库岸类型，包括靠近水位的防浪林、防风林和防蚀林。

3. 坝体前方低湿地防护林

对于坝体前方的低湿地，其土壤大多比较肥沃，水分条件好，宜用来培育速生丰产林，选择一些耐水湿和耐盐渍化土壤的造林树种，如旱柳、垂柳、杨树类、丝棉木、三角枫、桑树、池杉、枫杨等，林分结构主要取决于生产目的和立地条件。造林时需要注意的是，应离开坡脚 8 ～ 10 米，以避免树木根系横穿坝基造成隐患。

### （二）河川护岸护滩林

营造河川防护林不但可以减缓河川水流速度，而且可以降低水流携带泥沙的能力，保护河岸地表免遭水流的侵蚀，起到护岸固滩的作用。

1. 河川护岸林

河川汇集了整个流域的径流和泥沙，而且在其流经过程中对河岸及河床造成了侵蚀及淤积。由于河岸地质构造不同、基岩性质各异以及流水的性质不同，河流形成了弯曲的河床，平缓河岸和陡峭河岸交错存在，因而护岸林可分为平缓河岸防护林和陡峭河岸防护林两种类型进行配置。

（1）平缓河岸防护林。平缓河岸立地条件较好，护岸林的设置应依据河川的侵蚀程度、洪水期河水上涨到岸边的幅度的大小、河流的流量以及周围的土地利用情况来确定。当岸坡侵蚀和崩塌不严重，岸坡较缓，洪水期河水上涨到岸边的幅度不大时，可在岸坡临水一侧栽植3～5行耐水湿的灌木林，然后紧靠灌木林栽植20～30米宽耐水湿的杨柳类树种，形成护岸林带。如果河流洪水蔓延范围很大，则护岸林带的宽度应加大到50～200米宽。

（2）陡峭河岸防护林。河流陡岸多为流水顶冲地段，冲淘剧烈，容易坍塌。因此，陡峭河岸应配置以护岸防冲为主的防护林。陡岸造林应考虑两个方面的问题：一是河水冲淘，二是重力崩塌侵蚀河岸。若河岸高差小于3～4米，则可以直接从岸边开始造林；若河岸高差大于3～4米，则应在岸坡留出自然倾斜坡的平距，先在坡上的自然倾斜角内营造2～3行根系发达的灌木纯林或混交林，然后根据河岸侵蚀和土地利用情况等，营造乔灌行间或株间混交林带。当河岸较宽、面积较大时，应尽可能与河岸间的空地相结合。如果河流的冲淘力量随流域面积的增大而加强，则流量越大河流的冲淘作用越猛烈。此时，必须在河岸修筑永久性的水利工程，如在堤防、丁字坝及砌石护岸等工程措施的基础上营造护岸林。堤防建成后，还应植树护堤，保证堤防的安全。

2. 河川护滩林的配置

河川地除常流水河床外，在河道的一侧或两侧往往还存在由流水泥沙沉积形成的平坦滩地，这些滩地在枯水时期一般不浸水，在洪水期有时浸水。护滩林的主要作用就在于通过在洪水时期短期浸水的河滩或河滩外缘营造乔灌木树种，达到缓流挂淤、抬高滩地、保护河滩的目的，为直接在河滩地上进行农业生产或营造大面积的速生丰产林创造条件。

在河床两岸或一岸，当顺水流方向的河滩地很长时，可营造雁翅式防护林。在河床两侧或一侧营造柳树雁翅形丛状林带。多采用插条造林方法，丛状栽植，林带的方向主要依据流量大小、流速快慢而确定。一般林带与水流方向成30°～45°的夹角，排成如同大雁翅膀的形状，因而又称之为雁翅式造林。为了预防水冲、水淹、沙压和提高造林成活率，可采取深栽高杆杨、柳树的方法。

我国北方一些季节性洪水泛滥的河流，多具有冲积性很强的多沙河滩，河滩宽阔，河床平浅，河道流路摇摆不定，河岸崩塌严重，从而造成洪水危害，威胁河流两岸川地和居民区的安全。对于这类河滩地，应按治河规划，在规整流路所要求的导线外侧，选择适应当地河滩立地、生长旺盛、根系萌蘖能力很强的灌木，营造以沙棘为主的护滩林。沙棘护滩林一方面可以抬升和形成稳定的滩地；另一方面可保障河川陡岸的基部免受洪水冲淘，有利于河岸稳定，使其逐步转变成平缓式河岸。

## 五、侵蚀沟道防护林的建设

在水土流失地区，即使坡面径流得到基本控制，也总有一部分地表径流会流到沟壑和河川中去。同时，沟壑本身承接的降雨在沟道径流中也占有相当的比例。

水土流失严重的地区，沟壑面积往往很大，常常是这些地区群众割草、打柴、放牧、生产木材、果品、药材等副业生产的基地。因此，为全面控制水土流失，提高土地利用率，增加收益，搞好沟壑区治理和利用就具有重要意义。

侵蚀沟的造林，应根据侵蚀沟的发展状况、造林地立地条件等特点，选择不同的配置方法和造林技术。对于不同发育阶段侵蚀沟道的防护林，应通过控制沟头、沟底侵蚀，减缓沟底纵坡，抬高侵蚀基点，稳定沟坡，达到控制沟头前进、沟底下切和沟底扩张的目的，从而为全面合理地利用沟道、提高土地生产力创造条件。对于正在发展的侵蚀沟，应采取生物与工程相结合的措施；沟底下切和沟坡坍塌严重的侵蚀沟，应先采取工程措施，再造林。侵蚀沟防护林按营造位置不同，可分为汇水线防护林、沟头防护林、沟边防护林、沟坡防护林、沟底防冲林五种。

### （一）汇水线防护林

在坡耕地上，一遇暴雨或连续降雨，地表径流就会从分水岭开始，沿坡地凹处集中下泄，这个凹处叫汇水线。种植在汇水线部位的作物常被冲毁，年复一年地形成耕犁难以平复的侵蚀沟。营造汇水线防护林的目的就是防止侵蚀沟的形成，避免耕地被切割。

汇水线防护林应在汇水侵蚀部位沿等高线呈短带状布设，林带长度略大于汇水线宽度。对于径流量面积不大，历年只出现细沟的汇水线，可在原横坡垄位上，每隔 5～7 垄种植 2～3 垄灌木；若径流量大，冲刷较严重，历年都出现浅沟的汇水线，则可垄垄种植灌木，且密集栽植。

### （二）沟头防护林

侵蚀沟沟头都出现在凹地（洼地）中，凹地实际是径流汇集最为集中的地段，地表径流汇合集中，产生了强烈的沟头侵蚀，使沟头不断前进。营造沟头防护林的目的在于固定沟头，防止沟头溯源侵蚀。

沟头防护林应设在沟头底部，与径流垂直，形成一个等高的环状带，林带宽度要根据冲刷程度、汇水面积和径流量的大小而定。当沟头面积小、坡陡、径流量大、侵蚀严重，或土壤特别干燥、不宜用作耕地时，可全部造林；当沟掌面积较大、坡度较缓、径流量较小、侵蚀较轻时，林带宽度可按沟深的 1/3 至 1/2 设计。将沟头防护林与工程措施相结合效果会更好，具体做法是：在整个侵蚀沟的周围修筑封沟埂，然后在封沟埂内部、侵蚀沟上部及支沟间的坡面上全面造林，可采用乔灌带状混交、乔灌行间混交或乔灌株间混交等方式；在沟底编篱谷坊群，谷坊群具有缓流挂淤、固定沟床的作用，当洪水来临时，谷坊与沟道间形成的空间发挥着消力池的作用，同时与沟头防护林相配合，发挥着固定沟顶的作用；先在沟头附近修一条封沟埂，再在封沟埂以上的一定距离处，修筑连续围埝或断续围埝，最后在封沟埂以上营造沟头防护林。

### （三）沟边防护林

沟边土壤的水肥状况因侵蚀沟所处的侵蚀类型区和地形区部位的不同而有很大差异。一般情况下，土石山区侵蚀沟的沟边水肥条件较差，丘陵漫川漫岗区沟边水肥条件较好；产生在坡面上的原生侵蚀沟的沟边水肥条件较差，谷底次生侵蚀沟的沟边水肥条件较好。因此，在沟边防护林树种选择上，应根据立地条件的不同选择适宜的树种进行造林。例如，在黄土区干旱的侵蚀沟边可选择白榆、沙棘、紫穗槐、柠条等，进行株间混交或行间混交。

### （四）沟坡防护林

一般在侵蚀沟中，沟坡面积占 70% ～ 80%。由于坡度陡峭（大多数沟坡都在 30° 以上）、植被稀疏，重力侵蚀及沟底冲淘侵蚀现象时常发生。营造沟坡防护林可以起到缓流固坡、防止沟岸继续冲刷扩展，并利用沟坡土地

进行林副业生产的作用。营造护坡林应掌握以下原则：

（1）首先要综合考虑沟坡的坡度、坡位、侵蚀程度、坡向及土质情况等立地因子。若坡度大于50°，侵蚀极严重，造林不便施工，造林后又不易成活，则可进行封育，使天然植被逐渐地自然恢复；在侵蚀严重、立地条件很差、坡度为30°～50°的陡坡上，则应全部栽植灌木或营造以灌木为主的乔灌混交林；在坡度为20°～35°、土层较厚、侵蚀较轻的沟坡上，应当尽量配置乔灌混交林或针阔乔灌混交林。如果沟坡基本稳定，土质较疏松，土壤深度湿润，也可配置以枣杏、山桃等为主的果树。由于沟坡侵蚀严重，造林前必须进行整地，常采用的整地方法有反坡梯田水平阶、鱼鳞坑等。

（2）在陡缓交错的沟坡，可先在缓坡容易造林的地方进行片状造林。若土层较厚，条件许可，还可切坡填沟，使深沟变浅，窄沟变宽，然后整地造林或种植牧草。

（3）沟坡上部的侵蚀沟，坍塌严重，土壤干旱，立地条件较差；而沟坡下部，一般有较稳定的坡积物，坡度较缓，土壤较为湿润，立地条件较好。因此，应先从适宜林木生长的下部开始进行，逐渐向干燥的上方推进。

（4）阳坡的干燥地带，土壤贫瘠，冲刷严重，造林困难，应先栽植灌木，在灌木的作用下使土壤条件逐渐改善，以后再营造乔木。

（5）侵蚀沟坡造林应选择根系发达、萌芽力强、枝叶繁茂、固土作用大的速生树种，并根据坡向的不同选择适宜的树种进行造林，如刺槐、臭椿、青杨、小叶杨、油松、侧柏、玫瑰、胡枝子、沙棘等。

### （五）沟底防冲林

沟底防冲林的作用是拦蓄沟底径流，防止沟底下切、沟壁扩展，通过拦淤泥沙可进一步用沟底土地造林。在水流缓的沟底，可全面造林或片状造林；在水流急的沟底，由于径流量大，来势凶猛，如果仅进行植树造林，幼树往往会被较大的径流冲掉，劳而无功。因此，在侵蚀沟底造林时，要根据沟谷类型、地形部位和侵蚀程度，结合不同的工程措施和方法，才能起到防止沟底下切、缓流拦淤的作用。

# 第五章　防沙治沙的林学措施

## 第一节　风沙的危害

### 一、风沙危害产生的基本原理

在干旱、半干旱地区，风的作用很强，主要表现为气流沿地表流动时对地面物质的吹蚀、磨蚀、搬运和堆积过程。由于气流的密度较小，黏滞性低，气流经常呈涡动形态。近地面的热对流和地形起伏常常使地表气流产生大的漩涡，从而加强了气流的紊动作用。地表的松散沙粒或基岩上的风化产物在气流作用下被吹扬，这种作用称为吹蚀作用。

风挟带沙粒移动，沙粒与地表发生摩擦，如果地表（特别是岩石表面）有裂隙或凹坑，被风挟带的沙粒可钻进其内部进行旋磨，这种作用称为磨蚀作用。吹蚀作用和磨蚀作用统称风蚀作用。

风携带各种不同粒径的沙粒，使其发生不同形式和不同距离的位移，称为风的搬运作用。风虽然是形成风沙危害的主要动力，但并不是所有的风都会产生风沙危害，只有能够把沙子吹动和搬运的风才有可能产生风沙危害。人们通常把能够使沙发生运动的风称为起沙风，而把挟沙的风或气流称为风沙流。风沙流的临界起动风速值因组成沙质地表的沙粒的粒径的不同而不同。

风沙流是由空气和沙质（或沙砾质）地表两种不同密度的物理介质之间的相互作用而形成的。风首先作用于沙质地表，使沙粒脱离地表进入气流中，这时作用于沙粒的力的主要是冲击力，它可以超过沙粒自身重量的数十倍至数百倍。沙粒在冲击力作用下发生急速转动，然后在气流上升力（也可以超过沙粒自身重量的数十倍至数百倍）的作用下被搬运到气流的主流部分，随着气流的运动而形成风沙流。在风的作用下，沙粒首先沿着沙面滑动或滚动，当沙粒的运动速度达到起沙风速，运动的沙粒碰到沙面上突起的沙粒或与其他运动的沙粒发生碰撞时，就会骤然向上垂直跳起；跳起的沙粒从气流中获得其运动的能量，以 300 ～ 900 转 / 秒的速度高速旋转，并获得巨大的水平速度，以相对水平线来说很小的锐角（10° ～ 20°）下落。风沙流中的含沙量和高度有关，据观测，风沙流中的绝大部分沙粒处于近地表 10 厘米以下的位置。随着风速的增大，在距地表 10 厘米内含沙量的绝对值也随之增大。

各种不同粒径的沙粒在风的作用下表现出三种不同的运动形式，即悬移、跃移和蠕移。

（1）悬移。一些粒径小于 0.2 毫米的沙粒，在风速为 5 米 / 秒时呈悬浮状态移动，称为悬移。悬移是由于沙粒的沉降速度小于风的紊动向上风速而形成的。一般来说，当空气中固体颗粒的沉降速度小于平均风速的 1/5 时，颗粒就会被上举，并能在一段时间内保持悬浮状态。由于风沙流的速度比河流中的水流速度要大，在单位时间内通过单位面积的风沙流的悬移搬运量比河流中水流的悬移搬运量要大得多。一些小于 0.05 毫米的粉沙和尘土能长期悬浮在空中，并随气流搬运到数千米远的地方才沉降下来。

（2）跃移。跃移的沙粒主要是由于飞跃的沙粒降落时碰撞地面而产生的回弹跳跃。跃移是风沙搬运过程中特有的现象，在河流中，因为水的密度比气流的密度高 800 倍，所以水流中跃移的颗粒沉降到河床后不容易反弹跃起。而在大气中，沙粒回跳进入空中，受到风的作用，将沿着气流上升，达到一定高度后，沿平缓倾斜的轨迹下落，下降的角度一般在 10° ～ 16°。当风速较大时，跃移物质离开地面时向上运动的初速度快，上升的高度高，受风力直接作用而前移的距离大，降落时沙粒对地面的冲击力也大，因而可以使另外一些沙粒被冲积跃起而抛入空中。

（3）蠕移。蠕移是由于一些跃移运动的沙粒在降落时对地面不断进行冲击，使地表的较大沙粒缓缓地向前移动。当风速较低时，这些沙粒时行时止，每次只移动几毫米。当风速增加时，沙粒移动的距离加长，而且发生移动的沙粒的数量增多。当风速很大时，整个地面的沙粒好像都在缓缓地向前移动。蠕移的速度很低，一般只有 1～2 厘米/秒，而跃移的速度可达每秒几百厘米。

沙丘移动时，沙粒的悬移、跃移、蠕移三种运动方式都存在，但呈悬浮状态搬运的沙量仅占全部搬运量的 5% 以下，甚至在 1% 以下。因此，沙丘主要以跃移和蠕移两种方式运动，其中又以跃移的沙量占大多数。根据实验结果，风力吹蚀沙质地表所搬运的全部沙量中，跃移部分占 3/4 左右，搬运的沙量与风速超过起沙风速部分的三次方成正比。也就是说，气流搬运的沙量随风速的增加而急剧增长，但不同搬运层的沙量因高度不同而有较大差异。

由风力搬运的沙粒会因外界条件的改变而发生堆积，称为风积作用。产生风积作用的原因是：①气流在运动过程中遇到障碍而使风力减小；②气流中相对含沙量增多，超过风的搬运能力。当挟沙气流在运行过程中遇到山体阻碍时，风速减慢，形成沙粒堆积，有时气流可以把沙粒带到迎风坡小于20 度的山坡上堆积下来。地面草丛或建筑物能够阻挡流沙，沙丘也能成为障碍而使风速降低，它们都可以使流沙发生堆积。当挟沙气流遇到较冷的气流时，它就会向上抬升，这时一部分沙粒会因不能随气流上升而沉降下来，这种情况大多发生在湖盆附近。当两股几乎平行的、流动速度和含沙量不同的气流相遇时，它们的速度和含沙量都将发生改变，形成一种不同于接触前的气流状态的新气流。在大多数情况下，原挟沙气流之一会失去搬运原有沙量的能力，将多余的沙粒卸落下来。

经风力搬运再堆积的物质叫风积物。风积物的特点是：①颗粒粒径一般仅限于 2 毫米以下，因为风所能搬运的单个颗粒的重量有一定限度；②风积物的粒度很均一；③风成沙的磨圆度高；④风成沙沙粒表面有许多凹坑，这是沙粒在运动过程中互相撞击而形成的，这种现象只限于颗粒较大的沙粒，粒径小于 0.1 毫米的沙粒不明显；⑤风成沙一般以石英为主，有少量长石和各种重矿物，容易磨损的矿物经风力搬运后大多磨成更小的颗粒而被吹扬到更远的地方，如云母在风成沙中很少见到，因为它很容易被分解成细小碎片吹扬到很远的地方。

在风对地面的吹蚀、搬运和堆积过程中，形成了各种各样的风蚀地貌和风积地貌，它们统称为风成地貌。强大的风力是形成风成地貌的主要动力。此外，风成地貌的形成还受地面特征、气流特征和人类经济活动等因素的影响。地面特征包括地面的物质组成、地面的起伏、植物的疏密程度和水分条件等。组成地面的物质包括不同粒径的沙粒和不同硬度的岩石。风力对这些不同粒径和硬度的地面产生作用后，形成的地貌形态各不相同。在干旱区的山麓地带，发育着洪积扇，风力只能吹蚀、搬运洪积扇上的沙粒，由于这里的沙粒量少，供给堆积的物质也不足，只能形成一些低矮的沙丘。在干旱区的盆地中心或洪积扇的边缘，堆积着厚层松散的沙子，它们经风蚀、搬运，形成规模较大的沙丘。在一些较软的砂岩、泥岩或粉砂岩地区，风能吹蚀成各种风蚀地貌，如风蚀蘑菇、风城等。地面的高低起伏对近地面风沙流的运行有很大影响，能使沙丘形态产生差异。山地是风沙流运行的障碍，在山地迎风面一侧沙粒常常大量堆积，形成巨大沙丘，越靠近山地，沙丘相对高度越大。沙丘自身高度也会影响沙丘的移动速度，在风力相同的情况下，沙丘高度越大，沙丘移动速度越慢。根据在塔克拉玛干沙漠进行观测的结果，沙丘的移动速度与沙丘的高度成反比。植被在风成地貌形成过程中起着主要作用，它可以固定沙丘，并对沙丘的发展和变形产生很大影响。植物的生长增加了地表的粗糙度，减小了近地面风速，并阻碍了气流对沙质地面的直接作用，使风的吹蚀、搬运能力减弱。丛状植物能阻挡沙丘前进，使之堆积成灌（草）丛沙堆。另外，由于植被的覆盖，阳光不能直接照射到沙地表面，可减少沙地表面水分的蒸发，使沙粒间保持一定水分，增强其抗吹蚀能力。水分条件会影响沙粒本身的特性，对沙粒的抗吹蚀能力也有一定影响。如果沙中水分较多，沙粒的黏滞性和团聚作用增强，则需要的起沙风速也会提高，因而在同样条件下，水分条件不同的沙丘移动速度有明显差异。此外，在水分充裕的地区，植物生长茂盛，植被的阻拦也减弱了风力对地面的吹蚀作用。

风沙危害是沙漠化扩展对人类社会造成的严重后果。沙漠化产生危害的主要表现形式是风蚀、沙割和沙埋等。从某种意义上说，没有风蚀就不存在风沙危害问题。风蚀在干旱、半干旱地区表现得尤为强烈，因为那里降水稀少而集中，蒸发旺盛，大风频繁而且风力强劲，植被低矮稀疏，土质疏松，生态环境非常脆弱。在不利的自然条件（如持续干旱）和人类对资源的不合理利用等因素的作用下，一旦生态平衡遭受破坏，严重的风蚀就会迅速发生。风蚀可导致土壤流失、表土粗化、地力急剧下降等。此外，风蚀还会产生大量悬浮于大气中的气溶胶颗粒，造成空气污染，影响环境质量和人类健康。风沙的磨蚀作用可使土壤风蚀大大加剧。风沙流对植株的外打磨俗称沙割，是干旱、半干旱区农、林、牧业经常发生的一种灾害。沙割的危害在于缩小叶面积、抑制植株的生长高度、推迟生长期和降低产量等。沙埋是风沙危害最明显、最严重的一种形式，它可以由风沙流沉积造成，也可以由沙丘的整体移动产生。大面积的流动沙丘和零星沙丘，在不断前移的过程中，埋没其前方的农田、道路、房屋，对绿洲的安全造成了严重威胁。上述三种危害方式，实质上是由沙粒的吹扬、搬运、堆积和流动沙丘的移动这一统一过程形成的，各地固沙源情况不同，危害的形式也不一样。

## 二、风沙危害的范围

### （一）对农业和牧业的影响

#### 1.风沙危害使土壤肥力降低

土壤是历史自然体，也是人类赖以生存、生活和生产的物质基础。土壤肥力是土壤的基本属性和本质特征，是指土壤在天然植物或栽培作物的生长发育过程中，能够同时和不断地供应和协调水分、养分、空气和热量的能力。一般将水、肥、气、热称为土壤的肥力因素。土壤肥力的高低取决于土壤肥力因素的协调状况及土壤是否能够稳、匀、足、适地提供植物生长发育的条件。这些条件与土壤内部物质、能量的运动状况有关，与自然条件及人工措施有关。

土壤风蚀不仅是沙漠化的主要组成部分，还是其首要环节。风蚀会造成土壤中细粒物质的流失，导致土壤粗化，使土壤肥力降低。以毛乌素沙漠和河东沙区为例，流沙层中的有机质占0.12%，全氮占0.26%，全磷占0.057%；而被覆盖的土壤层中，有机质占0.28%，全氮占3.0%，全磷占0.073%，均比流沙层高。另外，被风力搬运的粉沙、细沙落入农田，轻则造成土壤沙化，重则将耕地覆盖，无论是前者还是后者，都会改变土壤的理化性质，使

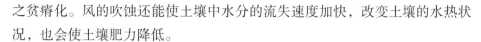

之贫瘠化。风的吹蚀还能使土壤中水分的流失速度加快，改变土壤的水热状况，也会使土壤肥力降低。

2. 风沙危害使农业减产

由于农业生产经营水平较低，受风沙危害影响很大，农作物的播种、生长、成熟等各个生长阶段都会受到风沙活动的影响，常常造成农业大面积减产，危害巨大。以内蒙古地区为例，内蒙古自治区的风沙活动多出现在4～5月，这时正是北方农村的春播季节，强烈的风沙严重影响春播，往往会将刚刚播种入土的作物种子和粪肥吹出地表并吹跑。这种现象在沙漠化地区非常普遍。在春播季节，一旦出现上述风沙灾害，农民只好重播改种。所谓重播，是指重新播种春小麦之类的早熟作物；所谓改种，是改种春小麦以外的晚熟作物。重播改种现象在我国北方沙漠化地区具有普遍性，在沙漠化危害比较严重的地区，每年重播改种两三次是很常见的现象。另外，荒漠化地区土地退化非常严重，农业减产也成了必然。

3. 风沙危害造成草场沙化

北方草原地区在历史上一直以畜牧业为主，"天苍苍，野茫茫，风吹草低见牛羊"是古代草原繁茂、牛羊肥壮的真实写照。然而，现在很难见到这种景象了，大片的草地、草场被流沙所覆盖，沙漠化所引起的草场退化严重制约了畜牧业的发展。草地退化一方面表现为植株变得低矮稀疏，产草量下降；另一方面表现为豆科、禾本科等优良牧草数量减少，有毒有害、适口性差和营养价值低的植物增加，牧草质量下降。

草场沙化使草场的生物量大为下降，大大降低了草场的载畜能力。由于草场质量的降低，牲畜往往吃不饱，经常处于饥饿、半饥饿状态，其结果是造成牲畜生长发育缓慢，体重小，存栏时间长，出栏率低，畜牧业经济效益显著降低。

在沙漠化严重的地区，春天强烈的风沙往往会加速草场地表水分的蒸发，不利于牧草返青。风沙常常将刚刚返青不久的嫩草打死打伤，造成草场返青迟缓，加剧了牧草缺乏对畜牧业造成的危害。附着在草叶上的沙尘对牲畜有很大危害，沙尘常被牲畜吃到体内。沙尘、沙粒进入牲畜胃肠以后，极容易使牲畜患沙结病，轻者影响牲畜的正常发育，重者则会使牲畜死亡。这些危害虽然是间接形成的，但同样非常严重，应该引起重视。

**（二）对生态环境的影响**

1. 土地荒漠化对环境的影响

风沙危害加剧了土地荒漠化的发生和发展，土地荒漠化的显著标志是植被覆盖率的降低，其效应总结起来有三点：

（1）冷却作用。土地荒漠化会引起植被的破坏和退化，从而使地表反射率增高，减少了地面对太阳能的吸收和利用，使地表成为一个冷源。它致使气团下沉、层结稳定，使降水的概率大大减少。

（2）干燥作用。植被减少，植物蒸散随之减少，致使空气中水分减少，气候干燥，反过来又降低了成云致雨的条件，使干燥逾甚。

（3）增温作用。植被减少，地表反射率升高，大量地表生成的长波反射进入空中，从而使大气的温度升高。地表冷却，空气升温，层结就更加稳定。

2. 影响了生物的多样性

荒漠化使生物质量变劣，物种丰度降低，对生物多样性造成严重威胁。在干旱区尤其是荒漠地区，保护生物多样性具有特别重要的意义。荒漠地区的动植物在极端的自然条件（干旱缺水、冬严寒夏酷暑、昼夜温差大、日照强、风蚀沙埋、土壤粗粝、多盐碱等）下和长期的进化过程中，成功地发展了许多适应机制（包括生态的、生理的、形态结构的、行为的、遗传的等）。其中，许多野生植物是防治荒漠化生物措施的重要种质资源。荒漠生态系统在固定流沙、减弱风蚀、改善环境方面起着不可替代的作用，荒漠生态系统的破坏将导致环境的恶化。然而，滥伐、滥采、滥垦、过度猎捕等不合理的人类活动以及由此而造成的荒漠化的迅速扩展，使荒漠化地区的生物资源遭受剧烈摧残，生物多样性急剧减少，很多荒漠动植物濒临灭绝，甚至已经灭绝。

**（三）对交通设施的影响**

铁路是重要的交通设施，风沙对铁路造成的沙害形态有两种类型：一是风蚀，二是沙埋。当沙尘暴发生时，能见度非常低，影响了人们的视线，因而列车被迫停止运营或列车脱轨翻车是常有的事。

1.风蚀

在戈壁沙漠区修建铁路，路基填料多为粗沙、细沙和粉沙，这类填料松散且劫持力差，在大风的作用下，易产生风蚀，路基被风蚀，路肩危害最重，路堤边坡次之，坡脚一般不会被风蚀，但积沙严重。在风蚀路堤的边坡上往往会形成明显的上部风蚀带，下部堆积带，中间过渡带。这是由于路堤的迎风坡路肩处风速大，背风坡由于涡流作用产生严重掏蚀。路堤风蚀，路肩宽度变小。边坡上出现风蚀槽痕，路堤的背风坡出现凹槽和小坑。路肩上部滑落，枕木外露，路基被风蚀，使轨枕悬空，危及行车安全。当发生沙尘暴时，还可能会摧毁铁路、桥梁、建筑，折断电杆，吹断电线，引发停电或引起火灾，造成额外损失，尤其是电力机车路段断电停车，修复更加困难。

2.沙埋

近地层风沙遇铁路受阻，会沉积流沙，埋压铁轨。铁路道床积沙后，松散的沙粒随着列车通过时产生的振动，通过道砟孔隙及道床与枕轨间的缝隙向下渗落，逐渐聚集在道床底部，将轨枕及钢轨抬高，称抬道，有时甚至可抬高数十毫米。轨枕及钢轨抬高不一，轨面不平，会导致列车颠簸，行车不稳，从而影响行车安全，甚至使行进的列车脱轨。铁路钢轨两侧积沙达到轨头部分时，会使列车运行受阻；超过轨面时，会使车辆脱轨掉道；更严重的是造成列车颠覆事故。当发生沙尘暴后，还会损坏铁路沿线的通信线路，也会影响火车的安全正点行车。道床充填粉细沙后，不易保持干燥，木枕容易腐烂，道床积沙板结，弹性降低，钢轨受力状况恶化，磨耗增加。钢轨及配件长期被积沙掩埋，容易产生锈斑，在含盐沙层中更严重，会缩短钢轨的使用寿命。沙埋铁路常见有三种情况：

（1）舌状积沙。舌状积沙发生在铁路线横穿沙丘走向，路堑两端有斜交风吹入的风口地带，或路边有灌丛沙堆及防护措施局部被破坏的地段，风沙流顺着风向或风口掠过路基时，沉积的流沙堆呈现前低后高的舌状横跨线路延伸，掩埋道床和钢轨。

（2）片状积沙。这种积沙形态是由于沙尘暴过境时，下层风沙流运动受线路及地形影响，风沙流受阻，沉沙在道床之内造成的，积沙较为均匀。

（3）堆状积沙。这种积沙发生在流动沙丘和灌丛沙丘前移的前哨地段，由于沙丘体前移，流沙成堆状停积在线路上，造成危害。

风沙危害公路的形式同危害铁路是相似的。风蚀路基，破坏路基的稳定性；流沙掩埋公路，中断交通；路面被风沙剥蚀成搓板路，降低汽车寿命，并加大了行驶汽车的耗油量；沥青路面掩埋大量沙石更易破坏路面，降低路面使用寿命；高速公路上覆盖大量沙子，使行车危险性增大。

# 第二节　干旱区荒漠植被的恢复

## 一、干旱区荒漠植被的特征

### （一）空间分布特征

就整个干旱区而言，荒漠植被在空间分布不均匀，从完全裸露到极度稀落，进而出现了不同程度集结成丛或密集的分布格局，通常较稠密的植丛所占的面积很少。在降水量低于 100 毫米的极干旱地区，植被除在明显平坦区偶有零散的分布或趋于均匀分布外，多呈紧缩型分布。在环境较恶劣的地段，植物更经常在极其狭窄的空间拥挤地生长，而其余地段只有极少植株存在。这种现象使禾草类的聚丛生长甚为普遍。除禾草外，新疆的野苹果林也有类似现象。在伊犁地区的山地，野苹果通常为单株散生，但在较宽的山谷中，干旱程度较显著的坡面，野苹果的成株则呈多株簇生，甚至多个主干扭缠呈"麻花"状。在同一坡面，其他灌木亦呈现不同程度的簇生现象。

当干旱程度有所减缓时，植被在空间的分布就相对较为分散。在北非的干旱区，有报道称随冬雨量的增加，具有干旱区植被分布特征的紧缩植被为扩散分布的植被所替代，从而使植被覆盖度明显上升。新疆北部的梭梭荒漠似乎符合这一规律，但有关研究表明，梭梭分布从高空观察也具有呈团状集结的现象，这与降水条件的改善呈现出一致性，但就干旱区的整体格局而言，仍具有明显的集结或紧缩分布的迹象。

### （二）先锋植被的特征

荒漠植被，无论是从植被的组成成分还是从群落的发生、发展和演替的角度进行分析，均呈现显著的先锋种群和先锋植被的特征，这对了解荒漠植被及其恢复与重建都有着重要的理论与实践价值。

荒漠中自然生繁的植物种群普遍具有先锋种群的鲜明性质。通常，在植物群落形成初期，首先进入裸地的物种必然是能够耐受裸地的极端环境的一些种类，即先锋植物。先锋植物属于旱生的、需光的、能忍耐强烈变温的、对立地的土壤并不苛求的植物类型。先锋植物在裸地定居的初期，立地的物理环境起支配作用，属于生态开放型生境，植物的出现是随机的，完全取决于其对立地的物理性状能否耐受。定居成功的先锋植物倾向于在其周围增殖其个体，从而形成以同种个体群集结的单种植丛。它们利用定居成功的点作为进入裸地的"桥头堡"，由此扩展以填满裸地剩余的空间。在同一裸地内定居成功的同种或异种先锋植物，也以同样的方式在裸地上扩展其分布，从而使剩余的空间逐渐缩小，各个孤立的单种植丛趋向发展为郁闭的植被空间，形成一个完整的植冠层。当先锋植物在裸地上开始郁闭，物种间开始出现竞争时，竞争能力强的一些种群便发展为优势种群，形成以某些物种为优势种群的先锋群落。先锋群落随郁闭度的增加，其生境将由物理因素占支配地位逐渐转变为由生物因素占支配地位，且生境将由生态开放型向生态封闭型过渡。进入这一植被地段的物种能否定居成功，将由纯物理因素转变为被郁闭后的群落生境所制约。原来在裸地上能够由种子发育成苗株的种群，在郁闭后的群落生境内已丧失实生苗补充能力，而适应在植冠荫蔽下萌芽生长的种群，从此将取代先锋种群在这一地段萌芽生长的功能。

通过对荒漠植被的研究，人们将很容易发现荒漠植被基本处于远离郁闭群落的演替前期或群落形成初期的植丛阶段，物理因素对植被起支配作用。任何植物种类在裸地实现侵移定居，完全取决于物理环境而不是植物群落环境的支配。因此，在荒漠中生存的高等植物类群，其先锋植物特征是极为明显的。荒漠植物的主要类群可以耐受荒漠的极端气候条件而自然生存繁衍，但不能在冠层的荫蔽下正常生长，故在植冠下没有实生幼苗。对荒漠植物的育苗研究亦证实，育苗不能在遮阴下进行，甚至从子叶苗开始就不能忍受遮阴。

### （三）荒漠植物群落的更新与演替

传统的更新概念，指群落内新的成分有效地取代衰老的成分，实现群落的新陈代谢过程，从而使种群得以持续存在。更新对种群而言，是指某一种群新生的个体有效替代衰老、死亡成员的过程。一个种群，只有使幼体、成体与衰老个体保持一定的比例，才能持续地存在。当缺乏足够数量幼体的补充时，该种群必将渐趋衰败。通常讨论的植物种群的更新是指一个具体的植物群落内，种群能否有效实现其个体的新陈代谢，以维持种群在群落中的地位。若该种群在群落中属于优势种群，则除维持种群本身的稳定外，植物种群的更新对群落的稳定亦将起决定作用。故研究群落更新，其实质应是讨论群落中具有决定作用的优势种群能否实现正常的更新，其他从属成分的更新能力对群落更新的贡献并不是主要的。当群落中的优势种群不能实现更新时，势必将导致新的优势种取代其在群落中的地位。一个植物群落原来的优势种被取代的现象的发生，属于植物群落演替的范畴，而不属于群落更新的领域。

以梭梭或胡杨为优势种组成的两大荒漠群系，其共同点是在荒漠条件下的裸地上能实现从种子萌发到完成定居的一系列过程，但不能在受遮阴的环境下进行。两者的区别在于：梭梭可以在原群落的周围，甚至在植丛间不受植冠遮光的裸地上，借助融雪水实现定居过程；而胡杨在多数情况下只能在无林的河漫滩实现这一过程，除非在林内较大的裸露空地上，且再次得到洪流的侵入形成类似河漫滩的环境，才有再次出现实生苗的可能。因此，在梭梭生长的地段可以同时存在不同年龄的梭梭植株和幼株，造成类似郁闭林地群落、具有自然更新能力的错觉。尽管胡杨同样能在裸地侵移以补充幼苗群，但由于实生苗的成长依赖洪水而非雪水，需要水分充盈的河漫滩而不能在干硬的地表实现种子着床定居，因而通常只能在原来植被地段外的裸地实现定居过程。因此，胡杨群落任一具体植被地段均为单一年龄的种群个体，从而使胡杨群落被认为不能实现群落更新。

干旱区的植被由于具有先锋群落的本质，从群落发生的角度分析，实际均处于群落发生的初期阶段，即处于先锋种群在裸地定居而不断增殖其个体以占满裸地空间的过程。这一阶段种群能否扩展，完全取决于非生物的物理环境因素能否满足种群生存的需要，也取决于是否具备使定居得以实现的微生境或安全岛。而郁闭群落种群的更新，受生物性的群落环境因素所支配。就梭梭与胡杨的种群而言，它们能在无机环境因素的支配下实现种群更新，被混同于生物环境因素起支配作用的群落更新，并割裂为一类可以实现群落更新，而另一类丧失这种能力，这显然是违背事实的。这不单纯是理论上的分歧，更是会影响人工促进植被恢复与更新策略的制定。

演替是植物群落中原来优势种被取代而引起的一系列过程。如果优势种发生更替，那么群落的种类组成、群落的结构、群落的生境都会随之改变。它的动因是群落内生境的变化。在荒漠中，由于受干旱气候的影响，群落的变化仅停滞于群落演替的早期阶段。由于植冠层没有形成郁闭，植被对生境的作用是微弱的，而环境的物理因素对植被的所有过程均起着强烈的支配作用，种群的存在完全受制于物理因素，在植被中的优势地位取决于对荒漠环境的适应能力。当立地环境不存在根本性改变时，因适应环境而形成的优势种将不可能发生改变。讨论荒漠植被的演替问题，将非优势种群的某些变化认定为属于植物群落演替，无论从优势种群的角度，还是从群落环境的角度分析，都不能认为是合理的。

## 二、干旱区的免灌植被

目前，植被分为人工植被和自然植被两种类型。这是以人为因素对植被是否施加直接影响作为划分标准的。按传统划分，可以直观地区别人类对该类型植被形成与建立过程的作用，了解该类型植被是依赖人为影响还是在自然状态下形成，但无法确定该类型植被对人工灌溉的依赖程度。就生态恢复或生态环境建设而言，待重建的植被显然都受到人为因素不同程度的影响，若按传统划分，将无法了解其持续存在对灌溉水源的依赖程度，因而有必要将其本已存在的属性，即某一具体植被的存续对灌溉的依赖性作为划分依据。以是否依赖灌溉来维持其生存进行划分，既有认识的价值，也有重要的实践意义。特别在干旱区水源匮乏的条件下，如何因地制宜地确定待建立的植被是采用灌溉维持还是依赖自然水源而持续，无疑是极为重要的决策参考。查明某类植被无须灌溉而持续存在的原因，寻找重建免灌并能长期存续的植被的途径，对生态建设而言，显然有其特殊价值。

### （一）免灌植被及其生态价值

据植被对灌溉的依赖性，陆地表面的植被显然可以分为两大类型：一类植被必须依靠人工经常灌溉才能维持生机，另一类无须灌溉，以其生存空间内的自然水源即可使植被持续存在。从人工灌溉的角度看，前者属于灌溉植被，而后者为免灌植被，即无须人工灌溉而自然存续的植被。

绝大多数免灌植被属于自然植被，但其中也有少量经由人工种植，而后无须灌溉也能长期生存的类型。但是，在干旱、半干旱区，特别是干旱区，任何人工林地，无论定植初期还是成林后，一旦终止灌溉，都将丧失持续生存的能力。应当指出，人工种植苗株时，通常需要进行必要的灌溉，此水称为"定根水"，其作用是使定植的植株融入生境，助其成活，随后任其利用自然水源而无须再行灌溉而持续生存的植被，应当归入免灌植被之列，但不属于自然植被。事实上，这类植被在湿润、半湿润地区是客观存在的。

无须人工灌溉而持续存在的林地或植被，包括自然植被和一定数量的人工植被，人们将其统称为免灌植被。由于人工植被所占的份额有限，人们通常所说的免灌植被在很大程度上属于自然植被。免灌植被是利用自然水源来维持其持续生机的，这类植被在自然界中已存在了近4亿年，陆地表面各类气候区域均有其适生的类型，它们利用当地可以获得的各种环境水源来维持生命，属于可持续植被。直至现在，免灌植被仍是陆地分布面积最广、对全球生态系统贡献最大、对环境影响最为深刻的生物群体，是所有生态系统构成最主要的组分，是第一性生产者的主体。

干旱区的生态环境是极其严峻的，这一环境中生存的无须灌溉抚育的免灌植被，是经过长期严酷环境中的生存适应而造就的类群。降水稀少，大气和土壤干燥，强烈的日温和年温变幅大，酷暑严寒，使植物的适应性具有极为独特的形式。以荒漠生存的植被而言，尽管其组成种类较少，植被的覆盖度较低，且植被并不呈现出绚烂的景色，但这群植物在如此环境中顽强生存，形成了多种类型的群落，构建了荒漠生态系统的骨骼，对抗御风沙等自然灾害、稳定干旱区生境，起着不容忽视的作用。首先，这群植物对恶劣的自然条件已形成顽强的适应性，在当地气候不出现历史性的强烈变化的前提下，能够在现状生境中持续存在，因而会对维持干旱区生境的稳定性继续起作用。其

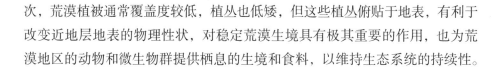

次，荒漠植被通常覆盖度较低，植丛也低矮，但这些植丛俯贴于地表，有利于改变近地层地表的物理性状，对稳定荒漠生境具有极其重要的作用，也为荒漠地区的动物和微生物群提供栖息的生境和食料，以维持生态系统的持续性。

### （二）免灌植被的自然存续

植物幼体的自然补充能力，将决定该物种能否持续存在，进而影响其所在的植物群落的自然更新状况以及群落的稳定性，具有重要的研究价值。

1. 更新苗的补充现象

气候因素的影响，使由种子发育成幼苗形成更新苗株的过程受到明显的限制，纵使是当地适生的植物种群，也不是每一个年份都能实现苗株的更新。在其漫长岁月中，仅在所谓风调雨顺的好年景，才能使适应当地生长、具有生命力的种子正常萌发、生长、发育成苗。据研究证实，甚至一个世纪内，也仅有若干次可以满足植物种子正常萌发、生长，从而发育成苗的机会。旱生植物种子的生长周期通常较长，或不具有短生长周期的特殊适应性，间隔若干年才能有效补充更新苗，但仍能维持种群的相对正常的年龄结构，从而有效实现种群的新老更替。在当地气候仍处于正常波动范围时，在若干年一遇的概率下，具备正常生命力的种子，当得到满足其发芽的需要并足以保障耐旱适应性较差的嫩苗安全发育的适宜环境时，将能顺利发芽、生长，并进而度过该物种的生长周期中适应能力最弱的时期，发育成为该种的正式成员。

2. 几种免灌植被的自然建群

（1）柽柳。柽柳属植物形成的灌丛，在西北地区分布极其广泛。目前，在荒漠植被急速衰退的情况下，柽柳属原有分布范围也遭遇相同命运，但也存在另一种现象，以柽柳为主体的灌丛在人类活动引起地貌变化的一些区域迅速扩张，如公路两侧下凹的取土坑、铁路沿线路基两侧、大漠腹地一些风成地貌、平原水库周围、渠道周围等地均有柽柳的分布。总之，在其分布区内一切新的洼地，只要有造成集水，并能维持较长时间的地表湿润的区域，均有可能成为孕育柽柳灌林（丛）的新的场所。目前，在戈壁区、大漠中的龟裂地，只要地表出现某种程度的改变，就会在雨后出现积集有限水源的现象，基质具有一定的持续保水的能力，当及时获得种源供给时，就能成为柽柳植丛生长的空间。这些现象表明：柽柳在干旱区仍具备自然建群能力，无论是自然状态还是人工简易仿效，只要满足积水条件和维持一段时间的土层水分供应，以保障萌芽环境及随后幼苗生长用水的需要，向此环境提供具有生命力的种子，即具有实现建立柽柳植丛的可能。

（2）琵琶柴。在准噶尔盆地腹地，琵琶柴当年生幼苗沿融雪水造成的淤积准地的边缘分布。这类积水点通常面积较小，但也有呈念珠状沿微弱的径流走向分布的。幼苗之所以沿积水边缘分布，可能与种子具有种毛有关，积水后多数带毛的种子将飘浮而富集于下风面的水线边缘。也有种子直接散落在水线边缘而就地萌发，故积水点周围常有幼苗萌生现象。至于在水位线下早期发芽的幼苗，将因积水淹没而死，故多沿水线分布。在当年生幼苗环绕的圈内，普遍出现淤泥形成的卷壳。幼根多呈垂向伸展，当年生幼苗的根深在 10 厘米左右，株高约 2 厘米。成株的根继续向深层生长，但最深仅达 60 厘米左右。根垂向生长时，若遇坚硬的淤积层，常出现沿硬层表面水平伸延的情况，遇有疏松裂隙，则呈垂向伸展，侧根并不发达。

## 三、干旱区植被的人工营造与恢复

### （一）缺水是植被恢复的制约因素

缺水，会通过多个途径对干旱区的植被产生影响。首先，限制通过种子途径以更新种群，因而在其分布空间缺乏足够数量的成株，造成种群的密度普遍偏低。其次，幸存植株受水源不充裕的限制，难以充分扩展其机体，个体的生物量维持在较低的水平，并限制了单位面积的生物量，使植被覆盖度处于较低的水平。气候因素和水因素的制约，使幼苗补充机制受到强烈抑制，在气候不出现重大变化的前提下，当地适生的种群，尽管仍维持各种龄级的植株组合，但种群的个体数量难以充分增殖。例如，在准噶尔盆地，特别是在玛纳斯湖湖盆区周围，梭梭的各种龄级的植株构成的总密度长期维持较低水平，并维持植株稀疏散布的空间格局。

此外，缺水也导致在重建方式的选择上出现了一定的限制性。干旱区的广大空间，除自然水源外，基本无其他水源可为植被的恢复所利用。缺少灌溉水源，也限制了植被恢复与重建的方式与措施的选择。很多地区由于植被已受到严重破坏，种源补充已极为困难，甚至已失去自然补充能力。人工补充种源，采用人工补播或飞播的方式，在湿润地区已被证实是行之有效的，但在干旱区，由于水的限制，很难通过有关措施来实现幼苗的有效补充，达到恢复或重建植被的目的。缺少种子，当然不可能培育成幼苗，但受水源缺乏和气候条件的限制，尽管通过人工措施可以达到补充种源的目的，也难以根据人的意愿，通过外源补给种源来实现植被恢复的目的。即便采用农业栽培的灌溉方式来建立植被，也会因受水源限制而不可能大范围实施。

对生态建设的可行性认定及植被可能恢复的规模和范围，通常以可供灌溉的水资源量作为判断的依据，也取决于可供水源存在的空间位置。而西北干旱区由于恶劣的自然条件，亟须通过生态建设来改善环境、保障开发与实现可持续性的目标。但是，本区的大前提是水源匮乏，若以水源作为生态建设的唯一依据及出发点，此区生态建设势难实施，更无法论及保障西部大开发及其可持续性。为此，必须对灌溉造林以及植被恢复与重建的相关关系进行剖析，还原源于农业栽培的灌溉模式的本来面目，着眼于干旱区植被整体的自然格局，即荒漠与绿洲的本质联系。荒漠植被是地带性的植被，是依水源条件而呈现从近似裸地的状态到不同盖度的植被系列，当局地水源较为充裕时，能发展为植丛稠密的自然绿洲。从荒漠植丛到自然绿洲，均以当地存在的各种形态的自然水源而维持其持续存在，无须人类灌溉而自然生繁的植被类型。分析干旱区各种自然植被类型及其存在的规律，将可以找寻依赖自然水源而维持植被存在的途径，用以重建、恢复干旱区的植被。

### （二）乔木、灌木、草本植物各尽其宜的干旱区植被营造

#### 1. 自然植被

自然植被是指无须依赖人工灌溉而存在的植被，与免灌植被基本同义。这类植被是对干旱环境长期适应而形成的植被类型。此类植被覆盖度通常较低，但取决于空间降水的总量及水在空间分布的自然梯度，覆盖度的一端趋近于零，另一端可能渐趋稠密。以准噶尔盆地为例，未受人类干扰的地段平均覆盖度在30%左右，但空间的不同位置，变率极大，可以见到5%到70%植被覆盖度的各种梯度，流沙丘上甚至可能低于1%。此类植被看起来其貌不扬，但它对维持干旱区全局生境的稳定，起着不容忽视的生态作用，所谓

"寸草挡丈风"，在强烈风沙区，风沙大作时，这种体会极为深刻。这类植被是构成干旱荒漠生态系统的主体，尽管在这一区域内的绿洲现象更受人们的关注。绿洲无疑是干旱区人类社会经济活动和生存的依托空间，但绿洲仅是这一区域植被的特殊现象，在一定程度上，也可视为干旱区植被演替系列中某一阶段的表征。

荒漠植被受到较为严重的损害时，植被对立地的庇护功能降低，从而导致自然灾害频繁发生。单纯依靠灌溉以建立有限的林地，显然难以扭转干旱区的局势，必须采用适应当地生境的植物，特别是当地的建群种作为重建荒漠区植被的材料，同时研究这些植物群在荒漠中的自然生长繁衍规律，用以指导植被的营建与恢复。此外，应根据局地条件，因地制宜重建植被，防止单纯采用乔木或灌木营造植被。在荒漠区，灌木和草本植物对降低风沙强度的作用不容忽视，但从全局考虑，应当充分利用乔、灌、草各自的生态特点，在适宜的局地营造适宜的植被类群，以最大限度恢复荒漠生态系统的结构与功能，并尽可能恢复生物多样性以构建荒漠生态系统的内控自调机制。不宜重视乔木而轻视灌木和草本植物的作用。特别是多年生的半灌木类群，其既有小灌木的特点，本身就是荒漠中长期存在的成员，又优越于一年生或短生植物而不受制于当年的气候，春天的干湿当然影响其繁茂程度和生长量，但在荒漠中，其波动性远低于一年生或短命植物，因而对干旱区环境的改善作用将更为明显。

2. 植被恢复与重建应以免灌植被为主体

干旱区除常年性或季节性河流沿岸地段外，基本依赖自然水源建群、更新并维持当地植物种群存在的持续性。无须人类以各种形式实施灌溉而长期存续，是免灌植被的根本特征，因而要探明其建群、个体更新的有关现象与条件，总结并遵循其规律，必要时适当加以人为辅助，从而扶持这类植被在其原生分布区重新建立。近期的研究与实践证实，这是可行的。此类植被一经恢复，将能在当地依靠自然条件维持以植物群落为构架的生态系统的存续，亦无须消耗宝贵的水源和人力持续实施灌溉抚育。

在荒漠区营造与恢复免灌植被，将为干旱区的生境实现全局改善与稳定奠定基础，既改善生境又节省用作灌溉的水源，节省的水源将为生境改善后的区域的工农业发展和居民生活需要提供有效的支持。在实施生态建设的过

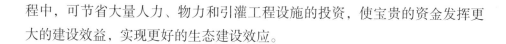

程中，可节省大量人力、物力和引灌工程设施的投资，使宝贵的资金发挥更大的建设效益，实现更好的生态建设效应。

# 第三节　高原地区的林业草原建设

我国的高原地区有青藏高原、内蒙古高原、黄土高原、云贵高原。其中，以黄土高原的环境最为恶劣，所以在本节针对高原地区的林业草原建设中，将以黄土高原为研究对象展开探讨。

## 一、黄土高原的自然概况

### （一）黄土高原的地形地貌

黄土高原概括起来有三类主要地貌，即土石山地、河谷平原和黄土高原丘陵。

#### 1.土石山地

在黄土高原的周围和内部，分布着大大小小不同的山地，它们既是黄土高原的边缘，又是黄土高原的重要组成部分，也影响了黄土地貌的分布和发育。在本区东部有北东—南西走向的吕梁山，以及东西延伸的中条山和向北延伸的芦芽山、云中山等，它们在喜马拉雅构造期再度隆起上升成中高山，主峰高度一般超过海拔 2500 米，山坡或坡面上覆盖着黄土，但是厚度各地不等。总的说来，西北坡的黄土堆积稍厚，东南坡的黄土堆积稍薄，吕梁山尤为突出。由于长期的土壤侵蚀和水土流失，山脊沟谷基岩已出露，主要为灰岩、砂岩和页岩。秦岭东西延展在本区南缘以南，西段伸向甘肃南部，是由古老的变质岩和花岗岩所组成的，北坡的低山丘上分布着薄层黄土。黄土高原西端为青藏高原的东北边缘，包括祁连山末梢及湟水河、黄河河谷两侧中高山地，高程多超过海拔 3000 ~ 4000 米，该区黄土覆盖薄，古老的变质岩及岩浆岩广泛出露。

#### 2.河谷平原

平原地貌在黄土高原分布有限，面积约占区域总面积的 15% 以下，然而它既是区内工农业生产的重要基地，又是大中城市集中分布区，具有十分重要的地位。本类型除了汾渭河谷平原外，尚包括一些较宽大的河谷阶地。汾渭平原是由断陷形成的，包括河流阶地以及黄土台塬构成的梯级地形，呈弧形分布于黄土高原南部和东部。该区海拔高度多在 1000 米以下，如渭河平原西起宝鸡，东至大荔、潼关，略呈三角形，高程从海拔 900 米降到 325 米；汾渭平原中的河流阶地常为两级，高出水面 20～30 米，组成物质为冲积的黄土和亚砂土、亚黏土，底部为砂砾层。黄土台塬，为受断裂影响的基座阶地，可见二级、三级，最多达四级，不对称地分布于河谷阶地两侧，当地称之为"塬"，如陕西渭河以南的潼关塬、渭南塬，渭河以北的咸阳塬、扶风塬等，一般宽度在 10～20 千米，地表为风积黄土，随阶地级数的增高厚度加大，最大厚度可达 100 米以上，底部为河、湖相沉积或基岩。由于新构造运动的影响，相对高差多达 30～40 米，因而台塬面上留下起伏的侵蚀洼地。在受山地侵蚀影响的地段，台塬被切割成条状或块状。

3. 黄土高原丘陵

黄土高原丘陵是黄土高原的主体，占总面积的 60% 以上。根据古地貌的不同和现代侵蚀营力的差异，黄土高原丘陵可以六盘山和吕梁山为界分成三片，即陇中地区、陇东陕北晋西蒙南地区和晋中南地区，它们在地形地貌上各有特点。

### （二）黄土高原的气候特征

1. 日照

由于黄土高原地区干旱少雨，天气明朗，本区年均日照时数均在 2200 小时以上，日照百分率超过 50%。黄土高原日照丰富，其分布从南到北逐渐增多，东西日照时数差异不太明显，基本维持在 2400～2600 小时。

2. 大气环流

本区的大气环流形势有两个显著特点：一是处于西风带内，地面高低气压系统活动频繁；二是东亚季风环流变化明显。冬季，本区被强大的蒙古高压控制，近地面被极地气团笼罩，该气团性质寒冷而干燥，频频南下，形成强劲的北风或西北风。春季，蒙古高压逐渐衰退，北太平洋副热带高压逐渐扩张，但热带海洋气团力量较小，因而冷空气频频活动，空气干燥，大气降水稀少，而此时地面增温迅速，蒸发旺盛，常常导致春旱发生。夏季，黄土高原受太阳辐射，增温快，处于大陆热低压范围内，此时太平洋副热带高压北移，势力增强，形成东南季风，北太平洋热带海洋气团到达本区后促使气流向大陆复合上升，产生夏季丰沛的降水天气。秋季，本区北太平洋副热带高压减弱南退，海洋气团势力减弱，蒙古高压发展南移，逐渐控制本区。

3. 降水

黄土高原地区年大气降水量大部分在 200～600 毫米，部分区域降水量甚至在 200 毫米以下。由于所处的地理位置及地形条件不同，年降水量的分布情况从东南向西北逐渐减少，而且时空分布差异十分显著。

4. 气温

地球和大气的热量来源都是太阳辐射，在中高纬地区，太阳对地球和大气的辐射一般随纬度的增加而减少。本区东距海洋 1000 千米以上，又受太行山、吕梁山、秦岭等山脉的隔阻，地势较高，因而气温变化无论是一年四季还是各年间都较同纬度东部平原地区剧烈，显示出明显的大陆性气候特点。

### （三）黄土高原的土壤特征

黄土高原气候和植被的分带性，决定了土壤的分布和性质，地带性土类分布具有自东南向西北逐渐过渡的变化趋势，同时由于地形和局部环境因素的影响，出现了非地带性土壤和耕作土。

该区土壤共有 15 个土类，地带性土壤从东南至西北依次分布有褐土、黑垆土、栗钙土、棕钙土、灰钙土和灰漠土；山地土壤主要有山地棕壤、山地灰褐土、山地黑垆土、草毡土等；非地带性土壤包括黄绵土、娄土、潮土、灌淤土、水稻土等；森林地带主要土壤为褐土，包括山地褐土，海拔较高处为山地棕壤。南部平原在多年耕作的影响下形成了特殊的娄土，土壤有机质含量高，水肥条件好，生产力较高。土壤一般呈褐色，中下部出现明显的黏化层。山地有粗骨土及少量淋溶褐土分布。森林草原地带主要为黑垆土带，如黑垆土、暗黑垆土及在黄土母质上发育的黄土类土壤，如黄绵土、黄绺土等。典型的黑垆土腐殖质层较厚，颜色为暗棕褐色，呈碱性反应。黄土类土壤属侵蚀土类，质地为壤土，肥力较低，耕性好，经改良生产潜力大。

## （四）植被分布

### 1.森林植被区

森林植被区位于黄土高原南部的晋中南、豫西、关中平原和天水地区。本区水热条件最好，保存有较大面积的天然林及天然次生林，主要分布在豫西低山丘陵、晋中南的沁河流域土石山地内，关中北部的陇山也有小面积分布。本区森林植被包括落叶阔叶林及落叶阔叶林与针叶林的混交林，依海拔高程呈现规律性分布。

### 2.森林草原植被区

森林草原植被区大体包括从晋西北的兴县、离石到陕西绥德、志丹，甘肃的庆阳，陇中的通渭、临夏一线以南，森林植被区以北的广大区域。区内的土石中低山（如子午岭、黄龙山、崂山、六盘山、吕梁山等）为落叶阔叶混交林，广阔的黄土高原历经多年开垦种植，天然草地植被仅见于沟坡。

### 3.草原植被区

草原植被区包括本区北部和西北的长城沿线及宁夏固原、甘肃环县以北和陇中盆地大部。区内除大罗山、小罗山尚存少量天然林外，其他区域已属草原植被分布区。山地海拔在2200米以上，阴坡生长有云杉、油松、辽东栎、白桦、山杨等乔木树种，阳坡及山顶为草木及耐旱灌木。

### 4.荒漠草原植被区

荒漠草原植被区位于黄土高原西北端，东南与典型草原带相接，北与腾格里、库布齐沙漠接壤，南至定边同心一线，包括盐池、同心、海源、中卫、中宁等县，这里丘陵平缓，谷地开阔，降水量在300毫米以下，土壤为灰钙土和淡灰钙土，植被稀疏，以耐旱、耐盐草本和灌木为主。

此外，本区西端兰州以西属青藏高原的森林草甸及草甸草原。除山地有少量森林分布外，其他区的天然植被是以禾本科为主的草本植物。实际上，植被受地形、气候、土壤、母质等诸多因素的制约，又受各种环境因素的综合影响。黄土高原植被由南向北可依次划分为森林地带、森林草原地带、典型草原地带和荒漠草原地带四个植被地带，其分布规律与相应区域的气候、土壤、地形地貌等生态环境因子密切相关。

## 二、黄土高原草地的改良与建设

### （一）天然草地的改良

黄土高原有较大面积的天然草地和丰富的饲用植物资源，多年来，由于利用不合理，退化严重，影响了畜牧业的发展。因此，必须对本区现有的天然草地进行合理的放牧和保护，可采用以下三种方法。

1. 对天然草地进行封育

将现有的较集中的连片草地覆盖率在 30% 以上的地段划分到户并封育 2～3 年，轮封轮牧，给牧草以休养生息、繁殖更新之机，再合理放牧。但是，要严格控制放牧时间和放牧强度，不能过载滥牧。黄土高原西部地区十多年来的试验结果证明，这一方法花钱少、见效快、效益高、易掌握。

2. 对退化的天然草地进行改良

随着畜牧业的不断发展和市场经济需求的不断扩大，草地利用程度越来越高，造成了本区草地不同程度的退化。退化草地的植被种类贫乏，生物产量大幅度下降。因此，为了提高草地生产能力，促进畜牧业的稳定发展，搞活市场经济，提高农民和牧民的生活水平，需要采用多种措施对退化程度不同的天然草地进行改良。对天然草地覆盖率在 30% 以下的地段采取工程措施，结合营造灌木林进行牧草、灌木等高带状混交种植。一般在缓坡沿等高线处修筑较宽田面的隔坡水平阶，田埂栽植灌木，根据水平田面的宽度确定灌木行数，一般 2 米宽的田面栽植两行灌木为宜，灌木下种草。在陡坡则修筑鱼鳞坑，坑边栽植灌木，坑内种草。这样在灌木行间种植牧草既可以增加牧草产量，又可保持水土，从而为灌木的幼苗生长创造良好的环境（透光、减少蒸发）。同时，牧草的根还可以增加土壤肥力促进灌木幼苗的生长。

3. 对天然草地进行施肥

对群落结构简单、低矮，处在同一层次，毒害草生长蔓延，生物产量低的草地采取施肥措施，促进植物群落结构的变化，提高群落的生物量。

（1）施肥群落中主要种群的生物量变化。在主要草地群落类型中，通过施肥试验，了解主要种群的生产潜力。在群落中主要种群植株个体生长发育的好坏，反映在种群生物量的高低上。在正常年份经过施肥处理后发现，无论是群落内种群的生物量，还是种群的单株生物量，都在发生着不同程度的变化。种群的单株生物量的变化最能反映客观情况。

（2）施肥群落生物量的季节变化。施肥后的长芒草群落、百里香群落，就其地上部分总生物量来看，从牧草返青的4月下旬开始，到枯黄的9月下旬，随着施肥量的变化，牧草的生物量逐月增长，到7月下旬达到高峰，且高峰期可持续10天左右，而后又逐渐下降。

（3）施肥牧草的繁殖与更新对群落生物量的影响。施肥不仅加快了牧草的生长，还可通过繁殖与更新改变种群的结构，从而提高单位面积的生物产量。天然草地上牧草的繁殖可分为种子繁殖和营养繁殖两种。试验区内有不少牧草，通过施肥既可进行营养繁殖，也可进行种子繁殖。因为草地施肥后，土壤中养分含量提高，牧草生长旺盛，发育正常，易形成种子，产生新的个体。

### （二）人工草地的建设

黄土高原地区人工草地面积较小，严重影响了畜牧业的发展。为了巩固和发展畜牧业，除对本区现有天然草地进行改良外，还要加强人工草地的建设。

1. 灌木、牧草混交配置

在退化草地的山坡上，多采取在冬季沿等高线修筑隔坡带子田，田面宽2～4米，反坡5°～8°；或修水平阶，田面宽1.5～2米，反坡3°～5°；或修水平沟，田面宽0.5～0.8米，反坡5°以上；或修鱼鳞坑，面积为1.5平方米等整地造林种草工程措施，并在来年春季或雨季结合造林进行种草。一般造林直播柠条、山桃，栽植沙棘，带子田播植2～3行、水平阶2行、水平沟1行、鱼鳞坑2～3穴，播深3～5厘米。在幼苗阶段再在空闲地上种草。隔坡带子田以种禾草为主，水平阶、鱼鳞坑以种浅根性禾本科牧草为主，也可适当种些豆科牧草，但生长期只能限制在2～3年，以防影响幼树生长。另外，对带与带之间的天然草地进行保护，让其自然封育，休养生息，不断繁殖更新产生新的个体，以恢复植被。

2. 乔木、灌木、牧草配置

（1）隔坡带子田。在退化的天然草地及坡面平缓、背风向阳、水分充足的坡面上修筑隔坡带子田，进行乔木、灌木、牧草合理配置种植，建立立体型半人工草地，使植被之间既可互相促进，又可永续利用。乔木以刺槐、榆树、山杏、杨树为主，灌木以沙棘、柠条、二色胡枝子为主；牧草以禾谷类（草谷子、燕麦、糜子）、红豆草、紫花苜蓿为主。一般当年冬季整地，通过冬季土壤的熟化及水分的积蓄，为第二年春季的种植打好基础，这样既有利于幼苗成活，又有利于出苗和生长。

（2）水平阶。水平阶整地，可截短径流流线，强化降水就地入渗拦蓄，增加土壤水分储量，有利于植物的生长。

（3）水平沟。水平沟是在较陡坡面上的一种整地造林工程措施。

（4）鱼鳞坑。鱼鳞坑是一种陡坡造林整地工程措施。

## 三、乔灌树种混交林的营造

从黄土高原发展生态林业和生态经济型防护林体系出发，在防护林体系建设和人工林营造中，应大力提倡营造混交林，以提高其防护功能和经济效益。

### （一）乔灌树种混交的原则

1.树种间的关系

混交林中不同树种之间的相互关系，是一种生态关系。一方面，不同树种彼此以对方作为生态条件；另一方面，它们与一定的外界环境条件发生联系。对于树种间的关系，应该一分为二进行理解，即任何两个以上的树种接触时，都同时表现为有利（互助）和有害（竞争）两个方面。有利和有害作用的强化程度决定了树种对生态条件的要求。当两个树种的生态要求差别很大，或要求都不高时，种间关系表现为互助为主；相反，当两个树种的生态要求都很高时，种间关系常表现为以竞争为主。这种有利和有害作用，有时前者居主导地位，有时后者居主导地位，随着时间和条件的变化，矛盾的双方各向其相反方向转化，使以有利为主变为以有害为主，或相反。

2.树种的合理搭配

人们把具有不同生物学特性的树种适当地进行混交，能够较充分地利用空间，如将耐阴性（喜光与耐阴）、根型（深根性与浅根性）、生长特点

179 ●

（速生与慢生）及嗜肥性等不同的树种搭配在一起，有利于各树种分别在不同时期和不同层次范围内利用光照、水分和各种营养物质。此外，还要兼顾改善立地条件的作用，防护效益的发挥，抗御灾害的能力及林产品数量、质量，等等。

### （二）混交林中树种分类

混交林中的树种，依其所处的地位和所起的作用不同，可分为主要树种、伴生树种和灌木树种。

1. 主要树种

主要树种是指作为人们主要培育对象的树种，即主要树种是林分的主要组成部分，在林分中一般数量最多，是所谓的优势树种。它应有较高的经济价值，随林种的不同效能其侧重点也不同。

2. 伴生树种

伴生树种是指在一定时期内与主要树种伴生，并促进主要树种生长的乔木树种。伴生树种不是培养的目的树种，而是次要树种。它的作用是辅佐、护土和改良土壤，为主要树种的生长创造条件。伴生树种最好稍耐阴，生长较慢，并能在主要树种林下生长。

3. 灌木树种

灌木树种是指在一定时期与主要树种生长在一起，发挥其有利特性的灌木。灌木树种的主要作用是护土和改良土壤，大灌木有时也有一定的辅佐作用。

### （三）乔灌树种的混交类型

混交类型是根据树种在混交林中的地位、生物学特性及生长型等人为地搭配在一起而成的树种组合类型。

（1）乔木混交类型，即两个或两个以上乔木树种相互混交所构成的类型。

（2）阴阳性树种混交类型，即主要树种与伴生树种混交。

（3）乔灌木树种混交类型，即主要树种与灌木树种混交。

### （四）乔灌林配置模式

乔灌林的配置是指乔灌林在一个小流域中所营造的部位和组配形式，其原则是以小流域为单元，按照造林立地条件和树种的生物学特性进行配置。

（1）沟岸。营造沙棘、乌柳、旱柳、杨树等乔灌混交林。

（2）坡脚。营造旱柳、杨树、刺槐与沙棘、紫穗槐、连翘等混交的用材林。

（3）阳向沟坡。配置刺槐和柠条等水土保持林。

（4）阴向沟坡。营造油松、河北杨、沙棘等混交的材林。

（5）阳向梁峁坡。营造刺槐、柠条水土保持林或以苹果、枣、山楂为主的经济林。

（6）陡坡。配置灌木或乔灌混交水土保持林。

（7）梁峁顶部。营造沙棘、柠条等灌木林，或采取草灌等高带状种植，保持水土，解决薪炭和饲料。

# 第四节　植被治沙及其技术

## 一、植被治沙原理与原则

### （一）植被治沙的原理

#### 1.植物固沙作用

植物以其茂密的枝叶和聚积的枯落物庇护表层沙粒，避免风的直接作用。同时，植物作为沙地上一种具有可塑性结构的障碍物，能使地面粗糙度增大，大大降低近地层风速；植物可加速土壤形成过程，提高黏结力，根系也能起到固结沙粒的作用；植物还能促进地表形成"结皮"，从而提高临界风速值，增强地表抗风蚀能力，起到固沙作用。其中，植物降低风速的作用最为明显，也最为重要。植物降低近地层风速的作用大小与覆盖度有关，覆盖度越大，风速降低值越大。相关研究显示，当植被盖度大于30%时，一般都可降低风速40%以上。

2.植物的阻沙作用

根据风沙运动规律，输沙量与风速的三次方呈正相关，因而风速被削弱后，搬运能力下降，输沙量减少。植物在降低近地层风速、减轻地表风蚀的同时，因风速的降低，可使风沙流中的沙粒下沉堆积，起到阻沙作用。

风沙流是一种贴近地表的运动现象，因而不同植物固沙和阻沙能力的大小主要取决于近地层枝叶的分布状况。近地层枝叶浓密，控制范围较大的植物其固沙和阻沙能力也较强。在乔木、灌木、牧草三类植物中，灌木多在近地表处丛状分枝，固沙和阻沙能力较强。乔木只有单一主干，固沙和阻沙能力较小，有些乔木甚至树冠已郁闭，地表层沙仍继续流动。多年生草本植物基部丛生亦具固沙和阻沙能力，但因比灌木植株低矮，固沙范围和积沙数量均较低，加之入冬后地上部分全部干枯，所积沙堆因重新裸露而遭吹蚀，因而不稳定。这也正是在治沙工作中选择植物种时首选灌木的原因之一。不同灌木其近地层枝叶分布情况和数量不同，其固沙和阻沙能力也有差异，因而选择时应进一步分析。

3.植物对风沙土的改良

植物固定流沙以后，大大加速了风沙土的成土过程。植物对风沙土的改良作用，主要表现在以下几个方面：①机械组成发生变化，粉粒、黏粒含量增加；②物理性质发生变化，比重、容重减小，孔隙度增加；③水分性质发生变化，田间持水量增加，透水性减慢；④有机质含量增加；⑤氮、磷、钾三要素含量增加；⑥碳酸钙含量增加，pH 提高；⑦土壤微生物数量增加；⑧沙层含水量减少，幼年植株耗水量少，对沙层水分影响不大，随着林龄的增长，植株对沙层水分会产生显著影响。

## （二）植被治沙的原则

1.坚持"因地制宜，因害设防"的原则

根据全国防沙治沙的计划任务统一规划，划分类型，突出重点，分步实施。同时，要逐级进行规划设计，根据"因地制宜、因害设防"的原则，有计划、有步骤地进行治理，做到治理一片，见效一片。

2.坚持综合治理的原则

以"防"为主，"防、治、用"相结合的原则。

（1）"防"。"防"是保护和恢复干旱、半干旱区植被的有效方法，可以促进沙化土地（包括牧场、耕地和林地）迅速恢复植被，提高土地生产力。出于种种原因，目前我国西北地区的植被受到不同程度的破坏，恢复已被破坏的植被是迫在眉睫的任务。防护措施包括以下几个方面：①对生态脆弱地区的植被进行预防性封育；②对已被破坏的植被进行保护性管理；③对防护体系中的关键地段采取防护措施。实践证明：封沙育灌（草）可以促进沙化土地的生"草"过程，防止土地沙化扩展，恢复退化草场的生产力。封沙育灌（草）是简单易行、成本低、见效快的植被治沙的方法。

（2）"治"。对已经沙化的土地要进行系统的人工治理，恢复沙地生态系统的平衡，实施人工生态系统重建。对治理的沙地要进行立地条件类型划分，根据不同的植物生长条件，把生态效益与经济效益结合起来考虑，以生态效益为主；根据当地具体的社会经济情况，将长远利益和目前利益结合考虑，以长远利益为主。

（3）"用"。在生态治理的同时，还要考虑沙区生物多样性的保育，尤其要对濒危物种加以保育。沙区植物资源丰富，利用价值很高，在沙化土地得到恢复的前提下，充分利用沙生植物资源发展经济，可以促使农牧民尽快富裕起来。

3. 坚持"适地适树"的原则

以灌木为主，乔木、灌木、牧草相结合。干旱和半干旱区水分匮缺，降水量较低，不能满足树木生长的需求，因而干旱、半干旱区的植被治沙工程是以水为核心的。我国北方造林，由于杨树和柳树生长迅速、易于育苗，杨树在造林树种中所占的比例较大，但杨树蒸腾量大、耗水多，在干旱缺水的沙地生长不良，成活率低。沙区分布多种豆科灌木树种，这类树种抗旱、防风沙、耐盐碱、抗水蚀，能改良土壤，适应性强，是理想的防沙治沙树种。科学试验和实践经验证明：在干旱的沙区植被治沙应以灌木为主。

为了营造结构合理的防风治沙防护体系，可由乔木、灌木和草本植物形成一个有机的结合体。这个结合体的地上部分由多层次林冠（乔木和灌木）形成防风功能优良的结构，地下部分由分布在不同深度的根系层盘结土壤，防止风蚀和水蚀，具有最佳效益。

## 二、防风治沙植物种选择与植被密度

### （一）防风治沙植物种选择

植物种的选择是植物防风治沙的关键所在，植物种选择的正确与否，将直接关系到防风治沙体系的建设成败及其防风治沙效益的发挥。归结起来，防风治沙植物种的选择要综合考虑以下几点因素：①能适应当地气候环境条件，主要挑选当地乡土植物种；②具有适应沙地生长的基本生物特性，如不怕干旱、风蚀、沙埋，繁殖能力强，能在恶劣环境中实现自我更新；③防风治沙能力强，一般要求植物个体的空间结构适宜，分枝多，冠幅大，根系发达；④植物种在植被演替中的功能与作用。要求一种植物具有以上全部特点是困难的，只有将各种植物特点进行比较，才能做出适当的选择，因而学者们从多方面研究防风治沙植物种的特性。

1. 植物种地带性

防风治沙植物种的选择，首先取决于生物地理带，因而世界各国的治沙植物种有所不同。同时，选用的治沙植物种和防护林树种又受治理地段生态条件的限制。一般认为，年降水量在 400 毫米以上的地区为乔木适栽区；年降水量为 250～350 毫米一般是抗旱乔木的下限，为灌木适栽区；降水量在 200～250 毫米为营造耐旱灌木的临界值；降水量低于 200 毫米为灌木造林。

2. 植物种生物学特性

植物自身抗旱性、根系分布状况、耐沙埋程度、繁殖特性等生物学特性是防风治沙植物种筛选的重要依据。油蒿具有抗旱、耐沙埋、抗风蚀、扎根深、分枝多、结实率高等生态生物学特征，根系粗大、深长，茎、枝抗风沙压埋，萌蘖能力强，种子富含黏胶状物质等特性，特别适合在流动或半流动的沙地上生长，可成为流动或半流动沙地上的优势种或建群种。杨柴具备在沙漠和沙地中生长的能力，其抗旱性结构的产生，抗风蚀、沙埋的生理机制和无性系繁殖的对策都是其在沙漠和沙地中生存的手段，是优秀的治沙先锋植物。中间锦鸡儿幼苗能通过加大地上部分生物量，拉伸茎干，增加新的叶片的方式，来弥补沙埋造成的叶面积损失，增大光合面积，增加物质生产，尽快摆脱沙埋的胁迫，能长期适应沙地环境，也是一种优

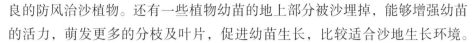

良的防风治沙植物。还有一些植物幼苗的地上部分被沙埋掉，能够增强幼苗的活力，萌发更多的分枝及叶片，促进幼苗生长，比较适合沙地生长环境。

3.植物种防风治沙能力

在干旱、半干旱区植被恢复的生态建设过程中，需要解决的首要问题是应该选择哪种类型的植被才能获得最大的防风治沙效应。就乔、灌、草植被类型而言，防风效应的一般次序为灌木＞草本＞乔木。不同植物种的防沙功能有所不同，植株通过三种方式阻止地表风蚀或风沙活动：①覆盖部分地表，使被覆盖部分免受风力作用；②分散地表以上一定高度内的风动量，从而减少到达地表的风动量；③拦截运动沙粒，促使其沉积。上述三种形式的作用都是通过下垫面与气流流场的相互作用来实现的，因而植物个体的空间结构也成为判断其防风治沙能力需考虑的重要因素之一。

4.植物种在演替中的功能与作用

植被顶级群落是经过漫长的群落演替之后形成的结构稳定、生物量丰富、利用环境最充分的群落，这种群落是植物与环境长期相互作用的结果，其在维护生态环境方面的作用也最大。要将退化生态系统恢复成顶级生态系统，有时采用最大多样性方法，尽可能地按照该生态系统退化以前的物种组成及多样性水平种植物种，大量种植演替成熟阶段的植物种，忽略先锋植物种；有时采用物种框架方法，建立一个或一群物种，作为恢复生态系统的基本框架，这些物种通常是植物群落中的演替早期阶段植物种；有时还需要把先锋植物与中期植物结合起来配置。因此，在进行防风治沙人工恢复与重建时，应按照植物演替的发展规律，在植被群落演替研究的基础上，挑选不同环境条件下最具可持续发展性的植物种类。

## （二）防风治沙植被密度

在防风治沙植被的恢复与重建过程中，合理的密度配置是植被可持续发展的关键。应在水分平衡的基础上，从植被防风治沙效应、植被生长状况、植被群落结构以及植被根系的分布特点等方面进行考虑，制定科学的防风治沙植被密度配置措施。

1.密度与水分平衡

植物蒸腾耗水量是其生态需水量的一部分，也是确定其生态需水量的基础，对恢复或重建植被的密度配置具有重要的理论指导意义。在植物蒸腾耗水变化规律的基础上，结合土壤水分状况，研究植被水分平衡与植被密度的关系，可以从多个角度为防风治沙植被的密度设计提供理论依据。它主要根据水量平衡公式：$G=P-\Delta W$，P 为降水量（毫米），G 为蒸散量（毫米），$\Delta W$ 为某一时段土壤贮水量变化（毫米），即生长期土壤水分状况和水分平衡要求，得出适宜植被的配置密度。同时，也考虑同种、不同龄植物群落土壤水分及蒸腾耗水的差异，沙地植被根系分布特点，坡度、坡向、植被密度与土壤水分的关系，综合设计合理的植被密度。

2. 密度与生长状况

密度配置是关系到防风治沙植被的生存和生长状况的关键技术。防风治沙植被，尤其是治沙林的生物生产力优势带来一定的经济和社会效益，所以越来越多的研究集中在防风治沙植被密度与生长状况的关系上，并将植被生长状况因素作为防风治沙植被密度配置的考虑因素之一。密度与治沙林木胸径、株高、冠幅、单株材积以及林分单位面积木材蓄积量关系密切，林木的胸高比、植株稳定性等生长状况指标都随治沙林密度的降低而增大。对灌木植物来说，能使植株生长健壮、寿命延长、不断有自繁育苗补偿时的密度是较适宜的密度。

3. 密度与群落特征

群落系统的稳定性和可持续性是评价植被恢复成功与否的重要标志。而不同种植密度对植物群落的稳定性又有较大影响，在植被恢复与重建中占有重要地位。随着治沙植被种植密度的下降，植被下土壤的物理性质得到改善，植物种类也逐渐增加，个体重要值相对下降，各项生态指数不断升高，群落结构逐渐变得相对复杂并逐渐向稳定阶段发展。人们可以通过比较不同种植密度与植被的植物物种数、群落盖度、群落物种多样性指数、生态优势度指数等植物群落的动态变化特征，讨论区域恢复与重建植被的适宜种植密度。

上述研究都为防风治沙植被密度设计提供了理论依据。

## 三、植被建设技术

植被治沙比较经济、作用持久、稳定，并可改良流沙的理化性质，促进土壤形成，美化环境及提供木材、燃料、饲料、肥料等原料，具有多种生态效益和经济效益，是防治土地沙质荒漠化的首选措施，植物也是流沙上重建人工生态系统的最主要的角色。植被建设技术主要包括封沙育林育草恢复天然植被技术、飞机播种造林种草固沙技术、人工植物固沙技术等。

### （一）封沙育林育草恢复天然植被技术

在干旱、半干旱区原有植被遭到破坏或有条件生长植被的地段，实行一定的保护措施（设置围栏），建立必要的保护组织（护林站），把一定面积的地段封禁起来，严禁人畜破坏，给植物以繁衍生息的时间，逐步恢复天然植被，即为封沙育林育草。封育是防治荒漠化土地，促进荒漠化地区天然植被恢复的重要措施之一。封育不仅可以固定部分流沙地，还可以恢复大面积因植被破坏而衰退的林草地，尤其是因过度放牧而沙化、退化的牧场。因此，这一技术在恢复植被方面有重要意义。

1.封沙育草带的宽度与规模

封沙育林育草的面积大小与位置要考虑实际需要与可能，因干旱沙区沙源物质、风力强度、绿洲规模、绿洲水源和植被破坏程度不同，封沙育草带的宽度与规模应有所差别。各地方应根据绿洲迎风侧沙源状况和残留植物的多少加以确定。如果沙源广（流动沙丘高大，连绵分布），残留植物少，植被覆盖度低（<10%），则封育面积大，封育带宽度应在1000米以上；如果沙丘较低矮，残留植物覆盖度较高（>10%），则封育宽度可规划为500～1000米。在能对绿洲构成生存威胁的地段，均应划出封沙育草带，形成绿洲外围的生物保护屏障，通过封育，促进沙生植物的生长和固沙效益的发挥。

封育时间的长短要看植被恢复的情况。封育要重视时效性，封育区必须有植物生长的条件，有种子传播、残存植株、幼苗、萌芽、根蘖植物的存在；南疆要有夏洪与种子同步的条件等。在以往植被遭到大面积破坏，或存在植物生长条件，附近有种子传播的广大地区都可以考虑采取封育恢复植被的措施，以改善生态环境。

2.封沙育草的类型

依据沙地类型，可以将封沙育草的类型划分为重点封育和一般封育两个类型。流动沙丘及危害绿洲沙丘的主要风口地段，应划分为重点封育类型治理区，进行重点投入，未治理好前，进行全封闭管理，严禁一切形式的开发利用。其他区段可划分为一般封育治理类型，主要是进行监护，促进天然植物的自然更新。育草技术要因地制宜。多数情况下，在春季或秋季可以人工撒播沙生、旱生草种，促进植物繁殖，条件许可和立地条件较好的地段，可辅以飞机播种；有些地段可以利用绿洲灌溉尾水进行灌溉，改善育草环境。

3.封沙育草带的管理

建立健全管理体系是实现封沙育草带管理目标的关键。这一管理体系一是要确立管理目标，二是要确定管理内容，三是要依法管理，四是要确立行政责任。

（1）管理目标。管理目标主要是控制沙漠化发展方向，通过封育措施使流动沙丘向固定沙丘转化。这一目标的实现不仅意味着封沙育草带的生态环境得到良性发展，还表明干旱区绿洲体系得到稳定和提高。

（2）管理内容。这主要是环境保护和资源的合理利用。对沙漠化严重的地段，管理内容是严禁滥垦、滥伐、滥牧、滥挖，实行全封育管理。随着流动沙丘不断被固定，资源的质量将会有所提高，数量将会有所增加。当流沙被固定，植被覆盖度达到30%以上时，便可适当放牧和适当樵采，其利用强度应当控制在天然草场能良性循环的范围内。

（3）法规管理。利用法规进行规范管理，是建立健全管理体系的重要环节，应依据《中华人民共和国防沙治沙法》《中华人民共和国水土保持法》《中华人民共和国草原法》《中华人民共和国环境保护法》以及地方性法规，进行有效的管理，对违法违规行为施以法律制约。只要规范了人类行为，封沙育草目标是容易实现的。

（4）行政管理。行政管理就是要明确不同行政级别领导的责任和不同部门的管理分工，实行管理目标责任制，运用奖惩、监督等手段，调动一切管理部门的积极性，使封沙育草尽快取得成效。

## （二）飞机播种造林种草固沙技术

飞播造林种草是治理风蚀荒漠化土地、恢复植被的重要措施之一，也是绿化荒山荒坡的有效手段。它具有速度快、用工少、成本低、效果好的特点，尤其对地广人稀，交通不便，偏远荒沙、荒山地区恢复植被意义更大。飞播的成功与否受多种因素影响，必须掌握飞播技术才能取得成功。

1.流沙地飞播植物种选择

因流动沙丘迎风坡有剧烈风蚀，背风坡有严重沙埋，故要求飞播植物种子易发芽、生长快、根系扎得深，地上部分有一定的生长高度及冠幅，在一定的密度条件下，能形成有抗风蚀能力的群体。同时，还要求植物种子、幼苗适应流沙环境，能忍耐沙表高温。并不是任何植物都能进行飞播，经过大量试验，在草原带飞播最成功的植物有花棒、杨柴、籽蒿和沙打旺；在荒漠草原适宜飞播的植物有花棒、蒙古沙拐枣、籽蒿等；其他植物种或不能发芽，或不能保苗，或固沙能力差等，不宜在流沙上飞播。

2.沙地飞播种子的发芽条件及种子处理

飞播在沙表的种子能否顺利发芽，与地表性质、粗糙度、小气候及种子大小、形状等许多因素有关，不是裸露在沙表、经过暴晒的种子都能顺利发芽。在流沙上的种子需要自然覆沙过程。研究表明，东南起沙风容易使种子自然覆沙，西北起沙风也能使种子自然覆沙，但效果不如东南风。就种子本身而言，扁平种子易覆沙，大粒、轻而圆的种子较难覆沙。当然，沙丘不同部位受风力作用不同，覆沙情况也有明显差别。

就种子的发芽条件来看，种子发芽需要有一定的温度、水分条件和氧气。一般来说，温度和氧气不成大问题，但在选择某些材料进行种子处理时需注意其透气性，而水分条件则是种子发芽的关键。

在流动沙丘上，为防止某些体积大而轻的种子（如花棒）被风吹跑，发生位移，可对种子进行大粒化处理。具体方法为：如要大粒化50千克花棒种子，则用骨胶2千克，加水25千克，在大锅里熬4小时，准备好过筛的细沙40千克，在容器中将熬好的胶水倒在花棒种子上，立即搅拌，接着将沙子倒进，趁热迅速搅拌均匀，使每个种子都沾一层胶水，外面沾满沙子；拌匀后铲出，晾在毡布上，晒干后收好备用。种子实际仅沾沙子25千克，质量上增加种子原质量的一半，体积增加不多，达到了既提高固结力，又减轻质量的目的，应用效果良好。

3.飞播期选择

选择飞播期时，要保证种子发芽所必需的水分和温度条件以及苗木生长有足够的生长期，既使种子能迅速发芽，从而减少鼠害虫害，又能使苗木充分木质化，以提高越冬率，还能保证苗木有一定的生长高度和冠幅，满足防蚀的需要。在选择飞播期时，还要保证种子发芽后能避开害虫活动盛期，减少幼苗损失。以榆林沙区为例，飞播期宜选在5月下旬至6月上旬。为保证播后降雨，必须研究该区气候，利用气象站长期资料进行统计，弄清播期降雨保证率，以保证播后有雨天和阴天，使种子发芽。

4.飞播量的确定

合理的播量是沙地飞播成功的关键因素之一。播量大小影响造林密度、郁闭时期、林分质量和防护效益，在一定程度上决定了飞播的成败。对流沙飞播来说，第一年幼苗密度会影响削弱风力、减轻风蚀的效果，最终影响飞播成败。每种飞播植物在当年生长季末都要达到一定高度和冠幅，要使沙丘由风蚀转变为沙埋，还要求苗木有一定密度。单位面积播种量的选择除了要考虑必需的幼苗密度外，还要考虑种子纯度、千粒重、发芽率、苗木保存率和鼠虫害损失率等。

5.飞播区的封禁管护

飞播后数年，飞播区要严加封禁保护，防止人畜破坏。只有把飞播区封禁起来，幼苗才能顺利成长，促进自然植被的恢复，加上飞播植物以后的更新，最终恢复飞播区植被。管护工作除保护飞播区，防止人畜破坏之外，还包括移密补稀，以及在飞播区条件好的地方，栽植松树容器苗。播区管护需要有专门组织，形成保护网络，有专人负责，也需要对群众进行广泛深入的宣传，真正提高群众的认识，把护林变成群众自觉的行动。

## （三）人工植物固沙技术

人工植物固沙是通过人工造林种草等手段，达到防治沙漠、稳定绿洲、提高沙区环境质量和生产潜力目的的一种技术措施，它是沙漠治理最有效的途径。根据沙漠化发展程度和治理目标，人工植物固沙的内容主要包括建立人工植被，营造大型防沙阻沙林带，阻止流沙侵袭绿洲、城镇、交通和其他设施，营造防护林网，保护农田绿洲和牧场的稳定，防止土地退化。不同的沙地类型有其适宜的植物固沙措施，应用时应有针对性地选择，使各种措施相互结合、相互补充，共同构成完备的技术体系。

1.直播固沙

直播是用种子做材料，直接播于沙地建立植被的方法。直播在干旱风沙区有更多的困难，因而成功的概率相对更低，其原因如下：①种子萌发需要足够的水分，在干沙地通过播种深度调节土壤水分的作用却很小，覆土过深难以出苗；适于出苗的播种深度沙土又极易干燥。②由于播种覆土浅，风蚀沙埋对种子和幼苗的危害比植苗更严重，且播下的种子也易受鼠、虫、鸟的危害。然而，直播成功的可能性还是存在的，沙漠地区的几百种植物绝大部分是由种子繁殖形成的。一些国家在荒漠、半荒漠区直播燕麦、梭梭成功的事例也很多。我国在草原带沙区直播花棒、杨柴、锦鸡儿、沙蒿，在半荒漠直播沙拐枣、梭梭成功的事例也不少。鸟兽虫病害从技术上也可以加以控制。

直播也有许多优点，如直播施工远比栽植过程简单，有利于大面积植被建设；直播省去了烦琐的育苗环节，大大降低了成本；直播苗根系未受损伤，从一开始就在沙地上发芽生长，不存在缓苗期，适应性强，尤其在自然条件较优越的沙地，直播建设植被是一项成本低、收效大的技术。对于直播来说，选择适宜的植物种、播期、播量、播种方式、覆土厚度，采取有效的配合措施，都可以提高播种成效。

（1）播种方式。播种方式分为条播、穴播、撒播三种。条播按一定方向和距离开沟播种，然后覆土。穴播是按设计的播种点（或行距、穴距）挖穴，然后播种覆土。撒播是将种子均匀撒在沙地表面，不覆土（但需自然覆沙）。条播、穴播容易控制密度，因播后覆土，种子稳定，不会位移，种子应播在湿沙层中。条播播量大于穴播，苗木抗风蚀作用也比穴播强。如风蚀严重，可由条播组成带。撒播不覆土，种子播后在自然覆沙之前，在风力作用下，易发生位移，稳定性较差，成效更难控制。播种大、圆、轻的种子需要大粒化处理。

（2）播种深度。播种深度即覆土深度，这是一个非常重要的因素，在播种过程中常因覆土不当导致造林种草失败。播种深度一般根据种子大小而定，沙地上播小粒种子，覆土1～2厘米，如沙打旺、花棒、杨柴、柠条等，覆土过深会影响出苗。出苗慢的草和树种实际上是不适宜在沙地上播种的。

（3）播种量：播种量也是一个重要因素，撒播用种最多，浪费大；穴播用种最少，最节省种子；条播用种居中。

在草原区流动沙丘直播成功的植物种主要是花棒、杨柴、籽蒿。柠条、沙打旺虽能播种成功，但需选择较稳定的沙丘部位，在草原区东部或森林草原直播更易成功。在半荒漠地区平缓流沙地播种沙拐枣、籽蒿、花棒也有大面积成功的范例，但生产上的应用应当更为慎重，播种后要注意保护和防治病虫鼠兔害。

### 2.植苗固沙

植苗（即栽植）是以苗木为材料进行植被建设的方法。根据苗木种类的不同，植苗可分为一般苗木、容器苗、大苗深栽三种方法。一般苗木多用由苗圃培育的播种苗和营养繁殖苗，有时也用野生苗。苗木有完整的根系，有健壮的地上部分，因而适应性和抗性较强，是沙地植被建设应用最广泛的方法。但是，它的工序多，包括播种育苗、起苗、假植、运输、栽植等，苗根易受损伤或劈裂，风吹日晒也易使苗木特别是根系失水，栽植后需较长缓苗期，各道工序质量也不易控制，大面积造林更为严重，常常影响成活率、保存率、生长量，因而要十分重视植苗固沙造林的技术要求。

（1）苗木质量。它是影响成活率的重要因素。造林时必须选用健壮苗木，一般固沙多用 1 年生苗。苗木必须达到标准规格，保证一定根长（灌木30～50 厘米）、地径和地上高度；根系无损伤劈裂，过长、损伤部分要修剪；不合格的小苗、病虫苗、残废苗坚决不能用来造林。

（2）苗木保护。从起苗到定植要做好苗木保护。起苗时要尽量减少根系损伤，所以起苗前 1～2 天要灌透水，使苗木吸足水分，软化根系土壤，以利于起苗。起苗必须按操作规程进行，使苗根保持一定长度，机器起苗质量较有保证。沙地灌木根系不易切断，必须小心操作，防止根系劈裂。起苗时要边起苗、边拣苗、边分级，并立即假植，去掉不合格苗木，妥善地包装运输，保持苗根湿润。

（3）苗木定植。苗木定植是将健壮苗木根系舒展地植于湿润沙层内，使根系与沙土紧密结合，以利于水分吸收，迅速恢复生活力。一般多用穴植，要根据苗木大小确定栽植穴规格，一般穴的直径不小于 40 厘米，能使根系舒展不致卷曲，并能伸进双脚周转踏实。穴的深度直接影响水分状况，在我国半荒漠及干草原沙区，40 厘米以下为稳定湿沙层，几乎不受蒸发影响。因此，穴深要大于 40 厘米。对于紧实沙地，加大整地规格以及苗木成活和生长发育大有好处。

定植前苗木要假植好，栽植时最好将假植苗放入盛水容器内，随栽随取，以保持苗根湿润。取出苗木置于穴中心，理顺根系后填入湿沙，至坑深一半时，将苗木向上略提至要求深度（根茎应低于干沙表5厘米以下），用脚踏实，再填湿沙至坑满，再踏实，如有灌水条件，此时应灌水，水渗完后覆一层干沙，以减少水分蒸发。

当沙地疏松，水分条件较好时，栽植侧根较少的直根性苗木也可用缝植法。操作是用长锹先扒去干沙层，将锹垂直插入沙层约50厘米深的地方，再前后推拉形成口宽15厘米以上的裂缝，将苗木放入缝中，向上提至要求深度，再在距缝约10厘米处插入直锹至同一深度，先拉后推将植苗缝隙挤实、踏平。该方法可使造林工作效率更高。

（4）植苗季节。植苗季节以春季为好，此时土壤水分、温度有利于苗木发根生长，恢复吸收能力，地上长芽发叶，耗水又较少，能较好地维持苗木体内的水分平衡，利于苗木成活与生长。春植苗木宁早勿晚，土壤一解冻便应立即进行，通常是在3月中旬至4月下旬。如需延期栽植，需对苗木进行特殊的抑制发芽处理，如假植于阴面沙层中或贮于冷窖内。

秋季也是植苗的主要季节。此时气温下降，植物进入休眠状态，但根系还可生长，沙层水分较充足稳定，有利于苗木恢复吸水，并在次年春季尽快生根发芽。有时为避免冬春大风使茎干受害，也可截干栽植。

3.扦插造林固沙

很多植物具有营养繁殖能力，可利用营养器官（根、茎、枝等）繁殖新个体，因而有插条、插干、埋干、分根、分蘖、地下茎等多种培育方法。其中，应用较广、效果较大的是插条、插干造林，简称扦插造林。它的优点是：方法简单，便于推广；生长迅速，固沙作用大；就地取条、干，不必培育苗木。适于扦插造林的植物是营养繁殖力强的植物，沙区主要是杨、柳、黄柳、沙柳、柽柳、花棒、杨柴等。虽然植物种不多，但在植被建设中的作用很大，沙区大面积黄柳、沙柳、高干造林全是依靠扦插发展起来的。

（1）选插条。从生长健壮无病虫害的优良母树上，选1～3年生枝条，插条长40～80厘米，条件好用短枝条，条件差用长枝条；枝条粗1～2厘米，于生长季结束到次年春树液流动前选割，用快刀一次割下，上端剪齐平，下端剪马蹄形，切口要光滑。

（2）插条处理。立即扦插效果较好（但紫穗槐条以冬埋保存者为好）。插条采下后浸水数日再扦插有利于提高成活率。若插穗需较长时间存放，可用湿沙埋藏；用刺激素进行催根处理可加速生根，提高成活率，促进嫩枝生长。

（3）造林季节和方法。一般在春秋两季扦插，多用倒坑栽植的方法，随挖穴随放入插条（勿倒放），将挖取的第二坑湿沙填入前坑内，分层踏实，再将第三坑湿沙填入第二坑，如此效率较高。插深多与地面平齐，沙层水分较差，到秋插时低于地表 3 ～ 5 厘米。

# 第六章　退耕还林工程模式分析

## 第一节　退耕还林与生态恢复

### 一、退耕还林概述

#### （一）退耕还林的概念

自退耕还林一词被提出后，许多学者就其概念表达、含义进行了探讨。例如，国家林业和草原局对退耕还林（草）的定义是：退耕还林是指从保护和改善生态环境出发，将易造成水土流失的坡耕地和易造成土地沙化的耕地，有计划、有步骤地停止继续耕种，本着宜林则林、宜草则草的原则，因地制宜地造林种草，恢复植被。也有学者指出，退耕还林（草）就是国家用计划手段，以工程建设的方式，通过政策引导，使沙化地和退化坡耕地向林（草）地资源转化，改变不合理的土地利用方式，达到生态—经济系统重建的目的。

在综合已有研究的基础上，笔者对退耕还林做出如下界定：退耕还林是为了改变不合理的土地利用方式，改善区域内环境条件，防治或减轻自然灾害，形成有利于人类与动植物生存的生态环境，而根据不同地域的自然、社会与经济条件以及森林植被的多种有益效能，集成、组装已有的生态环境治理成果，在退化的陡坡耕地上规划、营造森林植被，以生态效益为基础，以经济效益为核心，以社会可持续发展为最终目标，实施系统管理的生态环境建设工程。退耕还林是一类以提供多样化的生态服务功能，满足人类社会对保护环境的需求、减免自然灾害、恢复与重建植被的总称。

### （二）退耕还林的内涵

1. 总体目标明确

以我国西部地区为例，这里是生态环境脆弱区域，自然灾害频发，水土流失和土地退化严重，实施退耕还林给人类和动植物提供生存的优良环境，必须先体现生态优先原则，适当兼顾经济效益，明确达到社会、经济、资源与环境协调的总体目标，最终实现可持续发展。

2. 强调综合集成思想

退耕还林工程的实施，不是重新组织人员来从事科学研究，而是集成、组装、优化、配套已有的国内外技术成果，加大成果的二次创新。它涉及多个政府部门的联合行动、多个学科的联合攻关，包括指导思想的集成、学科集成和技术集成三个层面。

3. 因地制宜

退耕还林是一项复杂的生态—经济复合系统工程，我国疆域辽阔，生态条件复杂，生态类型多样，根据植被地带性分布规律、地形地貌以及土地退化或沙化的现状，确定适宜的树种、草种，大力推广林草、乔灌、灌草等最优化组合方式，可以快速地恢复与重建植被，尽早发挥其生态功能。

4. 提供多样化的生态服务功能

退耕还林形成的人工植被生态系统具有多样的服务功能。首先，退耕还林的主要目的是水土保持和防风固沙的服务功能，以及涵养水源、净化空气、营养元素循环等服务价值。其次，退耕还林形成的新的景观、景点和景素将成为新的游览热点，主要表现的是旅游服务功能，包括旅游直接消费价值和最大负荷能力的经济价值两个方面。最后，实施退耕还林而形成的产品价值功能，包括木（竹）材产品和林副产品两个方面，尤其在一些条件较好的地区实施退耕还林（草），坚持生态治理产业化、产业发展生态化的基本思路，调整农业、农村的产业结构，可以产生巨大的效益。这种多样化的生态服务功能受到政府支持、农民拥护和企业赞同。

### （三）退耕还林的重要性

1.退耕还林是改善生态环境的迫切需要

保护资源环境就是保护生产力，改善资源环境就是发展生产力。毁林开荒，虽然暂时增加了一些耕地的面积和粮食产量，但在生态环境方面却付出了巨大的代价。一些地区因为毁林开荒，陡坡耕种，水土流失变得愈发严重，导致自然灾害频繁发生，严重制约着经济、社会的可持续发展。实施退耕还林，既可以从根本上解决我国的水土流失问题，提高水源涵养能力，改善生态环境，有效地增强防涝、抗旱能力，提高现有土地的生产力，又能提供生态保障，促进工农业的发展，进而为社会经济的可持续发展奠定坚实的基础。

2.退耕还林是搞好林业生态环境建设的重要环节

生态环境是一个系统性工程，部分生态环境的恶化会导致这个区域环境的不稳定和恶化。一些地区的森林覆盖率比较低，风沙化严重，自然灾害频发，生态环境十分脆弱。这些区域的生态环境和退耕还林的尾部推进关系到该区域的生态环境的稳定性，这就迫使我们必须加快退耕还林的速度和决心。

3.退耕还林是调整农村土地利用结构的有效途径

实施退耕还林可以有效调整农村土地结构，实现当地经济和环境的可持续发展。人们要改变生态脆弱地区的种植现状，优化土地的利用，因地制宜，宜林则林、宜牧则牧、宜农则农，还要采取合理的种植方式，搞多元化种植和经营，综合提高土地粮食的产值和附加值，提高土地的收益，加快农村经济结构的调整，促进农村经济持续发展，从根本上保持水土、涵养水源、改善生态环境，进而增强当地抗旱、抗涝能力，以提高现有土地的生产力，从而促进社会和经济的可持续发展。

## 二、退耕还林的生态学基础

### （一）从生态学角度看退耕还林的功能

1.林业的可持续发展

可持续发展战略的核心是经济发展与保护资源、保护生态环境的协调一致，让子孙后代能够享有充分的资源和良好的自然环境。树立人与自然和谐相处的可持续发展的自然观，搞好水土保持、生态建设与保护，以水土资源的承载能力为前提，实现水土资源的可持续利用，支撑社会经济的可持续发展，这是可持续发展的经济观。只有建立既符合自然规律，又符合经济规律的合理的自然—经济—社会系统，才能实现人与自然的和谐相处和经济的可持续发展。

退耕还林工程以恢复林草植被、治理水土流失为重点，以保持资源的可持续供给能力、保护生物多样性、恢复脆弱的生态系统、发展森林和改善生态环境等重大生态环境问题为目标。从毁林开荒向退耕还林的转变，是新时期林业发展战略的重要组成部分，是一项具有很强前瞻性和开创性的社会林业系统工程，实际上也是对我国国土利用结构的转变。该工程的全面启动必将开创从国土生态安全出发，合理利用国土资源的新纪元。山区大规模退耕还林工程的实施必将对我国山区林业建设，特别是山区生态环境建设产生极大的带动和促进作用，加快全国生态环境改善和林业发展的步伐，为在21世纪上半叶构建完整的生态环境保护体系，基本实现"山川秀美"的宏伟目标，促进我国社会经济可持续发展奠定坚实基础。可以说，退耕还林工程是完全符合新时期林业可持续发展战略思想要求的一项世纪工程。

2.涵养水源，稳固山体

森林会对河流洪水、枯水流量和年径流量产生影响，大面积采伐森林将导致河流洪峰流量的增加，枯水流量的减少，扩大最大流量与最小流量的变幅。森林的存在能够有效地降低洪峰高度，延迟洪峰到来的时间，在枯水季节能够不断地、稳定地向河道提供水分，森林的这种功能被称为水源涵养功能。森林的水源涵养功能与森林对降水的再分配和森林内径流密切相关。

此外，坡耕地由于水土流失而日益瘠薄，加剧了干旱化、荒漠化的进程，粮食产量低而不稳，甚至绝产。实施退耕还林工程，增加了森林覆盖和绿地覆盖面积，不仅减少了地表径流强度，同时还减少了土壤发生水蚀的可能性。在形成的林分内，树木根系在土中相互交织，盘根错节，深入岩缝，因而能够防止滑落面的形成，加固斜坡和固定陡坡麓积物，减少滑坡、泥石流和山洪的发生。

### 3.恢复和保护生物多样性

地球上的生物多样性对于环境资源保护和人类社会的可持续发展具有极为重要的意义。森林是生物多样性保育的基本场所，由于山区地形的复杂性和河岸交错带环境条件的特殊性，这些地区的生物多样性要比其他区域丰富得多。森林被破坏使这些地区的野生动植物失去了栖息繁衍的场所，森林的破碎化也使物种的繁衍与生存条件受到影响，很多野生动植物的数量大大减少，甚至已濒临绝迹。退耕还林后，随着环境条件的改善和乡土物种的不断侵入，生物多样性将有明显的提高。多样性的植物可为多种消费者提供食物，不同生活型的植物可为生态系统创造多样的异质空间，使更多的生物能找到适合自己的生态位。多样的植被有多层的根系，为土壤动物和微生物提供了多样的生活环境，这不仅使该地区食物链、食物网结构增加，还使群落的环境容纳量和净化能力得到提高，进而使生态系统的自我协调能力增强，生态系统更趋稳定。

### （二）退耕还林应以生态学理论为指导

### 1.生态平衡原理

生态平衡这个名词已经成为一个十分流行的"术语"，但人们在使用生态平衡这个概念的时候，其理解往往是不一致的。有些人把大面积地滥伐森林、环境污染等所产生的不良后果称为破坏生态平衡；另一些人则认为，生态平衡就像"收支平衡"一样，是指生态系统的物质和能量的输入和输出相对平衡，从而形成相对稳定状态。生态系统中的稳定性分为两个方面：一是抵抗力，二是恢复力。抵抗力表示生态系统抵抗外界干扰使生态系统的结构和功能保持原状的能力。恢复力指的是生态系统在遭受外界干扰以后，系统恢复原状的能力恢复得越快，系统也就越稳定。外来干扰超越生态系统的自我调节能力，而使其不能恢复到原初状态称为生态失调，或者生态平衡的破坏。任何一个系统对外界干扰的抵抗都有一定的限度——阈值，生态阈值就是生态资源最大限度的供应量和承受度。生态阈值包括规模阈值和配比阈值。规模阈值就是生态经济要素数量聚集程度上的界限，无论是不可再生资源，还是可再生资源，环境容量、资源开发利用的生产规模、人口聚集所导致的社会规模都有一个上限。开发利用过程中超过了这个上限，就会导致生态系统的崩溃，随之而来的是经济效果的丧失乃至成为负值。配比阈值则是各生态经济要素之间的比例关系，如具有生态功能的植物资源和具有经济功能的植物资源之间的合理数量比例。

生态系统的阈值取决于生态系统的成熟程度。抵抗力越强，阈值越高；抵抗力越低，稳定性阈值也就越低。森林和草地作为自然界的一种缓冲器，在维持生态平衡等方面起着重要的作用，其生态效益的价值远远超过其经济价值。森林会对气候、水文、土壤以及生物群落产生积极的影响，森林和草地可以保持大气中氧与二氧化碳的平衡，调节小气候，减轻自然灾害，如干旱灾害、风暴灾害、冰雹与低温灾害以及人类活动诱发的次生灾害（如温室效应、酸雨危害及臭氧层的破坏）等。森林和草地具有涵养水源、保持水土、防风固沙、调节气候、净化空气、美化环境和保持生物多样性等多种不可替代的作用。退耕还林还草主要是通过大量的植树造林，恢复森林草地生态系统的阈值，使已经被破坏的森林恢复自身的稳定性和抵抗力，发挥森林的多种生态作用，从而恢复森林和草地的生态平衡。

2. 生态位原理

生态位是指种群在群落中与其他种群在时间和空间上的相对位置及其机能的关系，它反映了种群的遗传学、生物学和生态学特征。陡坡耕地的植被恢复与重建，需要构建高物种多样性的复合生态系统，要求各物种在水平空间、垂直空间和地下根系的生态位分化，否则会造成激烈的竞争，不利于生态系统的群体发展。竞争和选择的结果是使种群间产生了生态位的错落，避免或减少了生态位的重叠，使生态系统在一定范围内呈现出物种多样性的特点。

3. 生态演替理论

变化和发展是生态系统最基本的特征之一。在植物生态系统中随时间的推移，优势种发生明显改变，引起整个植被组成变化的过程就是演替。演替通常以稳定的生态系统为发展的顶点，表现为一个群落取代另一个群落。同样，坡耕地退化生态系统随着退耕活动的进行也是变动发展的，也要遵循生态演替规律。一方面，退耕还林工程中人类活动对森林植物的不同的干扰方式、干扰强度必然会引起生态系统的一系列反馈，并导致生态演替发生。在退耕还林初期，先是绿色植物定居，然后有以植物为生的小型食草动物的侵入，形成生态系统的初级发展阶段。这一时期的生态系统在组成和结构上都比较简单，功能也不够完善。随着时间的推移，森林群落形成，物种较初期更为丰富，进入生态演替的盛期，这一时期的生态系统在成分上和结构上均较复杂，生物之间形成特定的食物链和营养级关系，生物群落与土壤、气候等环境因素也呈现出相对稳定的动态平衡，最终演替导向稳定。另一方面，人们不希望所构建的高效人工林生态系统按照生态演替规律发展，而是希望其按市场的需求，通过人为的调控措施，将演替停留在某一阶段，获得生态与经济的协调发展。

4. 混交林理论

混交林是由不同树种组成的植物群落，混交林树种的共存说明它们在群落中占据了不同的生态位。从理论上讲，任何两种植物生长在一起，其生态位关系均有三种形式：①两者的生态位完全不重叠；②部分重叠；③完全重叠。第一种情况下，种间无竞争发生，完全互补地利用资源，种间表现为互利作用。第二种情况下，两者在重叠部分存在竞争，在不重叠部分互补地利用资源。种间根据竞争和互补的强度大小比，有可能出现互利、单利和互害作用。第三种情况下，根据竞争排斥原理，最后有一种植物必然会被排斥掉。根据上述原理，在退耕还林工程营造混交林时，要特别注意物种之间的相互关系，避免具有相同生态位的树种的混交（特殊的混交方式除外），采用更为适合的混交技术营造混交林，增强互补作用，以发挥退耕还林更大的效益。

## 三、退耕地生态系统的恢复与重建探讨

退耕还林并不是说退耕之地就只能还林，这从政府正式文件在表述这一问题时，于"退耕还林"字样后加注"包括还草、还湖"字样中可以得到印证，也可以从不同行业的人甚至农村百姓就一个具体的地方到底是还林好，还是还草好的简单争论中得到证实。因为实际情况是，人们要退耕之地的自然本底原来是丰富多彩的，根据保护生态的需要安排退耕后，具体还什么也就不能过于简单化、同一化，更不是一个"林"字所能概括的。

退耕地被开发前各有各的自然背景、演替过程和生态功能，自然植被、风土地貌、生态特点千差万别。将它们由耕地还给大自然时，就应该更多地从周围大的环境、景观等自然本底上考虑究竟还什么更符合实际，更有利于生态进化，有更大的生态效益。虽然其技术措施、表现形式在很多地方很大

程度上就是"还林"，但绝不仅仅只是"还林"。

因为退耕还林就是恢复自然生态，所以要遵循自然规律。在本底为草地的地方因为退耕还林而种上树林，是有问题的，可能树没活成，草也没还上，生态服务功能仍然缺失。因为相对于草本植物来说，木本植物特别是高大乔木更具有地带性，对水分、土壤、气温及其他条件的选择性要更强一些。人们可以看到，西北一些地方不管多么干旱、风沙多么严重，或是海拔多么高，地里总是有草或夹杂一些矮小灌木丛，哪怕很稀疏，但树木就不一定有了，常常是赤地千里，鸟无落脚、筑巢之处。包括西北在内的许多地方的一些山头，草长得不错，但栽不活树，即使栽活了也长不大，最终成为"小老头树"。因为这些山头缺水或是缺土，不存在长大树的立地条件。人们将其称为"草山""草坡"，而不是"树山""树坡"。

关于林和草的关系（这里的"草"主要是指野生草本植物，而不仅仅是牧草，更不是草坪草），更普遍的情况是在许多气候湿润的地方和生态交错、过渡地带，实在难分清楚该是谁的天下，因为有树的地方总是有草。人们说一个地方森林茂密，和草是有很大关系的，林下没有草，林子长不好，土壤会继续被侵蚀，水分得不到涵养，林中食草动物也会找不到东西吃。这样的林子生态效益也是低下的。而自然界追求高效益原本就是天性使然，生态系统发育的战略是力图维持复杂的生物量结构，绝不会出现有树无草的林子，除非是人为的。自然界既已如此，人们从事退耕还林，以生态效益为第一要义，也就不必分得那么清楚了。野生草本植物（实际上也包括野生木本植物）或牧草的草种和种苗易得、易种、易活、易长、易管，覆盖地表比林子来得快，当年就能见到生态效益。至于栽树，以后视情况再进行也不晚。也许引来了草，创造了自然演替的条件后，不用人再管，该长树的地方也就自然长起树来了。因此，师法自然、因地制宜，通过多种技术措施进行生态恢复与重建，这和退耕还林并无矛盾之处。

概而言之，强调退耕还林，师法自然，既是引导退耕还林工作按照自然规律，提高科技含量，发挥其独特的生态效益和经济效益的需要，也是广大人民群众接受环境教育、提高生态保护意识，提高与自然协调技能的需要，其意义既现实又深远。为了在开展退耕还林工作时更好地师法自然，在具体技术措施上凡遵循自然规律采取多种模式者，都应该享受一样的经济政策。

因为它们被恰当地运用于不同自然本底时，都会居于主体地位，具有相对一样的生态效益和经济效益，总体上是增效而不是减效。

# 第二节　退耕还林工程的模式分析

## 一、退耕还林工程的主要模式

### （一）生态保护型模式

生态保护型是指在立地条件较差、土壤瘠薄、坡度在 25° 以上的陡坡地段和江河源头、库区周围等生态极其脆弱的地区，以营造生态林为主的退耕还林类型。

1.封山育林治理模式

这种治理模式主要针对边远山区水土流失或沙化严重，人工还林较难，但具有天然更新条件的地区，采取封山育林措施，逐步恢复林草植被，以达到保护生态的目的。在交通便利、土层深厚的退耕还林地，采用人工辅助促进更新技术，实行"封、造"结合，以更有效地促进植被恢复，从而达到治理的目的。

2.林、灌、草生态治理模式

该治理模式是长期效益和短期效益相结合的高效模式。退耕后，植树种草，改变土壤利用结构，恢复植被，减少水土流失，改善生态环境，并通过割草养畜，促进畜牧业的发展，可以在短期内获得良好的经济效益。该治理模式的关键是合理配置林草品种和比例，以达到生态治理高效性。林种的选择应本着因地制宜、适地适树的原则。林下种草方式，应选择落叶少且易腐烂的树种，如松柏树、各种阔叶树。林草带配置模式，林草选择限制较少。牧草适宜选择优质的多年生牧草。

### （二）生态经济型模式

生态经济型是在立地条件较好的地区以营造经济林为主的退耕还林类

型。这种模式既具有减少水土流失、改善生态环境等生态防护功能，又可获得较高的经济效益，是实现林业资源可持续利用的退耕还林类型。生态经济型模式主要有以下几种。

1. 纯林模式

（1）林果治理模式。该模式适用于交通方便、坡度相对平缓、土层较厚的阶梯式农耕地段。根据退耕还林区的特点，水平带种植林木，采用宽行窄株的方式，退农耕地还经济果木林，并在阶梯边缘栽种灌木或配置防护林带。林地植被得到恢复，生态经济效益双重增效，是本模式的主要目的。果木林树种应选择品质优良、产量高、市场前景好的名特优经济果木。

（2）工业原料林模式。营造日化工业原料林，如无患子等，或工艺加工原料林，如枫香、木荷、重阳木、刺槐、浙江柿、南酸枣、光皮桦、马褂木、黄山栾树、杜英、厚朴等速生树种。

2. 复合模式

（1）林农复合治理模式。按照生态位的原理，选择经济林与粮食作物间作的模式，是一种过渡性的退耕还林模式，适用于坡下部、土层深厚、水肥条件好的退耕地。经济林树种宜选择品质优良、市场前景佳的名特优新的经济林品种。选择间作农作物时，以不影响经济林树种正常生长为原则，宜选择的农作物有豆科作物、花生、薯类等，同时还要合理调控农作物和树种的时空分布结构。在陡坡或急坡地采用土埂混农林模式，即以林为主，营造土埂林，主要树种有经济林和速生用材树种。

（2）林果生态经济型混交模式。林果生态经济型混交林主要是指用生态经济兼用果木树种与生态型乔灌树种混交造林。

（3）林药综合治理模式。林药综合治理模式是一种在林下种植具有经济价值的灌木和草本植物的模式，可在较短时间内获得良好的经济效益。药用植物的选择有两种：一是选择具有耐阴特性且药用价值高的植物；二是选择不需要耕作的植物，以免耕作时造成水土流失。

3. 生态旅游模式

生态旅游模式是指根据不同地域的自然景观和人文景观发展生态旅游，并与退耕还林工程有机结合的退耕还林类型，是生态效益、经济效益和社会效益相结合的典型类型。以森林资源为基础的生态旅游体现了人与自然环境的和谐统一，实现了生态效益、经济效益与社会综合效益的最大化；发展生态旅游，不但有利于优化自然生态环境和旅游产品结构，促进资源实现市场价值，而且对提高城市知名度，强化旅游富民功能，加快推进城乡一体化进程具有重要的战略意义。

## 二、退耕还林的典型模式

### （一）干热干旱河谷区退耕还林典型模式

1. 车桑子等雨季混交造林模式

（1）技术思路。在气温高、土层薄、严重干旱的陡坡干热河谷，植被恢复比较困难，可以采取先绿化后提高的办法，先选择耐干旱瘠薄的灌木和小乔木树种，待生境条件改善后再栽植经济价值高的乔木树种，形成乔灌结合的复层混交林。

（2）模式设计。以耐干旱瘠薄的车桑子为主，适当混种新银合欢、赤桉、相思等。待生态环境改善后，再补植酸角等经济价值较高的树种。

（3）技术要点及配套措施。

①整地。沿等高线穴状整地，规格为30厘米×30厘米×30厘米。

②栽植。采用当地种子直播造林，沿整地的方向均匀地将种子撒入土中，覆土厚3～4厘米，用种量4.5千克/平方千米。造林季节一般在雨季开始前半个月，5月份较为适宜造林。在土层较厚的地方，可适当采取不规则的混交方式，采用容器苗补植部分新银合欢、黑荆、相思等，形成复层混交林。

③抚育管理。造林后要加强管理保护，实行封山护林，在造林区严禁放牧，确保造林成效。

（4）模式成效评价。实践证明，车桑子是在干热河谷地带恢复植被的主要树种。在干热河谷区立地条件较差的荒山，采用本模式效果较佳。随着植被盖度的增加，立地条件逐步得到改善，可选择经济价值高的树种进行混交，形成乔灌混交林。

2. 花椒生态经济型模式

（1）技术思路。干旱河谷区的气候十分特殊，冬暖夏凉，气温年差较小，日差大，日照时间长，降水量少，气候干燥，适宜生长的树木种类比较少。花椒须根发达，比较耐旱，不耐雨涝，易遭冻害。在水热条件相对较好的地区，种植花椒等树种，既能绿化荒山，又能增加当地群众的经济收入。

（2）模式设计。将坡面改为梯田，在梯田上沿等高线每 20～30 米种植一棵花椒树，以沙棘等乡土灌木树种建立生物隔离带，防止水土流失。

（3）技术要点及配套措施。

①整地。一般开浅沟，沟距 20～25 厘米；成片造林，水平阶、穴状整地，规格为 30 厘米 ×30 厘米 ×25 厘米。

②育苗。将种子用湿沙催芽或用温水浸泡 2～3 天，待少数破皮开裂，捞出放在温暖处，盖上湿布，闷 1～2 天，有白芽突破种皮即可播种。苗高在 4～5 厘米时，按 10～15 厘米的株距间苗，适当施肥、浇水、中耕、除草，当幼苗高 70～80 厘米时，即可出圃造林。

③栽植。春秋雨季植苗造林，以早春树芽开始萌动时最好，造林密度为 1.7 米 ×1.5 米，呈三角形配置。在幼林抚育时，一般以切抚为主，禁止全面垦复。

（4）模式成效评价。花椒用途十分广泛，花椒树有绿化荒山、保持水土的功能；花椒的果皮可做调料，入药有祛寒、顺气、止痛、促进食欲等功能；种子可榨油，含油量为 25%～30%，为工业原料。它的生态效益和经济效益都十分明显。

3. 枇杷牧草混交模式

（1）技术思路。干热河谷区降水集中、水分蒸发大、水土流失日益加剧，通过节水保水、引水灌溉、集中沉沙、外坡面种植牧草、台平面种植经济林，可以达到以草养林、以短养长的目的，并使生态效益与经济效益相结合。

（2）模式设计。在外坡面种植牧草，台平面种植枇杷经济林。

（3）技术要点及配套措施。

①树草种及其规格。选用抗性强的健壮嫁接苗，一般要求高 70 厘米，地径 0.8 厘米以上，也可用大苗。牧草选用抗干热干旱的柱花草、黑麦子等多年生优质牧草。

②整地。在陡坡耕地，用机械坡改梯，每台宽 4 米，台面内侧开宽 20 厘米、深 10 厘米的沟，并在沟尾开沉砂池。第一年冬季在台中打 1 米 ×1 米 ×1 米的

大坑，亮坑后施足底肥并回填土壤，坑距为 4 米。外坡面尽量保留原生植被。

③栽植。雨季时，从就近苗圃中取苗，让苗木根部充分吸水后及时定植于大坑中。同时，在林下、外坡面种植柱花草或其他抗干热干旱的低杆牧草。

④抚育管理。注意消除树坑周边的杂草，并施追肥。牧草应长期割除，用以饲养牛、羊，并使其高度低于经济林木。

（4）模式成效评价。采用本模式进行退耕还林，可以解决退耕农户的后顾之忧，增加经济收入，真正做到"退得下、还得上、稳住住、能致富、不反弹"。同时，采用该模式对治理水土流失、加快国土绿化有显著的效果。

### （二）黄土丘陵沟壑区退耕还林典型模式

1. 刺槐沙棘阔叶混交林模式

（1）技术思路。刺槐是黄土丘陵沟壑区的主要造林树种。沙棘耐旱、耐践踏，根系萌生力强，是良好的水土保持林树种。同时，沙棘全身是宝，综合开发利用价值高、潜力大。在退耕还林区，建设刺槐、沙棘混交模式，对于改善生态环境，发展地方经济具有重要的意义。

（2）模式设计。在黄土区与刺槐混交造林成功的树种主要有沙棘、侧柏、白榆、杨树、紫穗槐等。混交方式以带状、块状混交为宜，混交比例按3：2 或 5：5 配置。

（3）技术要点及配套措施。

①整地。整地方法随地形而异，缓坡一般采用反坡梯田、水平阶、水平沟整地，反坡梯田规格为 100 厘米（宽）×60 厘米（深），每隔 2.5～3.5 米做 1 个 20 厘米高的横挡，梯田外侧修地埂，高 25 厘米，宽 30 厘米；陡坡采用鱼鳞坑整地，深度为 40～60 厘米。在栽植前一年的雨季和秋季整地效果最佳。

②栽植。刺槐与上述树种混交，一般均以植苗造林为主，春季栽植为宜。刺槐、侧柏、榆树造林密度为 2.0 米 ×2.0 米或 1.5 米 ×2.0 米，每 1/15 平方千米有 160～200 株；沙棘 2.0 米 ×3.0 米，每 1/15 平方千米有 110 株；杨树为 2.0 米 ×4.0 米，每 1/15 平方千米有 80 株；紫穗槐为 1.0 米 ×2.0 米，每 1/15 平方千米有 300 株。侧柏选用 2 年生苗，其他树种选用 1 年生苗。

③抚育管理。造林后 2～3 年内，应进行松土、除草、培土等工作。从

栽后第 2 年起每年对刺槐进行修枝，沙棘栽后 3～5 年要进行平茬，以后每5 年左右平茬 1 次。紫穗槐第 2 年起开始平茬利用。榆树害虫有榆紫金花虫和榆毒蛾，可捕杀或用苏云金杆菌或青虫菌 500～800 倍稀释液喷杀幼虫。

（4）模式成效评价。刺槐与上述树种混交可以有效减轻病虫害，形成稳定的防护林，促进林木生长。沙棘造林容易，根蘖性强，能迅速覆盖地面，阻挡雨水对土壤的冲刷。沙棘果开发已成为当前植物开发的热点，因而发展刺槐、沙棘混交林既可保持水土，又能改良土壤，增加土壤肥力，还可为区域经济开发提供资源。

2. 枣树等干果生态经济林模式

（1）技术思路。黄土丘陵地区光照充足，热量资源丰富，昼夜温差大，有利于干果经济林的生长发育和糖分积累，提高果品质量。干果经济林不但具有显著的经济效益，而且具有明显的生态和社会效益。在黄土丘陵沟壑区适宜地段发展干果经济林是黄土丘陵区群众脱贫致富的主要途径之一。

（2）模式设计。适宜黄土丘陵沟壑区种植的主要干果经济林树种有枣、杏、核桃、花椒、山楂、枸杞等。以枣为例，干果经济林建设模式如图 6-1 所示。

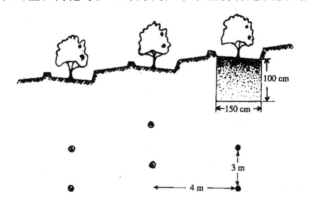

图 6-1　枣树生态经济林模式示意图

（3）技术要点及配套措施.

①整地。采用反坡梯田整地，150 厘米（宽）×100 厘米（深），每隔2.5～3.5 米做 20 厘米高的横档，梯田外侧修地埂，高 25 厘米，宽 30 厘米，拦蓄径流和泥沙。加大栽植穴，深翻熟化穴土。一般要求栽植穴长、宽、深各为 1 米，并要提前整地。

②栽植。采用 1～2 年生苗，春秋栽植均可，春栽宜晚，秋栽宜早，黄土丘陵区以春季为好（萌芽前或萌芽时栽）。

③抚育管理。枣树幼树期间的土壤管理主要是扩大树盘，蓄水保墒，在行间间作豆类或薯类作物；萌芽前追施速效氮肥，花期叶面喷施 0.3% 的尿素 2～3 次，坐果后追施 1～2 次复合肥料，整形修剪以培育良好树势，调节生长与结果的关系，修剪后层次分明，冠内外均能受光，主体结果，产量增加。

（4）模式成效评价。发展干果经济林具有显著的经济效益、生态效益和社会效益。陕西省榆林市从府谷到清涧县，在黄河沿岸形成长 347.5 千米，宽约 10 千米的红枣林带，红枣树面积达 40000 平方千米，年红枣产值超亿元。这种模式是黄土丘陵区群众脱贫致富的主要途径之一。

3. 山杏山桃等与牧草混交生态经济林模式

（1）技术思路。丘陵沟壑区陡坡地立地条件差，土壤干旱，大面积种植乔木果树不仅成活难、生长差、产量低、品质差，还容易干枯死亡。为兼顾生态和经济两大效益，可采用集流节水措施增强蓄水保墒能力，营造耐旱的灌木生态经济林。在保证群众有一定经济收入的条件下，将生态效益与经济效益有机地结合起来，从而保证退耕还林还草顺利实施。

（2）模式设计。耐旱经济灌木树种主要有山杏、山桃、桑树。桑树中的耐寒耐旱品种有黑格鲁、白格鲁、腾桑、甜桑及小白桑等。草种为草木樨、紫花苜蓿、红豆草等。以山杏为例，灌木生态经济林建设模式如图 6-2 所示。

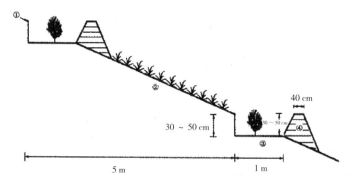

①原耕地坡面线；②集水种草坡面；③截流沟栽植经济林； ④截流埂

图 6-2　山杏与牧草混交生态经济林模式示意图

（3）技术要点及配套措施。

①整地。在坡面沿等高线方向挖1米宽的水平沟（又称集流拦泥植树沟），沟深为30～50厘米，将表土置于沟的上坡，用土在外沿筑高为30～50厘米、埂顶宽为40厘米的埂，然后将上坡表土回填至沟内。水平沟的长度一般为20米，水平方向上两个水平沟间留1米宽的原土带，以防止水土流失，提高蓄水保墒能力。上下两带水平沟的间距为5米，其间的4米坡面种草。

②栽植。山桃、山杏可于秋末土壤结冻前在水平沟内直播，每穴播2～3粒种子，株距为2～3米，行距为5.0米。也可采用1～2年生苗木植苗造林；桑树用2年生嫁接苗植苗造林，在沟内挖深为60厘米，长、宽各为40厘米的栽植坑，株距为1～2米。

③抚育管理。山桃、山杏发芽出土后要进行培土。苗高30厘米时保留1株健壮苗，摘除其余植株，或移栽于空穴处。桑树定植后应在离地面7～10厘米处剪掉苗干，留2～3个芽生长。当年春季不采叶，第2年春蚕用叶后，可在枝条基部留2厘米长剪伐，即夏剪，以后年年夏剪，每株保持4～6条。

（4）模式成效评价。陕西吴旗、志丹、安塞等县从20世纪50年代就开始栽植山桃、山杏，吴旗的杏林已占全县有林地面积的30%以上，杏树的综合收入可达45000元/平方千米。灌木经济林及其相关产业已成为该县的主导产业。桑树不仅是养蚕的主要饲料，它的根、果、叶、枝均可入药。果桑还是优质果品，可制成饮料。

### （三）内蒙古高原风沙区退耕还林典型模式

#### 1.沙地樟子松杨树针阔混交模式

（1）技术思路。依据树种的生态学特性和适地适树的原则，充分利用其种间优势，由多个树种相互有机搭配，形成带状、块状、行间针阔混交林，以充分利用空间和土壤肥力，改善林种结构，促进林木生长发育，更好地改良土壤。樟子松耐寒、耐旱、耐瘠薄，适应性强，生长快，是我国北方广大沙地营造防风固沙林、用材林的主要树种。在平缓沙地上通过栽植杨树、尖叶花曲柳、山槐、胡枝子、山杏等阔叶树种，与樟子松呈带状或块状配置，

可有效防治病虫害。

（2）模式设计。在流动沙丘上应空出 1/3 ～ 1/2 的丘顶，以便削顶缓坡。在迎风坡下部带状栽植胡枝子，用平铺草或柳条保护。背风侧应栽植耐沙压的黄柳。丘顶部分应根据削平情况，向上逐步栽植固沙植物。经过 3 ～ 4 年，沙面基本稳定时，实施樟子松造林。若为固定沙丘，则进行窄带状整地，整地方向与主风方向垂直，栽植 2 年生樟子松苗木和杨树苗，并空留同样或稍狭的草带。

（3）技术要点及配套措施。

①整地。在起伏大或一般平缓的沙地上，为避免风蚀采用窄带状整地，带宽为 60 ～ 100 厘米，并空留同样或稍狭的草带，带状整地应针对主风方向。春季栽植时要在前 1 年的雨期（6 ～ 7 月）进行整地，因为那时不但土壤湿润，而且翻耕后杂草腐烂，能增进地力。秋季（8 ～ 9 月）也可进行整地，深度为 10 ～ 12 厘米。丘高 7 米以上时，丘腹以上部分进行块状整地，块状大小为 50 厘米 × 50 厘米 × 40 厘米。

②栽植。一般采用健壮的 2 年生苗造林，苗木规格为地径 0.35 厘米以上，苗高为 12 ～ 15 厘米，顶芽饱满，主根长 20 厘米以上。栽植方法主要有小坑靠壁（垂直壁）法、隙植法和明穴栽植法。其中，小坑靠壁法是沙地栽松最常用的造林方法。春季、雨季、秋季均可栽植樟子松，但以春季造林成活率最高。栽植密度为株行距 1 米 × 3 米、1 米 × 2 米。杨树采用 1 ～ 2 年生树苗造林，但要注意根系保湿。

③抚育管理。造林后第 2 年选择壮苗进行补植。栽植后 2 ～ 3 年内，每年中耕除草 2 ～ 3 次，除草宽度为 60 ～ 80 厘米，深为 3 ～ 5 厘米，时间以 5 月中旬到 8 月上旬为宜。栽后的 1 ～ 2 年内冬季应采取埋土措施，以防幼树被风沙抽打或被动物伤害，同时做好油松球果螟、松梢螟、松纵坑切梢小蠹虫、松毛虫及樟子松枯梢病等病虫害的防治。沙地樟子松栽后 8 年株间郁闭，10 ～ 12 年林木间开始分化，此时应进行修枝和间伐，但修枝强度不宜过大，以保持树冠长度占树高的 2/3 为宜。间伐强度（株数计算）为25% ～ 30%，间隔期为 5 ～ 6 年。

（4）模式成效评价。自 20 世纪 70 年代以来，模式区营造的樟子松、赤松与杨树、色树、白榆等针阔混交的带状、块状和行间混交试验林的面积已达 500 多平方千米, 现已郁闭成林, 起到了防风固沙、改良土壤、减少病虫害发生发展及改善生态的良好效果。

2. 杨树紫花苜蓿林草复合模式

(1) 技术思路。风沙和干旱是该区两大主要制约因素, 因而在退耕还林中应以发展耐旱林草植被为主, 在营造防风固沙林的基础上, 采取林草结合的种植方式, 通过多目标利用, 实行多元化生产, 将长短期效益结合, 以使单位面积的整体效益最优, 形成以治理促开发、以开发保治理的良性生态建设机制。

(2) 模式设计。针对风沙区的特点, 树种选择杨树, 草种选择紫花苜蓿, 采用 "两行一带" 的造林模式, 杨树株行距为 2 米 ×2 米, 带间距为 8 米, 中间套种紫花苜蓿。

(3) 技术要点及配套措施。

①整地。春季整地, 杨树采用人工穴状整地, 规格为 60 厘米 ×60 厘米 ×60 厘米, 紫花苜蓿采用机械全面整地, 耕深为 30 厘米。

②栽植。春季造林。杨树采用 1～2 年生苗木, 植苗造林, 栽时每穴施足底肥, 与表土混合放入坑底, 而后把苗木植入穴中, 保证苗木竖直, 根系舒展, 深浅适当。填土一半后提苗踏实, 埋土至地径以上 2 厘米。栽后灌透水, 待水渗后, 覆土保墒。紫花苜蓿为人工撒播, 播种时施足底肥。为提高产草量, 防止太阳暴晒, 可与稷子等混合播种。

③抚育管理。栽后要及时涂防啃剂、松土、除草、浇水、防治病虫害, 有条件的地方可灌溉, 以促进苗木迅速生长。

(4) 模式成效评价。该模式在实现生态环境治理与区域经济的协调发展中发挥了积极作用。根据调查, 与同密度的片林相比较, 两行一带的乔草复合模式, 其林木的平均胸径和蓄积量都有所增加。同时, 牧草带来的收益也极大地提高了农民的收入。

3. 沙地生态经济型果园模式

(1) 技术思路。在风沙区, 积极引进适合沙地生长的苹果、葡萄等新品种, 进一步丰富防护林的树种组成, 使防护林体系从以往单纯的防护型转变为生态效益、经济效益并重的多功能体系。

(2) 模式设计。适合该区栽培的苹果品种有甜黄魁、甜丰、秦冠、赤阳、锦红、东光、金红。梨有旱酥梨、小南果、大南果、苹果梨、锦丰梨、尖把王。葡萄品种有巨峰、白鸡心、黑汉、红提。在建设果园的同时，在四周和区内营造防风林带，确保果树的正常生长发育。

（3）技术要点及配套措施。

①整地。沙地一般起伏不平，为方便灌水和经营管理，首先要平整土地。造林时大穴整地，规格为100厘米×100厘米×80厘米。

②土壤改良。沙土层深厚，土质疏松、通气、排水良好，有利于果树生长，但沙地土壤结构松散，保肥、保水力弱，容易干旱，有机质含量少，造林时需更换部分土壤、增施底肥。方法是将表土和底土分别放置，先将表土混拌农家肥100千克，施入坑内，然后填入底土，踏实。

③栽植。根据地势、土壤、气候和管理条件的不同，可分别采取4.0米×5.0米（长方形配置）、4.0米×4.0米（三角形配置）、3.0米×4.0米（长方形配置）几种密度。用嫁接苗建园。苹果苗在栽前1年利用山丁子作砧木嫁接；大秋梨用杜梨和山梨作砧木嫁接；葡萄苗用贝达葡萄作砧木嫁接。起苗时要保证根系完整，随起随栽。栽植前要对苗木进行修根处理，把根系伤口剪成"马耳形"，然后蘸上泥浆。栽植时不要露根，接口与地面齐平，埋土踩实，随后灌水，待水渗完后及时封坑，防止土壤裂缝透风。

④抚育管理。苗木成活后，须及时进行田间管理和整形修剪，同时要特别注意幼树的越冬保护。

⑤配套措施。在果园四周和区内营造防风林带，确保果树的正常生长发育。环周林带栽植4行，株行距为1.0米×2.0米，采用2～3年生小青杨大苗造林，一次成林防风效果好。区内林带与林带间隔200米。

（4）模式成效评价。典型模式区经过几十年的引种实践，选出了适宜沙地栽培的优良品种，并繁殖了大量果树苗木，果树苗木定植成活率高达98%，取得了明显的经济效益和生态效益。

# 第三节  退耕还林工程中应遵循的原则

退耕还林是国家经济社会发展的一项重大战略决策。退耕还林工程是为了合理利用土地资源，增加森林植被，再造秀美山川，实现人与自然和谐共处而实施的一项重大战略工程。退耕还林工程的实施，标志着我国基本上结束了几千年来毁林开荒的历史，标志着我国由向土地索取转向推动绿色发展，促进人与自然和谐共生之路。退耕还林是大型的社会工程，为了其预期目标，实施退耕还林必须遵循退耕还林的客观规律，坚持退耕还林的基本原则，进行科学合理的布局。退耕还林工程必须遵循的基本原则包括以下几个方面。

## 一、目标确立上应遵循的原则

### （一）生态与经济兼顾的原则

正确处理生态建设过程中的生态目标和经济目标的关系，是生态经济管理的核心问题。要想不断获得最佳的生态经济效益，就需要实现生态和经济双重管理目标的不断优化。要实现双重管理目标的优化，最基本的一点是要在认识上将两个目标放在同等的位置上，在管理中力争使两个目标达到最优。在实践中，要充分利用两者之间的相互推动、相互依托的关系，使经济效益和生态效益相互促进、共同提高，生态目标的实现，为实现经济目标创造自然条件；通过经济目标的实现，为生态目标的实现奠定物质基础。

从土地的生态利用上来说，生态公益林的合理配置，使实施区的生态环境状况得到明显改变，如水土流失得到基本控制，林草覆盖率上升等。从土地的经济利用上来说，把退耕还林与农村产业结构调整结合起来，适度发展商品林资源，夯实产业发展的基础，培植农村发展新的经济增长点，使实施区的产业结构有所调整，后续产业有所发展，主导产业逐步建立，农业劳动生产率有所提高，农民的收入有所增加，农业剩余劳动力问题得到妥善解决，贫困现象有所缓解，等等。生态与经济相互兼顾的问题具体指的就是合理确定林种比例的问题，或者说是土地的生态利用与经济利用相互兼顾的问题。生态与经济兼顾是动态的，它有阶段性和地区性的特点，而不是说生态林与商品林的比例就应该是 1 ∶ 1。在经济的不同发展阶段，人们对环境的社会评价不同，对生态林和商品林的需求也是不同的。在经济发展早期阶段，贫困问题较为突出，生存环境被放在第一位，对商品林的要求较为强烈。而当经济发展到一定阶段时，进一步招商引资，改善发展环境就被人们所重视。在不同的地区之间，经济发达程度、自然条件、资源状况、生态重要性程度均有差异，生态林和商品林的比例也应有所不同。

## （二）统筹性原则

退耕还林能减少水土流失，涵养水源，能改变受益地区的生态环境，提高受益地区的环境容量，增强受益地区的经济发展实力，促进受益地区人民生活质量的提高。但是，退耕也会直接影响实施地区农户的眼前利益与地方的发展进程，因而林种比例应兼顾国家、地方、农民三者之间的利益关系，这样退耕还林才能持久实施下去。如果只强调生态效益而不考虑农户和地方的利益，退耕还林就难以开展下去；如果只考虑农户和地区的经济利益，放任生态环境继续恶化，就会威胁农户的生存，最终三方利益都会受到损害。因此，要遵循统筹性的原则，国家、地方、农民三者的利益都不能受到损害。

## （三）持续性原则

统筹发展是可持续发展的基础，统筹发展必须以可持续发展为目标。因此，在树种的选择和配置上要考虑土地生态系统的承受能力，注意保护地力，使林地有持久的生产力。在林种安排上，要考虑经济系统的承受能力，适度发展，避免造林不见林、成活不成林、成林不见效的现象发生。

## 二、规划时应遵循的原则

### （一）坚持因地制宜的原则

退耕还林是一项十分艰巨和复杂的工程，涉及面广，政策性强，因而要周密筹划，针对主要问题确定主攻方向，先易后难，因地制宜，不搞一个模式和"一刀切"。树种选择要充分考虑退耕还林区域的自然条件，特别是退耕还林的立地条件，合理确定适宜的造林树种，并将当地乡土树种与引进成功的树种相结合。在植被配置上，宜乔则乔，宜灌则灌，宜草则草，做到乔、灌、草相结合。在植被恢复方式上，宜封则封，宜飞则飞，宜造则造，做到封、飞、造相结合。在实施中要突出分流域，分不同海拔、地理、气候条件，合理规划林种树种的布局。生态建设如果不讲科学，盲目进行不切实际的建设，不仅浪费有限的资金，损害建设者的热情，还会遭到大自然的无情报复。在天然水分条件不足以养树育林的地区，最科学的办法应是种植灌木和草类，成本低、见效快。草不仅是畜牧业的基础，还是生态环境建设中的重要组成部分。在生态环境脆弱和恶化的地区，种草尤为迫切。这些地区只能先种草，恢复植被后才能进一步综合治理。

### （二）坚持实事求是的原则

退耕还林还草是一项复杂的、系统的生态建设工程，因而必须坚持实事求是的原则。各区（市、县）、乡（镇）、村、社要按照国家的有关政策，为达到生态和经济双重目的而确定工作目标；必须在广泛调研的基础上，实事求是地确定退耕还林的目标和任务，制定符合实际的实施方案，如本地区应退多少耕地，能退多少耕地，各户留多少耕地，如何退耕还林等。退耕还林工作既要讲政策，又要结合农村农民的生产生活实际，不能搞"一刀切""一阵风"，不能因为退耕还林工作影响农民正常的生产生活。有条件的地方退耕还林还草不必局限于25°以上的坡耕地，只要有利于生态建设和经济发展，即使是平川的一些旱地、薄地，也可以在尊重群众意愿的基础上进行退耕还林。

## （三）坚持积极引导与农民自愿相结合的原则

退耕还林政策性强，但又必须尊重农民意愿，因而应加强政策宣传，把政策引导同群众的意愿结合起来。退耕还林，主体是农民。抓好退耕还林工作，首先必须解决好农民的认识问题。要充分利用各种宣传形式和宣传媒体，有针对性地广泛宣传国家实施退耕还林还草的目的、意义和方针政策，做到退耕还林还草的各项具体政策家喻户晓、深入人心；通过宣传发动，使广大农民群众普遍认识到，退耕还林是关系农民切身利益的大事，使退耕还林工作由"要我退"变为"我要退"。其次，退耕还林工程是功盖全局的德政，必须在具体实施中充分尊重群众的意愿，正确处理短期利益与长远利益的关系，在具体任务的确定和落实方面，一定要尊重群众意愿，不搞强迫命令。

## 三、设计上应遵循的原则

### （一）依靠科技的原则

科学技术是第一生产力已成为共识，至少在理论上是没有异议的，但要成为普遍的行动，则还有相当的距离。科技进步对林业、对退耕还林工程同样是至关重要的，如树种选择、良种壮苗、造林技术乃至经营策略的制定都包含着科学技术问题。当前，结合退耕还林生产实际，要做好技术推广、科学研究工作，大力推广林业科技成果和现有林业实用技术，特别要注意推广耐旱树种、植物生长促进剂技术等；要建立高水平的科技示范林、科研试验林；要开展良种壮苗繁育技术、树种选择、高效造林模式、森林火灾预防、病虫害防治等科研攻关；要开展退耕还林效益、造林模式效益的监测，不断提高科技含量，提高退耕还林的质量和效益。

### （二）充分利用自然力的原则

退耕还林地一般是坡耕地和农业经营条件较差的农田、农地及河滩地等，人为措施改变其立地条件的程度很有限，而且每一项技术的采用必须受经营效益的检验。这些客观条件使包括退耕还林工程在内的森林培育业更加依赖自然力，因而认识和利用好自然力就成为搞好林业、搞好退耕还林工程的基础。实施退耕还林工程要充分考虑农业和林业生产的自然属性。就是说，从区域环境、立地条件、生产能力方面进行综合考虑，有的宜牧、有的宜农、有的宜林，把必须和只适宜营造森林、发展林业的农地退回林业，就是合理利用自然力的表现。

认识自然力、用人为措施科学地调节林木和自然条件的关系以充分利用自然力就是林业科学技术。先进的科学技术就在于最大限度地利用和发挥自然力为社会生产服务。做林业工作，不懂生物学基础、生态学基础等基本知识，不懂森林生长发育的基本规律，必然事倍功半，甚至忙碌了几十年，却效果甚微或前功尽弃。要使资金、人力、物力能有效投入，使自然力得到充分发挥，从而形成最佳的生产力，就需要这个投入是在科学技术指导下的投入，是符合自然规律和经济规律的投入。否则，不仅投入收不到最好的效益，还会造成自然力的巨大浪费。

## 四、推动落实上应遵循的原则

### （一）坚持示范带动、稳步推进的原则

退耕还林是一项系统的工作，有很多政策和措施需要通过试点不断进行总结和完善。因此，要通过试点示范，积累经验，以试点为样板，带动整个面上工作的开展。

### （二）坚持自力更生、艰苦奋斗的原则

自力更生、艰苦奋斗是中华民族的传统美德，也是退耕还林必须坚持的一条基本原则。退耕还林是一项利国利民的工程，国家在政策上和经济上给予了极大支持，对退耕还林者给予粮食补助、生活补助，发放种苗费，并实行部分税费减免政策。但是，退耕还林不能沿袭计划经济时代的老办法——"等、靠、要"，也不能按"给多少钱，办多少事"的原则办事。由于历史原因和地理因素，退耕地区大多经济文化发展落后。各地退耕还林工作要从中国国情出发，充分发挥社会主义制度的优越性，调动地方和群众的积极性，组织动员广大农民投工投劳，发扬自力更生、艰苦奋斗精神，积极投身

到这项改善自身生产生活条件的工作中来。

# 第四节　退耕还林工程的实施建议

## 一、科学规划，协调发展

### （一）合理规划，全面发展

1.准确把握政策，明确发展思路

退耕还林是一项长期、复杂、艰巨的社会系统工程，要组织实施好这项工程，必须准确把握好现行政策。这方面应注意处理好以下五个关系。

（1）退耕还林与粮食生产的关系。退耕还林应优先安排在水土流失严重、粮食产量低而不稳的坡耕地和风蚀严重的沙化耕地上实施，为切实保证现有粮食生产能力，绝不允许将基本农田纳入退耕还林的范围。各地在安排具体任务时，要注意给退耕农户留足一定数量的口粮田。同时，要大力加强川地和缓坡耕地的农田基本建设，搞集约化经营，加大科技含量，提高粮食单产，争取做到在耕地减少的情况下，粮食产量不减少。

（2）退耕还林与还草的关系。退耕后在选择恢复植被的方式时，总的原则是因地制宜、宜林则林、宜草则草、乔、灌、草合理配置，从思想和政策上解决重林木、轻草灌的倾向。

（3）经济效益和生态效益的关系。这两者的关系也就是退耕还林与农民增收的关系。首先，退耕还林要在保证实现生态效益的前提下，最大限度地发挥经济效益，让农民得到更多的实惠。其次，要遵循自然规律和市场经济规律，不要盲目发展经济林，避免"果贱伤农"。最后，经济林部分也要采取水土保持措施。

（4）退耕还林和产业结构调整的关系。退耕还林是一个生态建设工程，首先要解决生态问题，强调因害设防。退耕还林工程的实施也为农村产业结构调整提供了契机和可能，各工程县可充分结合农业产业结构的调整安排退耕还林，大力培植龙头企业，形成新的经济增长点。但是，不能把退耕还林完全等同于农村产业结构调整工程，也不能等同于绿色通道工程和单纯的扶贫工程，要严格按国家政策规定和技术标准把关。

（5）近期利益和长远利益的关系。过去毁林开荒可以获得眼前的收益，但随着植被的破坏，水土流失和风蚀沙化加剧，越垦越荒，最终丧失土地的生产能力，得不偿失，更谈不上获得长远利益。实践证明，人类的生产生活必须遵循自然规律，不能以破坏生态环境为代价去换取一时的利益，要处理好近期利益和长远利益的关系。在政策补助期间，退耕户只要按照要求退了耕还了林，并采取有效措施管护好，政策就能及时兑现，近期收益就有了保障。资金和粮食补助期满后，在不破坏整体生态功能的前提下，经有关主管部门批准，退耕还林者可以依法对其所有的林木进行采伐。

2.完善配套措施，实现系统开发

退耕还林（草）是生态建设的一个组成部分，也是国民经济与社会发展的一个子系统。退耕还林（草）涉及面广，工作量大，只有将退耕还林（草）纳入经济与社会发展总体规划，通盘考虑，协调发展，才能卓有成效地进行。因此，应坚持"十个结合"。也就是说，退耕还林与解决农民生活问题、稳定和提高农民收入、稳定和增加财政收入相结合；退耕还林与建设农田、基本粮田相结合；退耕还林与改善农村基础设施建设相结合；退耕还林与农村能源建设相结合；退耕还林与畜牧业、渔业发展相结合；退耕还林与农产品加工业相结合；退耕还林与小城镇建设相结合；退耕还林与提高耕地复种指数和增加农作物单产相结合；退耕还林与农村生态经济庭院建设相结合；退耕还林与生态旅游业相结合。

## （二）完善计划体系，协调部门关系

### 1.完善计划体系

从计划管理角度来讲，退耕还林计划属指令性的计划。它是退耕还林工程实施的行动纲领，是落实兑现政策的重要依据，科学的计划也是保证投资效果的重要条件。当前，应尽快编制退耕还林工程总体规划，再根据总体规划确定年度任务，不能每年随意安排或增加工程任务，应形成长远规划、中期计划与年度计划相配套的计划体系，并将退耕还林工程纳入相应的国民经济发展计划中，使退耕还林工程任务的下达规范化、制度化、正常化，消除计划滞后的现象。在西北干旱、半干旱的地区，退耕还林规划要与水资源的开发利用相协调，科学、合理地评价区域水资源，制定切合实际的水资源规划，提高林业生态建设、环境建设规划的全局性和科学性。

2.完善计划工作依托体系

建立由发改委、林业、牧业、农业、水利、粮食、国土、财税、信贷等相关部门参与的综合决策机制，协调各部门的利益，促进退耕还林由部门行为向政府行为转变，改变部门间各自为政的现象；建立计划工作的纵向、横向协调制度，及时消除部门间出现的扯皮现象；健全领导任期目标责任考核制，将生态环境改善情况的指标纳入各级政府的政绩考核中，使退耕还林工作扎扎实实地开展下去。

## 二、创新制度与机制

### （一）退耕还林要以市场需求的多样性为导向

1.退耕还林方式多样性

为进一步调动群众退耕还林的积极性，要通过政策调动和利益导向创新机制，以及多种形式促进退耕还林工程的实施。在充分尊重农民意愿的基础上，依据各乡村的实际情况，允许户退户还、户退组还、户退村还、此退彼还等多种形式。对于造林面积较大、造林难度大的荒山，根据实际情况，可以采取个体承包、合伙造林、联营造林，以及实行股份制等多种形式造林。

2.退耕还林经营模式多样性

突破"谁退耕谁经营"的方式，鼓励多种形式的退耕还林经营模式。经营模式主要有三种：一是农户分散经营模式。本着"谁造谁有"的原则，鼓励农户自己投资，自己管护经营，收益全部归农户所有。这种经营模式的林地、林木产权关系比较明确。按照相关政策法规，农民作为投资人，在其承包期内拥有林木产权，对林副产品及林木间伐收益具有完整的所有权。二是大户承包经营模式。国家对退耕农民给予一定数量的粮食补助与现金补贴，由林业大户对还林工作进行承包联营，林木间伐收益由农民与企业按一定比例分成。这种经营模式把市场机制成功引入生态建设中，既能大量吸纳社会资金投入退耕还林，又能增强退耕还林者的管理责任心，促进农村产业结构调整。三是企业经营模式。企业与农民签订合同，出资安置农民，承包退耕还林和封山育林；政府则采用多种方式对农民进行补偿，并帮助农民以其他途径重新就业。这种经营模式能够兼顾退耕还林的生态效益和社会经济效益。

### （二）完善产权政策

#### 1. 放活经营权

放活经营权的核心是要改革林木采伐管理制度，使之既方便农民根据市场需求采伐林木，也有利于保护和发展森林资源。总的想法是按照林业分类经营的要求，采取不同的采伐管理模式。对于公益林，严格执行现行森林采伐限额管理制度，以有效地保护公益林，充分发挥公益林的生态功能。对于商品林，采伐要按照三个步骤逐步推进改革：第一步，简化采伐审批程序和手续，实行采伐审批公示制度，向农民提供便捷高效的服务。第二步，以森林经营主体为单位，组织编制森林经营方案，使林木采伐按经营方案进行，实行采伐备案制。第三步，认真搞好试点，不断总结经验，在时机成熟时，实行农户自主采伐林木。

#### 2. 落实处置权

要调动广大退耕农户经营林业的积极性，就需要把林地使用权、林木所有权的处置问题交给千千万万退耕户，让林地流转起来，活起来。为此，在不改变集体林地所有权和林地用途的前提下，允许林木所有权和林地使用权按照"依法、自愿、有偿"的原则流转，以畅通林业经营者的森林资产变现渠道，推动林业生产要素合理流动和优化配置。要在各地实践和规范的基础上，制定森林资源流转条例、森林资源评估管理办法等法律文件，明确森林资源流转的原则、范围、程序和监管办法，为规范要素市场奠定基础。在不改变林地用途的前提下，林地承包经营权人可依法对拥有的林地承包经营权和林木所有权进行转包、出租、转让、入股、抵押或作为出资、合作条件，对其承包的林地、林木可依法开发利用。

#### 3. 保障收益权

退耕农户承包经营林地的收益归农户所有。征收集体所有的林地，要依法足额支付林地补偿费、安置补助费、地上附着物和林木的补偿费等费用，安排被征林地农民的社会保障费用。经政府划定的公益林，已承包到农户的，森林生态效益补偿要落实到户；未承包到农户的，要确定管护主体，明确管护责任，森林生态效益补偿要落实到本集体经济组织的农户，严格禁止乱收费、乱摊派。

退耕户收益权必须有相应的法定程序和证件作保障。为此，要坚持颁发林权证，以"铁证"作为收益权的保障。各地要按照退耕还林工程的政策要求，依法进行实地勘界、实地登记，确保登记的内容齐全规范、数据准确无误，做到"铁证如山"，经得起历史的检验。林地勘界、确权发证和规范管理，是集体林权制度改革中一项十分繁重、十分敏感、十分重要的工作。各地一定要加强领导，精心组织，在人员和经费上予以保障，确保每宗山林四至清楚、权属关系明确、权证规范统一，切实做到图、表、册一致，人、地、证相符，高质量地完成林权登记和发证换证工作。各级林业主管部门要明确专门的林地林权管理机构，建立林权动态管理制度，为森林采伐、补偿、转让等提供基础信息。

## 三、完善工程管理，确保工程建设成效

### （一）完善管理队伍和制度建设

退耕还林工程建设周期长，投资额度大。工程能否实行规范化管理，能否保证工程监督的有效性是一个关键性的问题。这就对干部队伍的整体素质和领导管理水平提出了新的要求，要求干部队伍必须尽快从计划经济体制的束缚中解放出来，从不合时宜的错误观念中解放出来，从已经过时的林业政策的桎梏中解放出来，具体做好三个方面的工作。

一是要抓好"四支队伍"建设，即培养一支高素质的施工设计队伍，抓好退耕工程的规划设计和技术指导；组织一支技术过硬的检查验收队伍，保证工程建设质量；建设一支作风严谨的工程监理队伍，保证国家退耕政策落实到位，任务足额完成；配备一支执法严格的林政稽查队伍，保证还林效果。为此，必须结合机构改革，加强乡镇林业站建设，充实人员编制，保证退耕乡镇每乡至少配备3～5名林业技术骨干，保证建设工程需求得到满足。

二是要完善"三项制度"，即重点工程所在县、乡、村及各部门领导离

任工程审计制度、造林质量行政领导责任追究制度、检查验收终身负责制度。通过制度建设，明确职责，责任到人，克服长期以来存在的领导短期化行为，整治验收人员的敷衍塞责、不负责任、流于形式的不良作风。

三是要规范工程管理，严格按照"规划、设计、施工、验收、建档"一条龙的工程建设程序执行退耕还林工程，做到不符合规划的不设计，不符合作业设计的不施工，不符合质量要求的不验收，以确保工程质量。

### （二）加大监督管理

退耕还林是关系到国家和人民的一件大事，必须坚持"严管林、慎用钱、质为先"的原则，不断加强管理，以管理促进度，以管理保质量，确保退耕还林可持续发展。除了抓好规划设计、后期管理、政策兑现等工作外，还要做好种苗供应、档案管理等工作。

#### 1.种苗供应

林业部门要严格把好种苗质量关，防止不合格苗木进入工程，影响工程建设质量；要通过政府采购、集中采购、招投标等方式，实现种苗采购。

#### 2.档案管理

退耕还林涉及面广、政策性强、情况复杂、补助期长，没有科学规范的档案，退耕还林工作难以有序开展下去。工程管理部门要树立"无档则乱"的意识，对近年工程实施的各类档案，特别是卡片、合同、作业设计、检查验收等基础资料进行清理完善，立卷归档，并配备专门的档案室，指定专人管理。对已营造的耕地林草和荒山林草，要建立健全"三卡、一牌、两书"。"三卡"，即登记卡、验收卡、兑付卡，夯实任务、明确责任；"一牌"，即公示牌，实行公示制度，将退耕还林者的退耕面积、造林树种、成活率以及粮食和资金补助发放情况进行公示，增加工程透明度；"两书"，即合同书、林权证书，及时确认所有权和使用权，以巩固退耕还林成果。

## 四、实施相关的配套工程，确保工程不反弹

退耕还林工程能否长期稳得住，关键的一点要看能不能最终解决农民的吃饭和增收问题。地方各级政府不能满足于短期内国家补偿政策带来的农民收入及地方经济的增长，应尽快培育农村经济及农民收入新的增长点。

## （一）创新林业体制，促进林业产业化建设

### 1.实行林业规模化经营

生产专业化、规模化是林业产业化建设行之有效的办法。产品规模经营，一方面可以减少单位产品成本，提高劳动生产率和经济效益，另一方面也可以降低流通成本和交易费用。但是，规模经济有一定的度，所以在推进规模经营时，除考虑市场前景外，还应考虑产品的市场需求量，做到规模适度。

### 2.加工标准化，产品品牌化

林产品的加工可以较大幅度地增加林产品的附加值，在一定程度上回避市场风险，还可以吸纳部分农村剩余劳动力。随着林业产业化进程的不断推进，林产品加工的要求也越来越高。首先，要在保证产品原有风味的基础上，朝着"绿色食品"的方向发展，这就要求加工标准化。其次，随着市场经济的不断完善，林产品也需要实施品牌战略。品牌化虽然会使企业成本费用增加，但也会使生产者易于管理订货，从而吸引更多的品牌忠诚者，树立良好的企业形象，同时也有助于企业细分市场。注册商标还可以使企业的产品特色得到法律保护。特别是在注重品牌的今天，林产品更应实行品牌化。

### 3.市场经营一体化

林业内部各企业之间以及林业企业与非林业企业之间，通过某种经济约束或协议，把林业的生产过程和环节纳入同一个经营体内，形成风险共担、利益均沾、互利互惠、共同发展的经济利益共同体，即从生产、加工、包装、保管、运输和销售一系列过程中各方所获得的利润是均等的。一体化不是重蹈计划经济"大锅饭"的覆辙，而是有计划、有组织地改造林业，发展农村市场经济。这种经济关系通过一种契约形式，在效益优先、兼顾公平的原则下以按劳分配为主，将双方或多方责、权、利固定下来。这种契约关系不是短期的，而是长期相对稳定的关系。

### 4.组织形式多样化

生产力发展水平的多层次性决定了林业产业化经营组织形式的多样性。根据实践，林业产业化组织形式主要有三种：①现代化的林业企业集团。集团由于资金雄厚，对林业品种选优、林业科学研究、林产品加工和开发起着极大的

推动作用。②"公司＋农户"。从目前来看，这是林业产业化的基本组织形式，主要有六种类型：龙头企业带动型、市场带动型、主导产业带动型、中介组织带动型、科技带动型和林农组织带动型。这种组织形式将龙头、基地、林农有机而紧密地联系在一起，一方面可发挥整体优势，增强集中作战能力，另一方面又可以较合理地保证和体现整体经济利益。③"公司＋农户＋市民"，其基本运作方式是以公司为龙头，公司负责提供部分资金、良种、技术指导、疾病防疫和产品销售、信息服务，市民出资或出人，林农负责提供场地和劳动力，三方通过契约关系联合成利益共享、风险共担的共同体。这一模式可在更大范围内将城市的技术、人才、资金、物资、信息引向农村，使其与农村的土地、劳力、原料等资源有机结合起来，创造巨大的生产力。

### （二）抓好退耕地的外部环境工作

1. 促进剩余劳动力的有效安置

退耕还林还草带来了大量的农村剩余劳动力。剩余劳动力能否有效安置转移是退耕成果能否稳住的一个关键问题。各级政府要尽快建立和完善为农民就业服务的信息网络，及时为农村剩余劳动力提供市场信息，降低劳动力转移的盲目性和风险性。同时，农民的科学文化素质低，难以满足社会就业的基本需求，各级政府要重点在农业技术服务、市场营销、劳务输出等方面给予农民智力支持，使青壮年劳动力掌握一两门劳动技能，增强农民进入市场的本领，提高农村劳动力要素的价格，拓宽农民增收渠道。

2. 实施人口转移，减轻资源压力

不少退耕地区农民祖祖辈辈在贫瘠的土地上毁林、开荒、耕作，造成了严重的水土流失，给生态环境带来了极大的危害。同时，由于生存在自然条件恶劣的地方，他们终日劳作，收获却依然微薄。退耕还林的出发点和归宿就是要让农民增收致富。如果政府不采取措施，易地安置这些村民，任其自生自灭，其结果既会阻碍退耕还林的进程，也不能实现富民的愿望。对于这种情况，各乡镇应调查摸底，早日部署，分期、分批安排这些村民迁移到自然条件较好的地方，通过小城镇的建设，让他们重新承包经营小城镇周围或一些平地上被闲置的土地，或务工经商，让他们移得出、稳得住，并逐步走向富裕之路。

3.加强退耕还林工程基础设施体系建设

大多数边远山区的基础设施，包括林区交通、通信、科技服务、林业机械设备和营林站点建设等，均与两大工程的进度要求不相符。因此，必须加大基础设施建设方面的投入，改善通信、信息交流和交通条件，改善营林站点职工的生活和工作条件，为各站点配备必要的森林管护、森林防火器具，把林区灌溉水利设施配套工程建设纳入退耕还林工程和生态建设的总体规划中，保证相应的资金投入。

## 五、推进退耕还林的可持续经营

### （一）加强退耕还林可持续经营研究，建立科学的理论体系

森林可持续经营是一种新的思想、一种新的方向，也是一种新的森林资源管理模式，涉及政治、经济、社会、文化、资源、贸易和外交等方面，具有涉及面广、多部门、多学科、多领域的突出特点。人们应当清醒地认识到，在我国，社会森林价值观念、相关理论和技术、政策和经济环境、基础设施建设等支撑条件还不成熟，实施森林可持续经营必须循序渐进。其中，宣传、科研、培训等工作都十分重要。特别是森林可持续经营的科研工作，有助于人们进一步明确森林可持续经营的定义、内涵和外延等，对统一森林可持续经营理念，促进我国林业与国际林业接轨，提高人们对森林可持续经营的认识，明确可持续经营的重点，科学评估森林的价值，推动森林认证，提高我国森林可持续经营的水平等意义重大。

加强退耕还林的可持续发展研究，首先要科学地评估退耕还林的价值，明确退耕还林在国民经济发展和环境保护工作中的作用和地位。科学评估其产品和服务类型、价值，是实现退耕还林可持续经营的前提。从管理的角度看，重要的并不是每种经营方案下的绝对价值，而是从一种经营方案改变为另一种经营方案所导致的价值变化。其中，各种利益群体的协调很关键。其次，要明确退耕还林生态系统管理的内容。作为森林可持续经营的基本技术模式，森林生态系统管理综合了林学、系统科学、管理科学、生态经济学、信息科学等学科的技术，以及森林镶嵌布局论、森林文化论、综合技术论等

理论。最后，要试点示范先行。科学评估退耕还林的价值，确定其可持续经营具体指标的阈值，是一项非常复杂的工作，目前基础条件尚不成熟。因此，宜在典型示范区内进行示范与验证研究，对各指标的可行性进行筛选，同时对具体的指标阈值进行修订，为进一步在全国范围内执行可持续经营标准与指标积累经验。随着形势的发展，退耕还林工程面临的社会经济环境已经发生了重大变化，研究新形势下退耕还林工程的可持续发展是非常有必要的。

### （二）强化保障措施

森林可持续经营目标的最终实现，不但需要有符合特定区域社会经济发展水平，并与特定自然生态环境条件相适应，且符合区域可持续发展总体目标的经营管理模式，而且在实践中需要特别关注森林可持续经营综合保障体系的构建和不断完善。这是因为森林可持续经营目标能否实现，在很大程度上取决于人的社会行为是否符合可持续发展的基本原则。而人的社会行为合理化是需要有一套行之有效的综合保障体系来约束规范的。其中，对政府行为、市场行为以及公众行为的合理调控是森林可持续经营保障体系的核心。

森林可持续经营保障体系的效果在很大程度上取决于执行手段的有效性。按照手段性质的不同，可以分为经济手段、技术手段、政策手段、行政手段和法律手段；按照作用的不同，又可分为直接手段和间接手段。计划经济体制下，对森林经营的调控主要体现在由上而下的指令性计划之中，采用行政手段通过行政组织来保证计划的实施和调控目标的实现。这种"硬着陆"式的调控手段在一定时期内有迅速有效的一面，但因其管得过死，也带来了许多问题。随着社会主义计划经济体制向市场经济体制的转轨，市场调节的作用将越来越大，市场机制将在资源配置中起基础性作用，国家对森林经营活动的调控必然会从以直接调控为主转向以间接调控为主。在调控手段上，将从以行政手段为主转向以经济手段和法律手段为主，同时辅之以必要的行政手段和其他各种手段。总之，森林可持续经营目标的实现，不仅最终有赖于综合保障体系的不断完善，还需要多种调控手段的综合运用。多种调控手段在目标一致的情况下，作用的方向、力度和范围不尽相同，因而在实际运用中应加强协调，综合运用，发挥整体功能。

# 第七章 城市森林建设

## 第一节 城市森林概论

城市化是人类社会发展的必然趋势。但是，城市化就像一把双刃剑，在带来巨大效益、推动社会进步、创造并使人类享受城市文明的同时，也造成了环境污染、社会失序等负面影响，即人们常说的"城市病"。正如《北京宪章》中所说的："20世纪既是伟大而进步的时代，又是患难与迷惘的时代。"城市森林是建立在改善城市生态环境的基础上，借鉴地带性自然森林群落的种类组成、结构特点和演替规律，以乔木为骨架，以木本植物为主体，艺术地再现地带性群落特征的城市绿地。

### 一、城市森林的概念

最初学术界所说的城市森林是指城市这个人工化环境中所有植物的总和。城市范围内，特别是建成区域内的木本植物群落是否能称为森林，是有争论的，因为在很长的一段时间里，人们对森林的理解是受美国著名林学家Grave 和 Gvise 影响的。他们认为，"森林是乔木、灌木和其他植物组成的复杂群落，每一个个体都在此群落的生命中起着重要的作用。因此，公园中（城市）分散的树木不能更新，所以不是森林"。从理论上解决城市森林这一概念问题的人是纽约州立大学的罗文·罗文特尔，他根据美国林务局对森林所下的定义来分析城市植被。这一定义的要点是"森林需要有一定的地域范围和生物量的密度"。他认为，生物量的密度指标可用单位面积土地所具有的立木地径面积或疏密度来表示；对于生物量的地域范围，则可从生物量所表现的对生态环境的影响来考虑。因此，罗文特尔指出，如果某一地域具有 5.5～28 平方米/公顷立木地径面积，并且具有一定的规模，那么它将影响风、温度、降雨和动物的生活，这种森林可称为城市森林。这种森林是以人为主体的森林生态系统，是在城市行政区域之内，城市功能所能影响到的地域，包括社会、自然环境和城市居民在休息日容易到达的林地。

自"城市森林"问世以来，不少学者对城市森林的概念和内涵从不同角度进行了探讨。Gobster 把城市森林定义为"城市内及人口密集的聚居区域周围的所有木本植物及与其相伴的植物，是一系列街区林分的总和"。德国的 Flack 提出了广义的城市森林的概念，即"城市森林包括城市周边与市内的所有森林"，但此定义不包括传统的城市绿地、公园、庭园、行道树等。王木林等认为，"城市森林是指城市范围内与城市关系密切的，以树木为主体，包括花草、野生动物、微生物组成的生物群落及其中的建筑设施，包含公园、街头和单位绿地、垂直绿化、行道树、疏林草坪、片林、林带、花圃、苗圃、果园、菜地、农田、草地、水域等绿地"。刘殿芳认为，城市森林本身的含义，从有利于直观认识和便于实践与普及的角度出发，可被理解为生长在城市（包括市郊）的对环境有明显改善作用的林地及相关植被。它是具有一定规模、以林木为主体，包括各种类型（乔、灌、藤、竹、层外植物、草本植物和水生植物等）的森林植物、栽培植物和生活在其间的动物（禽、兽、昆虫等）、微生物以及它们赖以生存的气候与土壤等自然因素的总称。城市的园林（人文古迹和园林建筑除外）、水体、草坪以及凡生长植物的其他开放地域均应纳入城市森林总体，成为其中的一个组成部分。它是一个与城市体系紧密联系的、综合体现自然生态、人工生态、社会生态、经济生态和谐统一的庞杂的生物体系。

## 二、城市森林的特性

城市森林就其自然属性而言，与天然森林有共性，均是以木本植物为主体的生物群落系统，具有生态系统多样性和生物物种多样性，并按其自身规

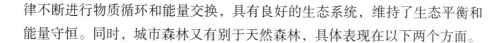

律不断进行物质循环和能量交换，具有良好的生态系统，维持了生态平衡和能量守恒。同时，城市森林又有别于天然森林，具体表现在以下两个方面。

### （一）城市森林受外界环境影响较大

城市环境具有高度异质性，大气、土壤、水体等环境中的污染物及"热岛效应"等特殊环境对城市森林影响很大。生长在城市中的树木和森林，除了要承受干旱、病虫害、火灾等自然灾害的威胁以外，还要面对相对恶劣的城市环境。城市大气污染物（$SO_2$、$NO_x$、$HF$、$Cl_2$、粉尘等）、土壤污染（$Hg$、$Pb$、$Cd$、$Cr$、$Ni$ 等土壤污染和土壤板结等）、水体污染、酸雨等，均会对树木的生长、群落的稳定造成很大的影响。

### （二）城市森林的管护费用较高

城市森林中人工林的比例很大，土壤、水分、大气、温度等环境条件不同于一般的天然立地条件，特别是一些景观视觉效果的保持需要特殊的管护。因此，整个林分需要较长时间的人工维护，水资源消耗也较多。同时，城市里的林木需要经常进行病虫害防治，在出现影响交通、电力、建筑、居民人身安全等问题时还需要额外的修剪管护工作，故而城市森林管护的人工费用较高。

## 三、城市森林的类型

多种需求决定了城市森林类型的多样性。根据我国国情和城市森林现状，兼顾整个城市建设区域及外围的绿色环境空间格局，并与城市规划建设体系相协调，笔者将城市森林划分为以下四种类型。

### （一）公园林地

公园林地是指由市政、企事业单位或个人投资建设，相对集中独立的、对公众开放的具有游憩功能的林地，其规模可大可小。根据我国公共绿地统计标准，公园绿地宽度应不小于 8 米，面积应不少于 1000 平方米，绿地空间以明确、完整的园区形态（即空间限定性）为主要特征，并且应具有一定的文化与生活设施，对公众开放，具备改善生态环境、美化市容等多种功能。公园林地包括综合性公园、居住区公园、儿童公园、植物园、街头小游园、园林路、河（江、海）滨公园、花园广场、历史文物古迹公园、纪念性公园、文化旅游公园、休闲观光果园、自然风景名胜公园、郊区公园、森林公园等。

### （二）风景名胜和自然保护区林地

风景名胜和自然保护区林地是指城市范围内以大面积的自然山水、名胜、森林、湿地、风景等为主要内容的林地，可供人们游览、野营、狩猎、疗养以及进行体育锻炼和开展科学活动等。这类林地设有游览、娱乐设施和相应的专业设备，供游人使用，并有专门机构管理。城市一般将此类林地设为自然风景区、自然保护区、名胜古迹风景区、狩猎区等。这类林地虽然具有一定的游憩功能，但又不同于公园林地，是一种较大范围的自然区域景观。

（1）自然风景区。这是指以自然景观为主的风景区，如水库、溶洞周围或山川等林地风景区。

（2）自然保护区。这是指保护自然环境、自然资源和濒于灭绝的生物种类的区域。自然保护区还是进行科学研究的基地，其中部分或全部开放，供游人参观、游览，供群众娱乐和进行热爱大自然的教育。

（3）名胜古迹风景区。这是指为保护名胜古迹所建造的或以名胜古迹为中心的风景林地，如长城风景区、十三陵风景区等。

### （三）交通林地

交通林地是指城市道路等交通运输用地中的附属绿地，包括道旁绿地（含行道树绿地）、分车带绿地、交通广场绿地、立体交叉绿地、桥头绿地以及对外交通枢纽（车站、机场、码头等）附属绿地、通航河道绿地和市区公路、铁路附属绿地等。这些绿地是连接居民区林地、企事业单位林地、公用林地和风景林的纽带，使之在地域上连成系统。它的主要功能是改善城市交通环境、美化市貌、降低污染，提高城市环境质量以及组织交通、保护路面等。交通林地规划也具有一定的指标要求。

### （四）农林生产林地

农林生产林地是指以第一产业经济的形式存在于城市范围内的绿地，是以发展农、林、牧、渔等产业经济为主要功能，以生产木材、果品、花卉、苗木，以及农、牧、副、渔业产品等为主要目的的林地、绿地、水域。农林生产林地包括竹木用材林、林副产品、果园、药材、蚕桑等林地，苗圃、花园、草场、菜地、农田、鱼塘等绿地或水域，是满足居民农林产品需要的重要场所，并在一定时期内具有调节城市生态环境的作用，也是城市景观。农林生产林地可以发展生产、游览、度假、购物等综合经营的多功能产业。

## 四、城市森林与相关概念的关系

### （一）城市森林与城市园林的关系

园林是在一定地域内，运用工程技术和艺术手段，通过改造地形（筑山、叠石、理水）、种植树木花卉、营造建筑和布置园路等过程，创造的优美的自然环境和游憩领域。在城市建设中，凡是依靠植物改善环境的地方都可称为园林。《中国造园论》中指出，"园林是以自然山水为创作主体，运用花木、水石、建筑等物质手段，在有限空间里，创造出视觉无尽的、具有高度自然精神的环境"。现代园林的内涵已扩展到另外两个层次，即城市绿化与大地园林化规划，包括各种公园、街头小游园、花园等公园绿地，各种防护绿地，风景名胜与自然保护区绿地，各种庭园以及交通绿地等。

现代的城市森林和城市园林都是在城市环境状况恶化的基础上发展起来的，二者均以发挥各自的社会生态效益为前提，以维护整个城市的环境向着良好的方向发展为基础，大力增加城市及其周边范围内的绿量，缓解甚至消除一系列的城市问题，既为城市居民创造了一个洁净、静谧、舒适的生存环境，又能使人们从中感受到人与自然的协调与融合，营造陶冶人情操的特殊氛围。因此，从该角度上来讲，城市森林和城市园林的作用是相同的。但是，城市森林和城市园林又具有各自的特点。城市园林更加注重城市的景观美化效果，侧重于艺术，用各种材料，包括植物、山石、水体等，师法自然，并使其高于自然，以高度的艺术性和观赏性为主体，达到"天人合一"的境界，是城市森林无法比拟的。城市园林通常大面积地种植草坪，被戏称为"摊大饼"。而城市森林主要侧重于以乔木为主体的植物群落所起的作用，在以其巨大的光合能力制造有机物的同时，发挥着调节气候、净化空气、涵养水源、保持水土、防风固沙、削减噪声、减少污染、美化环境等生态效益功能，显著改善了城市环境，显示出比城市园林更大的生态效应和社会效应。

城市森林和城市园林的相互融合势在必行，城市园林融入城市森林，可以大大地提高城市园林的生态效益和社会效益，增加城市园林的层次性，增加城市的垂直绿化，促进各层次的相互协调，对于使城市园林回归自然、改善城市的生态环境有着很大的作用，特别是在城市的街道、居住区、公园等区域大力发展城市森林，会大大改善居住环境。而城市森林融入城市园林的艺术形式，可以使城市森林更具观赏性，避免单纯地建设森林，增加森林的结构复杂性和层次性，增强视觉效果，特别是城市风景林的营造，对陶冶人们的情操、提高城市居民的精神素养有着深刻的影响。因此，二者的互相借鉴、互相影响、互相促进、互相融合，不但可以改善环境，而且能更加有效地促进人们对绿色环境的向往和崇尚。

### （二）城市森林与城市绿地的关系

绿地是配合环境创造自然条件，适合种植乔木、灌木和草本植物而形成一定范围的绿化地面或区域。城市绿地即城市范围内的各种绿地，通常包括狭义上的城市绿地与广义上的城市绿地。狭义上的城市绿地是指城市中所有的园林植物种植地块和园林种植占大部分的用地，广义上的城市绿地包括园林绿地和农林生产绿地（农地和林地）。城市森林是广义城市绿地的一种类型，是城市绿地的一种高级形式，在改善城市环境状况上发挥着主要作用，同时在为城市居民提供一种近自然的景观方面也有着重要的意义。城市绿地的种类很多，功能多样，在城市环境中发挥着各种不同的作用，其主要侧重于某一方面功能的发挥，如交通绿地是在保证引导交通的基础上再发挥其生态效应，而防护绿地是以发挥某种特定的防护功能为主题。城市绿地和城市森林一样，都具有改善和美化城市生态环境的功能，能为人类提供一个舒适的生存和生活空间，满足人们对环境各方面的需求。

# 第二节　城市森林建设的理论基础

## 一、城市森林建设的思想基础

"城市森林"的思想渊源是极其丰富的，也具有悠久的历史。追溯这些深邃的、经典的、睿智的思想，对于城市森林建设具有重要的指导和启发意义。正如沙里宁所说，"即使在我们的时代，也应当采用古典与中世纪时期的基本原则，而且我们还将证明，我们今天的城镇之所以杂乱无章，其真正原因恰恰在于放弃或遗忘了这些原则"。因此，人们在进行城市森林的建设时，应批判地继承先辈们的思想精华，并将其作为研究和建设城市森林的基本依据和思想基础。

### （一）"以人为本，天人合一"的思想

人与自然之间的关系历来是哲学家和思想家所关心的问题。不论是儒家的"上下与天地同流"（《孟子·尽心》），还是道家的"天地与我并生，而万物与我为一"（《庄子·齐物论》），均体现了"以人为本、天人合一"的理念。春秋时期管仲在《管子·霸言》中说："夫霸王之所始也，以人为本。本治则国固，本乱则国危。故上明则下敬，政平则人安，士教和则兵胜敌，使能则百事理，亲仁则上不危，任贤则诸侯服。"其中道出了"以人为本"的哲学理念。天人合一，就是赋予"天"即自然以"人道"，出自汉代大儒董仲舒。董仲舒研究"天人相与之际"，他认为"天者，万物之祖，万物非天不生"。司马迁云："《春秋》推见至隐，《易》本隐之以显。""隐"指人道，"显"指天道。因此，《易》与《春秋》的结合构成了天道与人道的结合。天道与人道的结合，即天人合一。董氏云："天地之气，合而为一，分为阴阳，判为四时，列为五行。"张岱年曾指出："中国哲学中，关于天人关系的一个有特色的学说，是天人合一论。天人合一，有二意谓：一天人本来合一，二天人应归合一。天人关系论中之所谓天人合一，乃谓天人本来合一。关于天人本来合一，有二说：一是天人相通，二是天人相类。"我国当代国

学大师钱穆对"天人合一"观做了精辟的概括：中国人认为"天命"就表露在"人生"上。离开"人生"，也就无从来讲"天命"。离开"天命"，也就无从来讲"人生"，所以，中国古人认为"人生"与"天命"最高贵、最伟大之处，便在能把它们两者和合为一。离开了人，又从何处来证明有天？因此，中国古人认为，一切人文演进都顺从天道。违背了天命，即无人文可言。"天命""人生"和合为一。

"以人为本，天人合一"的核心思想强调人与自然和谐相处，人与自然协调发展。《管子·乘马》中说："凡立国都，非于大山之下，必于广川之上。高毋近旱而水用足；下毋近水而沟防省。因天材，就地利。"就是说，一般选平原广阔、水陆交通便利、水源丰富、地形高低适中、气候温和、物产丰盈等生态环境比较好的地方建城市。荀子在《荀子·王制》中提出要运用国家的强制手段保护山泽资源，强调"草木荣华滋硕之时，则斧斤不入山林，不夭其生，不绝其长也"。只有"斩伐养长，不失其时"，才能使"山林不童，而百姓有余材也"。《管子·山国轨》对山泽资源的开发利用提出了"皆善官而守之"的要求。《管子·八观》中说，对山林砍伐，要"禁发必有时"，对山泽捕捞，要"罔罟必有正"。《管子·内业》论人之所生，"和乃生，不和不生"。《孟子·告子上》说："苟得其养，无物不长；苟失其养，无物不消。""养"就是"食物链"的概念，其主要功能在于维系生命的存在，并将生物和环境联系起来，构成生态系统，如《荀子·天论》所说："万物各得其和以生，各得其养以成。"老子曾说："人法地，地法天，天法道，道法自然。"即城市的发展（人的行为）应遵循自然规律，保持人与自然可持续发展。中国园林把建筑、山水、植物有机地融合为一体，在有限的空间范围内利用自然条件，模拟大自然中的美景，经过加工提炼，把自然美与人工美统一起来，创造出与自然环境协调共生、天人合一的艺术综合体。苏州沧浪亭的楹联"清风明月本无价，近水远山皆有情"就表现出园主视己与自然浑然一体，陶然于自然的闲适心情。因此，"以人为本，天人合一"是人类各项活动的永恒主题，也是城市森林的永恒主题，其对今天城市森林的发展也具有重要的指导意义。

### （二）"理想城市"的思想

"理想城市"一般是指16世纪初至19世纪中叶主要产生和活动在欧洲的空想社会主义者提出的一些城市模式。理想城市与自然发生的、实际建设的城市不同，它只是一种构想、一种憧憬，但它又在一定程度上符合经济、社会发展和变革的要求，展示出一种未来的潮流，也对现实的城市建设和发展产生一定的影响。早在公元前4世纪，古希腊哲学家柏拉图就曾经在西那库斯尝试过建造一个理想的城市，希望用理性的手段把尺度和秩序加入到人类活动的每个领域。柏拉图认为城市的发展起源于农村地带所没有的对奢侈生活的愿望，所以希望回到自然的社会秩序之中。他认为一个城市中应该有神殿、花园、体育场、竞技场、运河、冷热水供应，整个城市要建立在高地上，为的是便于防守和清洁。柏拉图设想一座城市的居民不要超过3万人。

在柏拉图等人思想的影响之下，古罗马建筑师维特鲁威提出并设计了理想城市的模式。他在《建筑十书》中总结了古罗马与古希腊的城市建设经验，主张应从城市的环境因素来合理地考虑城址选择、城市形态、规划布局等问题。他认为，城址的选择要有利于避开浓雾、强风和酷热；必须占用高地，远离疾病滋生地；要有丰富的农产品资源和良好的水源；要有便捷的道路或河道同外界联系。15世纪，意大利文艺复兴时期的阿尔伯蒂、伊尔·菲拉雷特、斯卡莫齐等人师法维特鲁威，发展了理想城市理论。1452年，阿尔伯蒂所著的《论建筑》一书，从城镇环境、地形地貌、水源、气候和土壤等环境因素着手合理选择地址，而且结合军事防卫的需要考虑街道布局，提出了理想城市的模式，他主张从实际需要出发实现城市的合理布局。菲拉雷特著有《理想的城市》一书，他认为应该有理想的国家、理想的人、理想的城市。斯卡莫齐根据菲拉雷特的设想提出了一个理想城市方案：城市中心为宫殿和市民集会广场，两侧为两个正方形的商业广场，南北两个正方形分别为交易所和燃料广场，中心广场的南侧有运河穿过。"理想城市"对欧洲的城市规划思想和城市环境建设颇有影响，如法国规则式布局的凡尔赛宫，便是一个典范。虽然"理想城市"的思想过于理想化，但在今天也具有一定的参考价值。

### （三）"田园城市"的思想

1898年，英国人埃比尼泽·霍华德出版了《明日的田园城市》一书，认为应该建设一种兼有城市和乡村优点的理想城市，他称之为"田园城市"。"产业革命"在使资本主义生产力获得巨大发展的同时，也带来了一系列问题，尤其是城市人口过于密集，交通拥挤，环境污染日益严重，居民生活条件恶化；而农村则大量破产，社会两极分化，城乡对立日益严重。在此背景下霍华德提出了著名的"三磁理论"。所谓"三磁"是指可供人们选择居住的三类人居磁场：一是城市，二是乡村，三是城乡结合的田园城市。霍华德认为，理想的城市就是兼具城乡优点的"城乡磁体"。1919年，田园城市被简短定义为："田园城市是为安排健康的生活和工业而设计的城镇；其规模要有可能满足各种社会生活，但不能太大；被乡村带包围；全部土地归公众所有或托人为社区代管。"霍华德主张"把积极的城市生活的一切优点同乡村的美丽和一切福利结合在一起"的城乡完美结合。在霍华德的倡导下，田园城市应拥有优美的自然环境、丰富的社交机遇，有企业发展的空间和资本流，有洁净的空气和水，有自由之气氛，具合作之氛围，无烟尘之骚扰，无棚户之困境，兼具城乡之美，而无城市之通病，亦无乡村之缺憾。城市的四周为农业用地所围绕；城市居民经常就近得到新鲜农产品的供应；田园城市居民生活于此，工作于此；城市的规模必须加以限制，使每户居民都能极为方便地接触乡村的自然空间。霍华德还设想，若干个田园城市围绕中心城市，构成城市组群，为"无贫民窟、无烟尘的城市群"。霍华德针对社会出现的城市问题，提出带有先驱性的规划思想；针对城市规模、布局结构、人口密度、绿化带等城市规划问题，提出一系列独创性的见解，形成了一个比较完整的城市规划思想体系。

霍华德的田园城市论思想中最重要的文化价值观是：理想的社区应该是乡村和城市生活的结合。他认为，"城市和乡村必须结合起来，从欢乐的结合中产生出新的希望、新的生活、新的文明"。他还强调，一个田园城市应当是一个城乡有机结合的人类聚居地，而不是城市与乡村的简单的混合。它是一种兼具城乡之利，而无其之弊的高效率的社区。"田园城市并不要使到处都呈现出一片带有大量绿野的、松散而无限蔓延的私人住宅，而是一种相当紧凑、严格控制的城市型组合。"同时，田园城市是为健康、生活以及产业而设计的城市，它的规模足以提供丰富的社会生活，但又不应超过这一程度。当城市达到一定规模时，就要建设另一座田园城市。若干个田园城市环绕一个中心城市布置，形成城市组群——社会城市，遍布全国的将是无数个城市组群，在绿色田野的背景之下，就像一个个富有活力的细胞，城市组群中的每一座城镇在行政管理上是独立的，相互之间用铁路和公路连接，而各城镇的居民实际上属于社会城市的一个社区。

### （四）可持续发展的战略思想

可持续发展是 20 世纪 80 年代出现的重要的战略思想，目前已为全世界所普遍接受，并逐步向社会经济的各个领域渗透，成为当今社会最热点的问题之一。它是在 1987 年发表的世界环境与发展委员会的报告《我们共同的未来》中被提出来的，意在既满足当代人的需要又不损害后代的利益。1992 年 5 月，在巴西里约热内卢召开的联合国环境与发展大会通过了《21 世纪议程》，使可持续发展成为指导世界各国社会经济发展的共同的战略。可持续发展战略旨在促进人类之间以及人类与自然之间的和谐，其核心思想是：健康的经济发展应建立在生态可持续、社会公正和人民积极参与自身发展决策的基础上。具体体现为三个原则：一是公平性原则，包括本代人的公平、代际间的公平以及资源分配与利用公平。二是持续性原则，即要求人类的经济和社会发展不能超越资源与环境的承载能力。三是共同性原则，即可持续发展需要全球的联合行动。可持续发展对于人们进行城市森林的建设具有现实的指导意义，一方面，规划建设的目的是优化生态环境建设，从而建设起结构优化、生长稳定、抗逆性强、生态功能显著的城市森林体系，以确保和支撑城市社会经济的可持续发展；另一方面，在城市森林规划建设时应考虑城市森林体系本身需具备可持续发展的能力，即所营造的森林植物群落应具有较强的天然更新能力，从而使生态系统的稳定性提高，达到生态功能持续稳定地发挥的目的。

## 二、城市森林建设的基本理论

城市森林建设的理论与森林系统建设的理论有许多共通之处，但由于城市森林与森林本质的不同，其理论也存在一定的差异。

## （一）生态平衡理论

处于稳态机制下的生态系统能够在一定限度内通过自我调节能力平衡自然或人为地干扰和冲击，从而保持其稳定性，称为生态平衡。生态系统平衡是相对的平衡，因为系统本身是一个非平衡系统，它始终处于不断变化之中，只是在系统发展的一定阶段内，系统中能量和物质的输入与输出大体相当，系统中生产者、消费者、分解者的组成、种类、分布以及个体的数量基本不变，从而使系统处于相对的稳定状态。另外，生态系统的平衡是动态平衡，系统内外因素（包括自然的和人为的）经常使系统中的一些重要因子发生变化，在一定限度内，系统能够自我调节和维持自己的稳定性，抑制这种变化，使系统维持或恢复原来的稳定状态。但是，森林生态系统的自我调节能力是有一定限度的。当外界干扰压力超过"生态阈值"时，自我调节能力随之下降，甚至消失，生态系统结构将被破坏，以致整个系统受到伤害甚至崩溃，出现生态危机。

生态系统是一种控制系统，生态系统的反馈作用是实现系统自动调节和维持系统正常运行的重要机能。一般条件下，生态系统的反馈作用与生态系统内部组成成分的复杂程度有关。系统内部的结构越复杂，则系统中物质循环和能量流动的渠道越多，各渠道之间的代偿作用越明显，系统反馈机能便越强。但是，生态系统通过反馈机能来实现自动调节的能力是有一定限度的，如果外来干扰超过这个限度，如生态环境严重污染、系统结构遭严重破坏，生态系统的自我调节就会失去作用而导致生态失调。生态平衡不仅会对人类的反馈作用产生影响，而且通过自动调节也可产生应有的生态效应。生态效应通常指由于人类活动对生态环境产生的破坏性作用所引起的生态系统结构和功能的相应变化。城市森林生态系统物种种类少，食物网、食物链比较简单，外界干扰很容易使其结构破坏，影响整个生态系统功能的正常进行。生态系统自身的生态阈值比较小，仅靠自身的自我调节能力维持生态平衡是不现实的，必须不断向系统输入能量、物质和信息，以维持有序的耗散结构，达到稳定的生态平衡状态。因此，城市森林生态系统的生态平衡的实质绝不是简单的能量与物质的平衡。

## （二）生态位原理

生态位是指种群在群落中与其他种群在时间上和空间上的相对位置及其机能的关系。一种生物的生态位既反映该物种在某一时期、某一环境范围内所占据的空间位置，也反映该种生物在该环境中的气候因子、土壤因子等生态因子所形成的梯度上的位置，还反映该种生物在生态系统（或群落）的物质循环、能量流动和信息传递过程中所扮演的角色。物种的生态位具有特有性、层次性、区域性、时效性、可调性、相对稳定性和定量可测性。生态位从本质上反映了物种在特定尺度下在特定生态环境中的职能地位，包括物种对环境的要求和影响两个方面及其规律。生态位是物种属性特征的表现，它定量地反映物种与生境的相互作用关系。城市中的资源和空间较之自然界是非常有限的，而城市森林生态系统中的每种生物的生存都需要一定的空间和资源，并为此引起有同样需要的物种间激烈的竞争。竞争和选择的结果，使种群间产生了生态位的隔离，避免或减少了生态位的重叠，使城市森林生态系统在一定范围内呈现出物种多样性的特点。

## （三）生态适应性原理

生物由于长期与环境的协同进化，对生态环境产生了生态上的依赖。环境中对生物的生命活动起直接作用的那些要素一般被称为生态因子，包括非生物因子（如温度、光照、大气、pH、湿度、土壤等）和生物因子（即其他动植物和微生物）。生物主体与环境生态因子之间的关系有以下几个基本特征：第一，生态因子的综合作用，即每一种生物都不可能只受一种生态因子的影响，而是受多种生态因子的影响；各种生态因子之间也是相互联系、相互影响的，共同对主体发挥作用。这就要求人们在考虑生态因子时，不能孤立地强调一种因子而忽略其他因子，不但要考虑每一种生态因子的作用，而且要考虑生态因子的综合作用。第二，生物与环境的关系是相互的、辩证的，环境影响生物的活动，生物的活动也反作用于环境。第三，生态因子一般都具有所谓的"三基点"，即最适点、最高点和最低点。每一种生态因子对特定的主体而言都有一个最适宜的强度范围，即最适点，生态因子强度的增加和降低对特定的生物都有一个限度，有一个最高限度和最低限度（即生物能够忍受的上限和下限）。最高限度和最低限度之间的宽度称为生态幅，它表示某种生物对环境的适应能力。第四，限制因子，即环境中限制生物的生长、发育或生存的生态因子。生态因子在最低量时可成为限制因子，但如果因子过量，超过生物体的耐受程度时也可成为限制因子。城市森林植物有机体耐受性限度中的任何一个在质和量上的不足或过量，都会引起有机体的衰减或死亡。城市是污染较为集中的地方，也有某些因子起着限制因子的作用，如果城市森林经常处于这种不利的极限环境条件之下，植物生长会严重受阻，从而影响到整个森林系统的健康。

### （四）整体性和系统性原理

任何一个系统都是在与系统内外的相互联系、相互影响中存在发展的。一个符合生态规律的森林城市应该是结构合理、功能高效、关系协调的城市生态系统。所谓结构合理是指适度的人口密度、合理的土地利用、良好的环境质量、充足的绿地系统、完善的基础设施、有效的自然保护；功能高效是指资源的优化配置、物力的经济投入、人力的充分发挥、物流的畅通有序、信息流的快速便捷；关系协调是指人和自然协调、社会关系协调、城乡协调、资源利用和资源更新协调、环境胁迫和环境承载力协调。任何一个子系统的不完备都会影响整个系统的功能，因为城市生态系统正像"生态木桶"原理那样，组成木桶的那些子系统（板块）只要任何一块有短缺，木桶的容量就大打折扣，即整个生态系统的功能失调，城市生态系统安全也不复存在。因此，城市森林生态系统的规划与经营在注意植物个体间关系的同时，也要注意植物间以及城市森林与人类之间的关系，并通过城市森林"点""线""面"的结合把城市森林的开敞空间连接成网络，减少城市森林分布的孤立状态，保留大面积的城市森林，增强其抗干扰能力和边缘效应。

### （五）景观生态学原理

1.斑块、廊道和本底理论

景观是一个由不同生态系统组成的镶嵌体，按照各种景观要素在景观中的地位和形状，景观要素可分为三种类型：斑块（嵌块体）、走廊（廊道）、本底（基质）。

（1）斑块。斑块指与周围环境在外貌或性质上不同，并具有一定内部均质的空间单元。不同斑块在大小、形状、边界以及内部均质程度方面都会表现出很大的不同，斑块的大小、数量、形状、格局有特定的意义。景观中斑块面积的大小、形状及数目对生物多样性和各生态过程都会有影响。单位面积上的斑块数目，即景观的完整性和破碎化，景观的破碎化对物种灭绝有重要的影响；斑块的结构特征对生态系统的生产力、养分循环和水土流失等过程都有重要影响，景观中不同类型和大小的斑块可导致其生物量在数量和空间分布上的不同。一般来说，斑块越小，越易受到外围环境或基质中各种干扰的影响。而这些影响的大小不仅与斑块的面积有关，也与斑块的形状及其边界特征有关。紧密型形状在单位面积中的边缘比例小，有利于保蓄能量、养分和生物，而松散型形状易于促进斑块内部与外围环境的相互作用，尤其是能量、物质和生物方面的交换。将斑块的大小、形状及边缘效应等理论应用于城市森林重点面的规划，主要寻求城市主要专用绿地的布置、大小、形式的生态效应及其相连关系，可以为城市森林规划中公园、广场、小游园的定位、定规、定形提供生态学依据。

（2）廊道。景观中的廊道是两边与本底有显著区别的狭带状地，有着双重性质：一方面将景观的不同部分隔开，对被隔开的景观是一个障碍物；另一方面又将景观中的不同部分连接起来，是一个通道。

（3）本底。在景观要素中，本底是面积最大、连接度最强、对景观的控制作用也最强的景观要素。孔性和连通性是本底的重要结构特征。作为背景，它控制、影响着生境斑块之间的物质和能量交换，强化或缓冲了生境斑块的"岛屿化"效应，同时控制整个景观的连接度，从而影响斑块之间物种的迁移。

2.岛屿生物地理学理论

岛屿生物地理学理论是景观生态学的重要理论基础之一。Mac Arthur 和 Wilson 认为，岛屿物种丰富度取决于两个过程：物种迁入和绝灭。因为任何岛屿上的生态位或生境的空间都是有限的，已定居的种数越多，新迁入的种能够成功定居的可能性就越小，而已定居种的绝灭概率则越大。因此，对于某一岛屿而言，迁入率和绝灭率将随岛屿中物种丰富度的增加而分别呈下降和上升趋势。当迁入率与绝灭率相等时，岛屿物种丰富度达到动态平衡状态，即虽然物种的组成在不断更新，但其丰富度数值保持相对不变。岛屿生物地理学理论对于城市森林建设有着重要意义。依岛屿生物地理学原理，岛屿面积与种群数量之间的关系为 $S=CA^z$（$S$：物种数量；$A$：岛屿面积；$C$：与生物地理区域有关的拟合参数；$Z$：与到达岛屿的难易程度有关的拟合参数）。由此可见，物种多样性与斑块面积显著相关，斑块的形状对生物的扩散和动物的觅食以及物质和能量的迁移有重要影响。圆形与长条形斑块相比，前者边线最短，因而斑块与本底的相互作用最小，而且斑块内部最大直线距离以圆形最短，它的内部障碍可能较小，生境异质性较小，对内部种和边缘种都能提供生存条件。因此，圆形斑块物种多样性较高。这些对城市生物多样性保护的设计有重要的指导意义。

3. 景观异质性和景观多样性

景观异质性是指景观的变异程度，景观尺度上的空间异质性包括空间组成、空间构成和空间相关三个部分的内容。景观异质性同抗干扰能力、恢复能力、系统稳定性和生物多样性有密切关系，景观异质性程度高有利于物种共生，而不利于稀有内部种的生存。景观多样性是景观单元在结构和功能方面的多样性，反映了景观的复杂程度，包括斑块多样性、格局多样性。两者都是自然干扰、人类活动和植物演替的结果，它们对物质、能量和物种在景观中的迁移、转化和迁徙有重要的影响。景观类型多样性既可以增加物种多样性，又可以减少物种多样性，两者之间的关系不是简单的正比关系。景观类型多样性和物种多样性的关系呈正态分布，只有景观类型、斑块数目与边缘生境达最佳比率时，物种多样性才最高。随着景观类型的增加，斑块数目也会增多。景观破碎化会导致斑块内部物种的迁移，降低物种多样性。而格局多样性（景观类型空间分布的多样性及各类型之间以及斑块与斑块之间的空间联系和功能联系）对生物多样性保护具有重要的作用。为了减少生物多样性的降低，景观规划的景观类型空间分布应充分考虑影响生物群体的重要地段和关键点，保留生物的生境地或在不同生境地之间建立合理的廊道。

# 第三节　城市森林植物群落的构建

## 一、城市森林的树种选择

城市森林植物的配置要从植物本身的生态学及生物学特性出发，全面考虑水体、土壤、气候等因素，选择适宜树种，避免植物种间的直接竞争，因地制宜地将乔木、灌木、藤本植物相互配置为一个植物群体，结合美学要求，使人的设计与植物的生态种植有机地结合起来。

### （一）城市森林树种选择的原则

1.适地适树原则

城市森林营建应根据当地气候、土壤等生境条件，切合本地区森林植被区域的自然规律，优先选择生态习性适应城市生态环境且抗逆性强的树种。乡土树种对土壤、气候适应性强，有地方特色，可作为城市绿化的主要树种，也可选择已在本地适应多年的外来树种，也可有计划地引种一些本地缺少又能适应当地环境条件的经济价值高、观赏价值高的树种，但必须经过引种驯化试验，才能推广应用。

2.生态功能优先

森林的生态效益包括涵养水源、保持水土、防风固沙、滞尘减噪、吸收有毒气体等多方面，树种选择时应遵循生态优先原则，以乔木为主体，尽量选择综合效益好的树种，才有利于城市森林生态系统的形成和稳定。同时，不同树种的生态效能差异很大，应根据城市各功能区的环境特点和防护要求有针对性地进行筛选。

3.生物多样性原则

城市森林群落是乔木、灌木、藤本植物和地被植物交织构成的有机统一体，其在树种选择上应重视形态与空间的组合，使不同的植物形态、色彩组织搭配得疏密有致、高低错落，不同层次和空间富有变化，强调季相变化效果。同时，注意速生树种与慢生树种的合理结合。速生树种早期绿化效果好，容易遮阴，但寿命较短，20～30年后就会衰老；慢生树种早期生长迟缓，绿化效果难以迅速体现，但后期的生态功能强。人们在进行植物选择时，要使二者有机结合，体现植物群落的整体美，提高物种多样性、群落多样性和景观多样性，充分发挥森林的生态效益。

**4.景观美学原则**

植物都有其自身的生长发育规律，随着四季的变化，植物的花色、叶色等外部形态亦千变万化，多姿多彩。因此，树种选择时应充分考虑植物群落花色、叶色等外部形态的季节性变化，实现树种观赏特性多样化，扩大适宜观花、观形、遮阴的树种的应用范围，为增加城市森林的观赏游憩价值奠定坚实基础。

**5.生态经济原则**

城市森林构建时应将生态功能与景观效果并重，适当兼顾经济效益。城市森林建设用地主要集中在城乡接合部和城市近郊区、城市远郊区县，这些区域的土地大部分为农业用地，土地基本上为农民承包经营。因此，在城市森林建设中，树种选择必须按照生态经济的原则，选择生态效益高又有较好经济产出的经济树种，从而保证农民的经济收入和城市森林建设地带生态功能的长久性。

## （二）城市森林树种选择的方法

**1.根据树种生物学特性，适地适植**

城市森林的营建应遵循树木的生物学特性，并结合造林地的土壤、栽植空间、水分供应等环境特点，在选择树种时一定要熟悉不同植物在不同发育阶段的生物学特性。伴随着植物的生长发育，某些树种会产生飞毛、异味、毒汁等，要在科学预测的基础上杜绝一切可能出现的弊病。另外，只有把握树种的生物学特性，在养护过程中才能做到有的放矢，针对不同特性的树种采取不同的养护措施，节省资源，保证树木健康生长。在考虑每种植物自身的特性做到适地适植的同时，选择树种时也要充分考虑植物的种间关系。总之，只有深入了解植物的生物学特性，做到适地适植，科学配置，植物才能生长良好，形成一个较为稳定的植物群落。

2.以生态学特性为基础，因地制宜

城市人工环境的建成，直接改变了城市光照的分布状况、热的积累和散发状况以及水分的循环状况，从而在气候因素方面与非城市地区产生了差异。城市污染物和废弃物的排放会对植物的适生性产生影响，人工植物群落中不同层次的配植也对植物的适生性提出了不同的要求，如耐阴、抗寒、抗污适应性。因此，要把握树种长期形成的生态适应性，适地适树，因地制宜。例如，酸性土壤可种植马尾松、棕榈科树种、杜鹃、栀子花、含笑等，而碱性土壤应选柽柳、沙棘、紫穗槐等；在朝阳的地方可选用喜光的阳性植物，如半枝莲、银杏、合欢等；在树下、房后等荫蔽的地方，应选耐阴的紫茉莉、三色堇、杜鹃、八角金盘、海桐等；在干旱的地方应选耐旱的合欢、雪松、木芙蓉、小檗、火棘等；在种植设计上，要详细了解地形、地势、土壤水分和光照等条件，然后选择生态学特性与之相适应的树种。一般选择乡土树种及引种驯化成功的外来优良树种为基调树种，这样树木的成活率高，绿化见效快，既富有地方特色，又节省栽植和管护费用。

3.注意植物形体和色彩变化，形成景观

树木各有其独具的体态、色彩与风韵之美，且这些特色能随季节与树龄的变化而有所丰富与发展。春有迎春、玉兰、连翘，春花烂漫；夏有国槐、银杏、栾树，绿树成荫；秋有柿树、红枫、紫薇、黄栌，层林尽染，硕果累累；冬有腊梅、松柏，苍松翠柏，从而形成了丰富的季相景观，使人们全年都能欣赏到不同的景色。个别的重点景区为使四季有花，应采用花期长的花灌木和各种观叶、观果植物配合。在少花季节，也可用部分盆栽草花来弥补其不足。这类景区也应有花期最盛的季节，以突出其特点。总之，为使绿地达到最佳观赏效果，在对树木进行选择时，应先考虑从整体下手，然后再考虑局部穿插细节，做到"大处添景，小处添趣"，宾主分明。

4.根据绿地主要功能，选择植物

城市绿地主要有防护绿地、行道绿地、公共绿地、厂矿机关学校等单位绿地、生产绿地等。绿地的性质不同，对植物的要求也不同，如作为行道树的树种必须具有冠大荫浓，生长迅速，易栽易活，管理粗放，病虫害少，耐修剪，耐机械损伤，伤口愈合力强，树干通直，树形优美，深根性，无萌蘖，叶、花、果美而不弄脏道路和行人，无恶臭、针刺，寿命长等特性，宜选择悬铃木、香樟、栾树、国槐等；厂矿企业也要视具体情况而定，如化工厂等污染严重的单位，应选些抗烟尘、对有害气体有一定吸收能力的树种，如夹竹桃、垂柳、紫荆等；而在精密仪器厂、印刷厂周围种植的植物，则不应有飞絮和大量花粉飞散，如柳树、小叶杨等；医院可适当考虑栽植一些松柏类植物，以起到杀菌作用；幼儿园、学校的树种应丰富多彩一些，可选择叶色、叶形、果色、果形特殊的树种，如枫杨、铜钱树、马褂木、七叶树等，但应避免使用多刺、恶臭或花叶有毒、易引起过敏的植物，如夹竹桃、苦楝、凌霄、野漆等。

5.合理选择种植密度，优化环境

人们要充分认识植物的生长速度，按成年树木树冠的大小来确定种植距离，合理选择栽植密度，为使植物群落尽早郁闭，可适当增加种植密度，但栽植密度也不可过大，否则植株就得不到足够的阳光进行光合作用制造养分，供植株正常的生长发育。但是，必须有一个明确的概念，即人造植物景观群落不是一次栽植就能成型的，要明确"三分种，七分养"的观点，在绿地日常维护中，应及时移植、补植、疏伐、修剪，查缺补漏。多种植物在组成复层结构群落的过程中，往往因密度不当而使景观质量大受影响，如落叶乔木因生长较快，挺拔高大，常引起下层小乔木和灌木出现偏冠、畸形、树干扭曲等现象；在常绿乔木与灌木的搭配中，因灌木冠型发育较快，常绿乔木发展空间常被灌木侵占，尤其是圆柏，常常出现"烧膛"现象，使常绿乔木下半部枯黄死亡，严重影响树形。因此，城市森林必须通过人工培育来实现密度的合理化，稳定植物群落。

## 二、城市植物群落的营建

城市森林营建时须考虑三个方面的功能：一是具有观赏性和艺术美，能美化环境，创造宜人的自然景观，为城市居民提供游览、休憩的娱乐场所；二是具有改善环境的生态作用，植物可以通过光合、蒸腾、吸收和吸附作用，调节小气候，防风降尘，减轻噪音，吸收并转化环境中的有害物质，净化空气和水体，维护生态平衡；三是具有生态结构的合理性，通过植物群落的合理配置，能够满足各种植物的生态要求，从而形成合理的时间结构、空间结构和营养结构，与周围的环境组成和谐的统一体。因此，人工植物群落是城市森林的主体结构，也是发挥其生态作用和形成群落景观的物质基础，只有师法自然，模拟自然的群落结构和特征，根据不同的环境条件去营造，才能满足城市森林建设的要求。

## （一）植物群落的概念及特征

### 1.植物群落的概念

在自然界，任何植物种都不是单独地生活，总有许多其他种的植物和它生活在一起。这些生长在一起的植物种，占据一定的空间和面积，按照自然的规律生长发育、演变更新，并同环境发生相互作用，称为植物群落，按其形成可分为自然植物群落和人工植物群落。自然植物群落是在长期的历史发育过程中，在不同的气候条件及生境条件下自然形成的群落，各自然群落都有自己独特的种类、外貌、层次、结构。而人工植物群落是按人类需要，把同种或不同种的植物配植在一起，服从于人们生产、观赏、改善环境条件等需要而组成的，如果园、苗圃、行道树、林荫道、林带、树丛、树群等。

### 2.植物群落的特征

群落由不同植物种类组成，在一定的范围内表现群落分布、群落的水平结构和垂直结构，并能保证群落正常的发育和保持稳定的状态，这是群落最基本的特征。在群落组成中，各个种在数量上是不相同的，通常称数量最多、占据群落面积最大的植物种为优势种。优势种最能影响群落的发育和外貌特点，如热带榕树占优势的群落，则见悬挂大小、粗细不等的气生根，以及独木成林的景观；而水杉、云杉群落的外轮廓的线条是尖峭耸立的；海湾胎生的红树林，在海水退潮后会显露一片圆柱形的支柱根。

各地区各种不同的植物群落常有不同的垂直结构层次，即具有合理的垂直排列和空间组织，层次是因植物种的高矮及不同的生态要求而形成的。通常群落的多层结构可分三个基本层：乔木层、灌木层、草本及地被层。乔木层又可分为大乔、中乔、小乔，枝丫上常有附生植物，树冠上常攀缘着木质藤本，在下层乔木上常见耐阴的附生植物和藤本。灌木层一般由灌木、藤灌、藤本及乔木的幼树组成，有时有成片占优势的竹类。草本及地被层有草本植物、巨叶型草本植物、蕨类以及一些乔木、灌木、藤本的幼苗。此外，还有一些寄生植物、腐生植物在群落中没有固定的层次位置，不构成单独的层次，所以称它们为层外植物。不同地区和不同的立地条件适合不同的植物群落结构。有的群落复杂，层次多，有的群落结构简单，仅2～3层。植物群落无论是从其观赏效果还是从改善生态环境的作用及其自身生长发育来看，都应具备一定的面积和规模，并具有层次性。因此，城市森林的建设要改变以往的见缝插"绿"、以点缀绿化为主的模式，尽量少建小品，少堆假山，在植物配置中少栽单纯的片林，少铺空旷的草坪，多建有一定面积和规模、层次丰富的植物群落，以满足城市生态建设在景观上和生态效应上的需要。

### （二）城市植物群落的景观效果

植物群落增加了单位面积上植物的层次和数量，扩大了绿量，提高了绿视率，比零星分布的植物个体具有更高的观赏价值和生态效应。例如，乔、灌、草相结合的植物群落所发挥的生态效益是同面积草坪的4倍。在景观效果上，高大的乔木层参差的树冠组成了优美的天际线，乔木、灌木、草坪花卉或地被植物高低错落，平稳过渡，自然衔接，形成了自然的林缘线。群落中间的灌木层增强了整个群落的层次感，并且色彩丰富，景色宜人。植物群落的地表被草坪、花灌木或地被植物覆盖，避免了黄土裸露，使地面绿荫铺地，鲜花盛开，观赏效果十分显著。在不同的环境条件下，在不同的地理位置营造多姿多彩的植物群落，能够最大限度地满足城市居民对绿色的渴求，调和过多的建筑、道路、桥梁、广场等生硬的人工景观给人们带来的心理压抑。不同的植物群落能够产生不同的景观效果：乔木、灌木、草本均衡搭配形成的群落层次分明，比例协调，错落有致；而以乔木和草本组成的植物群落中，灌木层植物较少或不明显，主要靠平整翠绿的草坪地被或鲜艳的草本花卉衬托乔木的群体美或单体美，以小乔木和灌木为主体的植物群落则主要展示灌木树种的色彩和姿态，大乔木和草本植物用量较少，只起陪衬和点缀的作用。为增加观赏性，有时要对灌木树种进行人工整形和修剪。

城市森林中的植物群落与山坡、水体、建筑、道路、草皮等进行搭配极易形成主景。山坡上的植物群落可以衬托地形的变化，使山坡变得郁郁葱葱，创造出优美的森林景观。水体周围的水生植物、岸边植物组成的植物群落与水体本身形成了和谐的统一体，岸边植物的倒影映入水中，更增加了景观的趣味性。建筑物旁的植物群落对建筑物起到了很好的遮挡和装饰作用，使城市建筑物掩映于充满生机的植物群落之中。道路边的植物群落可以丰富城市道路的自然景观，给路上行人提供了一幅幅优美的自然风景画。以草坪为背景和基调营造的植物群落能够丰富草坪的层次和色彩，提高草坪和植物群落的观赏价值。同时，在植物群落营造中，有目的地借鉴和模拟野外自然群落景观，把野外风光引入城市，能使城市森林景观富有荒野气息，满足现代都市居民崇尚自然的心理要求。

### （三）城市植物群落的模式

#### 1.观赏型植物群落模式

观赏型植物群落是城市森林中植物利用和配置的一个重要类型，将景观、生态和人的心理、生理感受进行综合研究，通过融入传统的园林造景的手法，运用节奏与韵律、统一与微差、对比与协调等美学原则，采用有障有敞、有透有漏、有疏有密、有张有弛等手法造景，富有季相色彩，可以给人以美的享受。城市森林横断面结构模式应主要采用草（灌）地被—乔林模式，包括草（灌）地被—单一乔林模式和草（灌）地被—复合乔林模式。草本植物和花灌木种类要求选用具有较高观赏价值和具有地方特色及适宜当地条件的观赏植物。观赏型植物群落的建设同时强调意与形的统一、情与景的交融，利用植物寓意联想来创造美的意境，寄托感情，如利用优美的树枝、苍劲的古松，象征坚韧不拔；青翠的竹丛，象征挺拔、虚心劲节；傲霜的梅花，象征不怕困难、无所畏惧；等等。为了突出林地的美学观赏功能，体现森林的文化特色和地方风韵，人们可利用城郊森林的有利条件，营建生态观光型林地，创造富有诗情画意的优美景色，以及满足人们观光、休闲、游憩需要的绿地。观光型林地主要由草坪地被、树木和园林小品三部分组成。林木栽植以群落组合式为主，一般控制乔木（含竹类）与花灌木的结构比为3∶1，地被草坪覆盖率达85%以上。在乔木树种中，落叶树与常绿树的比例为3∶1，阔叶树与针叶树的比例为8∶1。

#### 2.环保型植物群落模式

环保型森林植物群落是以保护城乡环境、减灾防灾、促进生态平衡为目的的植物群落。它通过形成合理的复合多层次森林结构来改善其周围生态环境，吸收或扩散污染物质，提高城市环境质量，以及通过对污染物质的隔离防护来保持附近地带的生态环境质量等。因此，要想使城市森林内形成良好的小气候，应根据其周围空气中的污染物质，适地适种一些能够抵抗污染物质或吸附污染物质并能形成一定景观的树种，特别以速生、常绿树种为主，采用中高密度的高大单一乔林或复合乔林配置。为减少道路污染物质的数量，可采用草（灌）地被—乔林模式或采用疏林草地—乔林模式，形成开阔的疏透型空间结构，从而有效地吸收和稀释污染物质。在林带附近有果园、经济林群落、民居或森林游憩场所的地带，要强调林带的隔离防护作用，应在靠近道路侧缘的位置栽种具有污染防护作用的高大密集乔林，强化其隔离防护作用。

城市环城路森林结构的建设，可采用行道式栽植：草（灌）地被—乔林模式，以利于道路及其附近地带综合环境质量的改善，且符合观赏型林带的断面结构要求。主要树种选配：基调树种可选择垂柳、合欢、杜仲、南酸枣、紫薇、厚皮香、夹竹桃、大叶女贞、广玉兰、棕榈、粗榧、侧柏、龙柏等，骨干树种配置有国槐、臭椿、杨树、梧桐、栾树、落羽杉、池杉等；小片林块状混交，林内可配置海桐、冬青、黄杨、杜鹃等灌木，葱兰、麦冬等地被。行道树栽植，可采用栾树＋大叶女贞、臭椿（梧桐）＋广玉兰、枫香＋大叶冬青、合欢＋厚皮香等常绿树种和落叶树种相结合的形式，这样既能增强林带的生态环保功能，又能兼顾生态景观效果。环保型植物群落建设在改善城市生态环境的同时可给城市带来巨大的社会经济效益。

3. 生产型植物群落模式

在不同的立地条件下，建设生产型人工植物群落，发展具有经济价值的乔、灌、花、果、草、药和苗圃基地，并与环境相协调，既可满足市场的需要，又可增加社会效益。生产型植物群落结构一般可采用草（灌）地被—乔林—果园模式或草（灌）地被—乔林—经济树种群落模式；对于存在水体的空间地形，可采用林渔复合经营模式。例如，热带的果树树种有山竹子、芒果、坚果、夏威夷果、腰果、仙人掌、槟榔、石榴、柿等。配植中要以果园形式出现，常见果树如龙眼、荔枝、杧果、椰子、香蕉、柚子、番木瓜、杨桃等可较大数量地成片配植。为便于经营管理，经济树种群落宜采用单纯结构，在一定区域内确定一种主栽经济树种，可供选用的经济树种有南方红豆杉、银杏、杜仲、厚朴等药用树种，香椿、枸杞等木本蔬菜树种，薄壳山核

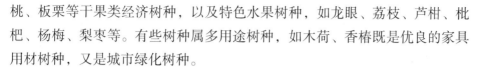

桃、板栗等干果类经济树种，以及特色水果树种，如龙眼、荔枝、芦柑、枇杷、杨梅、梨枣等。有些树种属多用途树种，如木荷、香椿既是优良的家具用材树种，又是城市绿化树种。

4.文化环境型植物群落模式

特定的文化环境如历史遗迹、纪念性园林、风景名胜、宗教寺庙、古典园林等，要求通过各种植物的配置使其具有相应的文化环境氛围，形成不同种类的文化环境型植物群落，从而使人们产生各种主观感情与宏观环境之间的景观意识，引起共鸣和联想。不同的植物材料，运用其不同的特征、不同的组合、不同的布局则会产生不同的景观效果和环境气氛，如常绿的松科和柏科植物成群种植在一起，给人以庄严、肃穆的气氛；高低不同的棕榈科植物与凤尾丝兰组合在一起，则给人以热带风光的感受；开阔的疏林草地，给人以开朗舒适、自由的感觉；高大的水杉、广玉兰则给人以蓬勃向上的感觉；银杏则往往把人们带回对历史的回忆之中。因此，文化环境型群落结构一方面要求选择的树种应具有较高的观赏特性和文化内涵，另一方面要求形成有利于休闲游憩的环境空间。

# 第四节　城市森林的养护管理

## 一、城市树木的养护管理

### （一）树木的剪整

1.行道树的剪整

行道树一般使用树体高大的乔木树种，主干高通常为 2～2.5 米。城郊公路及街道、巷道的行道树，主干高可达 4～6 米或更高。定植后的行道树要每年修剪以扩大树冠，调整枝条的伸出方向，增加遮荫保温效果，同时应考虑到建筑物的使用与采光。

（1）杯状形行道树的剪整。杯状形行道树具有典型的"三叉六股十二枝"的冠形，萌发后要选 3～5 个方向不同、分布均匀、与主干成 45° 夹角的枝条做主枝，其余则分期剥芽或疏枝，冬季对主枝留 80～100 厘米进行短截，剪口芽留在侧面，并处于同一平面上；第二年夏季再剥芽疏枝，抑制剪口处侧芽或下芽转向直立生长，抹芽时可暂时保留直立主枝，促使剪口芽侧向斜上生长；第三年冬季于主枝两侧发生的侧枝中，选 1～2 个做延长枝，并在 80～100 厘米处再短剪，剪口芽仍留在枝条侧面，疏除原暂时保留的直立枝、交叉枝等，如此反复修剪，经 3～5 年后即可形成杯状形树冠。

（2）开心形行道树的剪整。开心形行道树多用于无中央主轴或顶芽能自剪的树种，树冠自然展开。定植时，将主干留 3 米截干，春季发芽后，选留 3～5 个位于不同方向、分布均匀的侧枝进行短剪，促进枝条生长成主枝，其余全部抹去。生长季注意将主枝上的芽抹去，保留 3～5 个方向合适、分布均匀的侧枝。来年萌发后选留侧枝，共留 6～10 个，使其向四方斜生，并进行短截，促发次级侧枝，使冠形丰满、匀称。

（3）有中央领导枝的剪整。有中央领导枝的如杨树、水杉、侧柏、金钱松、雪松、枫杨等，分枝点的高度按树种特性及树木规格而定，郊区多用高大树木，分枝点在 4～6 米以上，栽培中要保护顶芽向上生长。主干顶端如受损伤，应选择直立向上生长的一枝条或在壮芽处短剪，并把其下部的侧芽抹去，抽出直立枝条代替，避免形成多头现象。

（4）无中央领导枝的剪整。选用主干性不强的树种如旱柳、榆树等，分枝点高度一般为 2～3 米，留 5～6 个主枝，各层主枝间距短，使自然长成卵圆形或扁圆形的树冠。每年修剪的主要对象是密生枝、枯死枝、病虫枝和伤残枝等。

2. 松柏类的剪整

松柏类树种一般不进行修剪整形或采取自然式整形的方式。每年仅将病枯枝剪除即可，在园林造景中亦有实施人工形体式整形的。松柏类的自然疏枝过程较为漫长，因而在大面积绿化成林栽植中，常施行人工打枝工作。减除衰弱枝既有利于通风、透光、减少病虫感染率，也有利于形成无节疤的良材。

3. 花灌木类的剪整

此类剪整主要根据树种的生长发育习性和开花习性进行修剪与整形。

（1）先花后叶类。花灌木如连翘、榆叶梅、碧桃、迎春、牡丹等在前一年的夏季高温时进行花芽分化，经过冬季低温阶段于第二年春季开花。应在花残后叶芽开始膨大尚未萌发时进行修剪。修剪的部位依植物种类及纯花芽或混合芽的不同而有所不同。连翘、榆叶梅、碧桃、迎春等可在开花枝条基部留2～4个饱满芽进行短截。牡丹则仅将残花剪除即可。

（2）花芽生于当年新梢。夏秋季开花，花灌木如紫薇、木槿、珍珠梅等花芽（或混合芽）着生在当年生枝条上，应在休眠期进行修剪。将二年生枝基部留2～3个饱满芽进行重剪，剪后会萌发出一些茁壮的枝条，花枝会少些，但由于营养集中可产生较大的花朵。一些灌木如希望当年开两次花的，可在花后将残花及其下的2～3个芽剪除，刺激二次枝条的发生，适当增加肥水则可二次开花。

（3）花芽生于老枝上。花灌木如紫荆、贴梗海棠等花芽（或混合芽）会着生于多年生枝上。虽然花芽大部分生在二年生枝上，但当营养条件适合时多年生的老干亦可分化花芽。对于这类灌木中进入开花年龄的植株，修剪量应较小，在早春将枝条先端枯干部分剪除，在生长季节为防止当年生枝条过旺而影响花芽分化时可进行摘心，使营养集中于多年生枝干上。

（4）花芽生于短枝上。花灌木如西府海棠等花芽（或混合芽）着生在开花短枝上，这类灌木早期生长势较强，每年自基部发生多数萌芽，自主枝上发生直立枝。当植株进入开花年龄时，多数枝条形成开花短枝，在短枝上连年开花，这类灌木一般不大进行修剪，可在花后剪除残花，夏季生长旺时，对生长枝进行适当摘心，抑制其生长，并将过多的直立枝、徒长枝进行疏剪。

（5）萌发力强的种类。花灌木如月季一年多次抽梢，多次开花，可在休眠期对当年生枝条进行短剪或回缩强枝，同时剪除交叉枝、病虫枝、并生枝、弱枝及内膛过密枝。寒冷地区可进行强剪，必要时进行埋土防寒。生长期可多次修剪，在花梗下方第2芽至第3芽处于花后在新梢饱满芽处短剪。剪口芽很快萌发抽梢，形成花蕾开花，花谢后再剪，如此重复。

4.藤本类的剪整

在自然风景区中，对藤本植物很少加以修剪管理，但在一般的园林绿地中则有以下几种处理方式：

（1）棚架式。对于卷须类及缠绕类藤本植物多用此种方式进行剪整。剪整时，应在近地面外重剪，使其发生数条强壮主蔓，然后垂直诱引主蔓至棚架的顶部，并使侧蔓均匀地分布架上，则可很快地成为荫棚。除隔数年将病、老或过密枝进行疏剪外，一般不必每年剪整。

（2）凉廊式。这种方式适用于卷须类及缠绕类植物，也适用于吸附类植物。因凉廊有侧方格架，所以主蔓勿过早诱引至廊顶，否则容易形成侧面空虚。

（3）篱垣式。这种方式主要用于矮墙、篱架、栏杆、铁丝网等处的绿化，以观花为主，一般适用于卷须类及缠绕类植物。修剪时将侧蔓水平诱引后，每年对侧枝施行短剪，形成整齐的篱垣形式。

（4）附壁式。这种方式适用于吸附类植物，只需将藤蔓引于墙面即可自行依靠吸盘或吸附根而逐渐布满墙面。例如，爬山虎、凌霄、扶芳藤、常春藤等均用此法。此外，在某些庭园中，也有在壁前 20 ～ 50 厘米处设立格架，在架前栽植植物的，如蔓性蔷薇等开花繁茂的种类多在建筑物的墙面前采用本法。修剪时应注意使墙面基部全部覆盖，各蔓枝在墙面上应分布均匀，勿使其互相重叠交错为宜。但在此修剪中，最易产生的毛病为基部空虚，不能维持基部枝条长期密茂。因此，可配合轻、重修剪以及曲枝诱引等综合措施，并加强栽培管理工作。

（5）直立式。对于一些茎蔓粗壮的种类，如紫藤等，可以剪整成直立灌木式。这一方式常用于公园道路旁或草坪上，具有良好的效果。

### （二）树木的水分管理

不同树种栽植年限不同，灌水和排水要求也不同。对新栽植的树木，栽后一定要灌 3 次水，才能使土壤与根部紧密结合，根部才能从土壤中吸收水分，从而保证树木的成活。新栽植的乔木需要连续灌水 3 ～ 5 年（灌木最少5 年），土质不好的地方或树木因缺水而生长不良及干旱年份，则需延长灌水年限，直到树木扎根较深后，即使不灌水也能正常生长时为止。对于新栽的常绿树，尤其是常绿阔叶树，常常在早晨向树上喷水，这样更有利于树木成活。而对于定植多年、正常生长开花的树木，除非遇上大旱，树木表现为迫切需水时才灌水，一般情况下则根据条件而定。

不同的气候和不同时期对灌水和排水的要求也有所不同。一般在天气转暖，树木开始生长发芽时就应及时浇水。5 ～ 6 月气温升高，植物生长旺盛，需水量较大，在这个时期需要进行灌水。7～8月降水较多，空气湿度大，不需要多灌水，遇雨水过多时还应注意排水，但如遇大旱之年，在此期也应灌水。9～11月，树木组织准备越冬，因而在一般情况下，不应再灌水，以免引起徒长，但如过于干旱，也可适量灌水，特别是对新栽的苗木和名贵树种，以避免树木因为过于缺水而萎蔫。12月至来年2月，树木已经停止生长，为了使树木不会因为冬春干旱而受害，在此期应灌封冻水，特别是对越冬尚有一定困难的边缘树种。

### （三）人工施肥

#### 1.施肥的时期

（1）基肥的施用时期。树木早春萌芽开花和生长，主要是消耗树体贮存的养分。树体贮存的养分丰富，可提高开花质量和坐果率，有利于枝条健壮生长，叶茂花繁，增加观赏效果。树木落叶前是积累有机养分的时期，这时根系吸收强度虽小，但时间较长，地上部分制造的有机养分以贮藏为主。为了提高树体的营养水平，多在秋分前后施入基肥，但时间宜早不宜晚，否则树木生长不能及时停止，会导致树木的越冬能力降低。基肥可分为秋施和春施，秋施基肥正值秋季生长高峰，伤根容易愈合，并可发出新根。结合施基肥，如能再施入部分速效性化肥，则可增加树体积累，提高细胞液浓度，从而增强树木的越冬性，并为来年生长和发育打好物质基础。增施有机肥可提高土壤孔隙度，使土壤疏松，有利于土壤积雪保墒，防止冬春土壤干旱，并可提高地温，减少根际冻害。秋施基肥，有机质腐烂分解的时间较充分，可提高矿质化程度，来年春天可及时供给树木吸收和利用，促进根系生长。而春施基肥，因有机物没有充分分解，肥效发挥较慢，早春不能及时供给根系吸收，到生长后期肥效发挥作用，往往会造成新梢二次生长，对树木生长发育不利。

（2）追肥的施用时期。根据树木一年中各物候期的需肥特点及时追肥，可以调解树木生长和发育的矛盾。追肥的施用时期在生产上分为前期追肥和后期追肥。前期追肥又分为开花前追肥、落花后追肥、花芽分化期追肥。具体追肥时期，则与地区、树种、品种及树龄等有关，要紧紧依据各物候期特点进行追肥。对观花、观果树木而言，花后追肥与花芽分化期追肥比较重要，尤以落花后追肥更为重要。对于一般初栽2～3年内的花木、庭荫树、行道树及风景树等，每年在生长期须进行 1 ～ 2 次追肥，至于具体时期，则必须视情况合理安排，灵活掌握。

2. 施肥的方法

（1）土壤施肥。土壤施肥要与树木的根系分布特点相适应，须把肥料施在距根系集中分布层稍深、稍远的地方，以利于根系向纵深扩展，扩大吸收面积，提高吸收能力。各种肥料元素在土壤中移动的情况不同，施肥深度也不一样，如氮肥在土壤中的移动性较强，即使浅施也可渗透至根系分布层内被树木吸收，钾肥和磷肥移动性较差，宜深施至根系分布最多处。同时，磷在土壤中易被固定，为充分发挥肥效，在施磷酸钙或骨粉时，应与圈肥、厩肥等混合堆积腐熟，然后施用，效果较好。基肥因发挥肥效较慢，应深施；追肥肥效较快，则宜浅施，供树木及时吸收。具体施肥方法有环状施肥、放射沟施肥、条沟状施肥、穴施、撒施和水施等。

（2）根外追肥。根外追肥也叫叶面喷肥，其用肥量小，发挥作用快，可及时满足树木的急需，并可避免某些肥料元素在土壤中的化学和生物的固定作用。叶面喷肥主要是通过叶片上的气孔和角质层进入叶片，而后运送到树体内和各个器官。一般喷后 15 分钟到 2 小时即可被树木叶片吸收利用，但吸收强度和速度则与叶龄、肥料成分、溶液浓度等有关。一般幼叶较老叶、叶背较叶面吸水快，吸收率高。但是，叶面喷肥并不能代替土壤施肥。叶面喷氮素后仅叶片中的含氮量增加，其他器官的含量变化较小，这说明叶面喷氮在转移上还有一定的局限性。而土壤中施肥的肥效持续期长，根系吸收后，可将肥料元素分送到各个器官，促进整体生长。同时，向土壤中施有机肥又可改良土壤，改善根系环境，有利于根系生长。但是，土壤施肥见效慢，所以，土壤施肥和叶面喷肥各具特点，可以互补不足，如能运用得当，可发挥肥料的最大效用。

## 二、草坪的养护管理

草坪植物应依据生物学特性，进行养护管理，主要管理工作包括修剪、施肥、浇水、除草等环节。

## （一）修剪

修剪能控制草坪高度，促进分蘖，增加叶片密度，抑制杂草生长，使草坪平整美观。草皮春夏季生长快，一般应 15 ～ 20 天修剪一次。秋季应少剪，便于冬季形成良好的覆盖层。修剪的次数与修剪时的高度是两个相互关联的因素。修剪时的高度要求越低，修剪次数就越多。草的叶片密度与覆盖度也随修剪次数的增加而增加。北京地区的野牛草草坪每年修剪 3 ～ 5 次较为合适，而上海地区的结缕草草坪每年修剪 8 ～ 12 次较合适。多数栽培型草坪全年共需修剪 30 ～ 50 次，正常情况下 1 周 1 次，4 ～ 6 月须 1 周修剪 2 次。可根据草的剪留高度进行有规律的修剪，当草达到规定高度的 1.5 倍时就要修剪，最高不得超过规定高度的 2 倍。

## （二）施肥

为保持草坪叶色嫩绿、生长繁密，必须施肥。草坪植物主要进行叶片生长，因而应以氮肥为主。在建造草坪时应施基肥，草坪建成后在生长季需施追肥。寒季型草种的追肥时间最好在早春和秋季。第一次在返青后，可起促进生长的作用；第二次在仲春。天气转热后，应停止追肥。秋季施肥可于 9 ～ 10 月进行。暖季型草种的施肥时间是在晚春。在生长季每月或 2 个月应追一次肥，这样可增加枝叶密度，提高耐踩性。最后一次施肥北方地区不能晚于 8 月中旬，而南方地区不应晚于 9 月中旬。

## （三）浇水

草坪植物的含水量占鲜重的 75% ～ 85%，叶面的蒸腾作用要耗水，根系吸收营养物质必须有水做媒介，营养物质在植物体内的输导也离不开水。要使草坪质量好，在旱季也能茁壮美观，必须适时浇水，这对于沙质土壤中生长的草种尤其重要。每次浇水要浇透，以深达下层土壤为宜，一般以 10 厘米为准。浇水过少仅使表土湿润，致使根系只扩展在表土层，这样必须常浇水，否则草坪易受干旱。充分浇水，则根系发达，根系可伸入下土层吸收水分，这时可减少浇水次数，一般每周浇水 1 ～ 2 次。黏土每周浇水 1 次即可，沙质土壤持水力差，可 3 ～ 4 天浇 1 次。

# 第五节　城市森林的效益评价

城市森林力求充分运用生态学原理，以人为本，努力使人工环境与自然环境相协调，实现综合效益的最大化，维护城市生态环境的可持续发展。如何建立一整套科学合理的城市森林评价指标体系，对城市森林建设的效果进行评价分析，从而科学评价城市森林在功能上是否高效，对于城市森林的规划和经营管理均有重要的指导作用。

## 一、城市森林的效益分析

### （一）城市森林的社会效益

#### 1.美化城市

在城市中，大量的硬质楼房形成了轮廓挺直的建筑群体，而树木则为柔和的软质景观。若两者搭配得当，便能丰富城市建筑群体的轮廓线，形成美丽的街景和绿化带，特别是城市滨海和沿江的绿化带，能形成优美的城市轮廓骨架，如青岛市的海滨绿化，使全市形成山林海滨城市的特色。城市中由于交通的需要，街道成网状分布，若在道路及城市广场形成优美的林荫道绿化带，既衬托了建筑，增加了艺术效果，也形成了绿色走廊。同时，树木由于具有不同的季相和色相变化，形成了独特的美丽景观，增添了城市的生机。树木以绿色为基调，春天的花、夏天的树、秋天的色和果、冬天的枝和干，无不展示其丽姿，为城市增添自然美。而且森林和树木有丰富的线条，艺术讲究曲线美，城市森林是曲线美的典型，丰富的林际线、多变的树冠外形形成各异的片林轮廓，如莫斯科城中，森林均匀地分布于市区的各个角落，整个城市掩映在森林树木之中，高大的乔木构成了城市绿地系统的主体，成为美丽的森林城市。

#### 2.陶冶情操

城市的森林绿地，特别是公园的专用绿地，是一个城市的窗口，可开展多种形式的活动，是向居民进行文化宣传、科普教育的场所，能使游人在游玩中受到教育，增长知识，提高文化素养。一所公园、一条林带或一处公共场所就含有许多种类的绿色植物，不同的形态特征、生态习性、艺术效果以及养护管理等方面的知识，足够各层次的人进行学习、研究和探索。森林公园中常设琴、棋、书、画、武术、划船等项目，以及儿童和少年娱乐设施等，可让人们自由选择有益于自己身心健康的活动项目，便于在紧张工作后得到放松和享受大自然的美景。在公共绿地中，人们可经常开展群众性的活动，从而在集体活动中多多接触，增进友谊。公共绿地还为不同年龄的人提供活动和交往的机会，可使成年人消除疲劳，振奋精神，提高工作效率；也可培养青少年的勇敢精神，有益其健康成长；老年人则可享受阳光、空气，延年益寿。同时，若把绿色植物进行艺术性的配置，使之产生丰富的色彩、高低起伏和前后层次的变化，加上季相变化，能给人以生机勃勃的感觉。

### （二）城市森林的生态效益

城市森林具有生态系统多样性和生物物种多样性，能有效改善城市生态环境，维持城市生态系统平衡，美化人们的生活，提高人们的生活质量。

#### 1.缓解城市热岛效应

森林可产生较好的绿岛效应，具有明显的降温增湿作用。森林植物通过其叶片的大量蒸腾水分来消耗城市中的辐射热，减轻了来自路面、墙面和相邻物体的反射而产生的增温作用，缓解了城市的热岛效应。另外，树木的光合作用吸收二氧化碳放出氧气，使大气中的氧气增加二氧化碳减少，从更大的范围内控制了"温室效应"的发展，其对城市环境建设起着重要的作用。

#### 2.城市森林的光能效应

绿化树木的树冠可以吸收和反射太阳辐射，变直射光为散射光，使到达树冠下面的光照强度大大减弱。树冠密度的大小直接关系到遮光率的多少，越是密集的植物群，它的遮光率越高；较为疏散的植物群遮光率就相应降低。白天，无绿化的街区辐射比绿化区大，林外有效辐射及其日变幅也比林内大。夜间，林内林外有效辐射相差很小。城市因为树木的遮挡作用，使绿化区白天即使在强烈的太阳辐射下增温也不多，夜间在有效辐射的作用下，降温也不多，气温日变化幅度小。

3.调节空气湿度的效应

森林具有涵养水分的功能，对提高城市相对湿度起主要的作用。当大气中水分过多时，植物能够通过它的根、茎、叶、花、果实将其吸收并贮存起来；当大气中的水分不足，空气干燥时，植物便会通过蒸腾作用，将其机体内贮存的水分散发到大气层中，弥补大气中水分的不足。

4.改善城市气流

城市中的道路、滨河等绿带是城市的通风渠道。若绿带与该地区夏季的主导风向一致，可将该城市郊区的气流引入城市中心地区，大大改善市区的通风条件。如果用常绿林带在垂直于冬季寒风的方向种植防风林，可以大大地减低冬季寒风和风沙对市区的危害。由于建设城区集中了大量的水泥建筑群和路面，在夏季受到太阳辐射增热很大，再加上城市人口密度大、工厂多，还有燃料的燃烧、人的呼吸，因而气温会大大提高。若在城市郊区有大片绿色森林，其郊区的凉空气就会不断向城市地区流动，调节了气温，输入了新鲜空气，改善了通风条件。

## 二、提高城市森林效益的途径

### （一）城市森林效益的决定因素

城市中，土地资源极其宝贵，如何用较少的土地换取较高的生态效益是城市发展过程中的必由之路。城市森林是由乔木、灌木、草本和藤本植物以及以这些植物和森林环境为生境的各种植物构成的一个复合体，采取具有相容性的乔、灌、草结合的复合模式，可以在有限的土地上发挥森林各个成分的优势，产生最佳的生态效益。

1.绿地面积

目前，我国城市用地较为紧张，用扩大绿地面积来改善城市生态环境效果是很有限的。因此，城市森林首先应在单位面积上进行乔、灌、地被和草本的合理配置，植物群落结构越复杂，所占立体空间高度越大，其单位面积的绿量和绿化三维量越高，生态效益值也越高。其次，屋顶面积占据城市建成区面积至少在1/3以上，这些屋顶质地构成对城市生态的恶化起着很大作用，尤其夏季高温天气，屋顶大量吸收和释放太阳辐射，增加了室内外的温度。有些国家把屋顶绿化也纳入城市现代化的内容，无疑也是从生态环境方面考虑的。屋顶绿化不仅见效快、成本低、绿化效果好，更是提高城市绿化覆盖率的有效途径，特别是改善城市生态效益明显，它不仅减少了恶化环境的面积，而且增加了同样面积的绿色植物。

2. 绿量

城市绿化的生态环境效益不仅取决于绿化的覆盖面积，而且取决于绿化的结构和植被的类型（乔木、灌木、地被、草坪、藤本植物等）。绿量是一个数量指标，包括平面的绿地面积和面积率，以及立面在人视野里绿叶所占的比率，即绿视率。它主要由叶面积指数和绿化三维量等指标来表示。叶面积指数指植株树冠覆盖地面水平单位面积上的平均叶片总面积。从某种意义上讲，要增加生态效益就是要增加叶面积。乔木、灌木和草坪所具有的叶面积是大不相同的，乔木的叶面积，可达到它树冠正投影面积的 20 倍左右，灌木只有 5～10 倍，草坪更小，高大乔木的生态效益高于灌木，更高于草坪。绿化三维量指绿色植物所占空间体积。相对于平面量，三维量反映了城市森林的空间结构量值，由乔木、灌木和草坪结合建造的复层结构绿地，其生态效益明显大于双层或单层结构绿地。同样面积的城市绿地，乔灌草结合产生的生态效益可为单层草坪的几倍、十几倍甚至几十倍。植物的生态效益值均与绿量成正比。

3. 地理位置

城市森林在城市中的规划位置对其作用的发挥起着至关重要甚至决定性的作用，森林植物群落的生态效益与作用点的远近合适程度有关，位置越近则生态作用越好。在夏季，有绿化植物覆盖的墙面室内温度比无覆盖者低 3 ℃～7 ℃。在有效范围内，提高绿化程度可明显改善空气质量和防御风沙。城市风向对城市森林的规划布局具有重要的作用，如济南是一座盛行东北风和西南风的城市，除应在城市上风方向规划出大面积的绿地外，还应在市区内呈西北至东南方向一线错落规划出几块较大的绿地，这对济南市生态环境的改善将起到重要作用。正是由于济南市多东北风和西南风，因而居住在植物园西南向和东北向的居民就可享受到经植物园绿地过滤的新鲜清洁空气。如果城市中心有一块面积较大的森林，其所产生的生态效益也会更明显，影响面会更大，不论什么风向，绿地周围的居民都可受益。城市中心绿地还能在较大程度上改善城市热岛效应，在酷热的夏季使市区温度有所降低。如果把大块森林规划在市区的西北向，则对城市生态的改善作用就不大。某些城市为了某一方面的利益而把市中心的城市森林都迁至郊外，或将其改作他用后再把郊外的城郊森林划进来"充数"以弥补绿化指标，这样虽然指标达到了，但其对市区所产生的生态效益却很低。

### （二）提高城市森林效益的有效途径

#### 1.充分发挥乔木的生态功能

城市森林必须强调以树木为主体，特别是以高大的乔木为主体。首先，高大的乔木具有的叶面积系数最大，能形成庞大的树冠，净化效率高，改善生态、气候功能显著。其次，高大的乔木增加了复层种植的垂直高度和体积，从而增加了单位绿地上的叶面积，最终增加了生态效益。因此，在植物配置和搭配的设计中，可以运用高大乔木的树种和乔灌草结合的模式，以在较少土地上让大乔木树种在距地面 10 米以上的较大空间里发挥巨大的生态潜力。另外，由于城市中高大建筑的大量涌现，房屋前后栽植 20 米左右的高大乔木可使一些 5 层以下的房屋掩映在绿树丛中，从而改善居住环境的景观效果。

#### 2.构建合理的城市森林结构

根据分散学理论以及树木生长特性，建成相对分布均匀、分散，并以高大乔木为主体的城市森林，有可能实现占用较小土地，充分发挥空间边缘效应，达到最大的覆盖范围的目的。目前，我国城市绿化缺少绿量，空间层次简化的现象十分突出，如结构上采取单层绿化，形状上采取几何化，植物配置上采取纯化的园林模式，等等。因此，在营建城市森林时，应充分利用乔木混交林和乔灌草混交复层林，改善植物空间结构，向立体空间要绿量和效益。根据生态学的竞争、共生、循环、生态位、群落和顶极学说等原理，进行复层林优化配置，把乔木、灌木、藤本、草本植物配置在一个种群间互相协调的生物群落中，呈现复合的季相和相宜的色彩，具有不同生态特性的植物能各得其所，充分利用阳光、空气、土地空间、养分、水分等，构成一个和谐有序的群落。这种群落能达到生态上的科学性、布局上的艺术性、功能

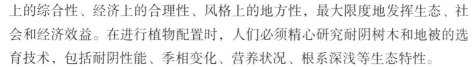

上的综合性、经济上的合理性、风格上的地方性，最大限度地发挥生态、社会和经济效益。在进行植物配置时，人们必须精心研究耐阴树木和地被的选育技术，包括耐阴性能、季相变化、营养状况、根系深浅等生态特性。

3. 发展城郊森林

城郊是郊区和城市的接合部，搞好城郊绿化，通过绿量、景观的大规模组合，在更大的空间范围内谋求人与环境进一步和谐地发展，实现可持续发展战略，对改善城市生态环境具有十分重要的意义。建立防护林带和防护林网，并使其与农田防护林和乡间的道路、河道绿化相结合，既有利于增强农业生产抵御自然灾害的能力，提高土地利用率，又可以为城市设置绿色屏障。同城区森林相比，城郊森林一般面积较大，单位面积上的绿量也较大，绿量总量是市区的几倍至几十倍，其生态效益比市区森林大得多，且城郊森林在防风固沙、涵养水源等方面的效益是市区森林无法比拟的。因此，城郊森林应采取多种措施提高林木覆盖率，增加高大乔木数量，提高绿地空间的利用效率，转变观念，转变生产方式，实现林网化和水网化的生态工程建设。

## 三、城市森林的评价指标体系

科学合理的评价指标既是城市森林建设水平的直接反映，也是引导城市森林发展方向的标尺。如何从城市生态水平方面来评价城市森林，如何判定人们所建设的城市森林在群落结构上是否合理、在功能上是否高效，直接关系到城市森林建设模式的确定，影响其生态功能、系统稳定、投入成本和经营成本等综合效益，也关系到能否真正实现从单一的绿化美化向生态建设转型。

### （一）建立城市森林评价指标体系的必要性

1. 判断城市森林的结构布局是否合理

在人口高度密集的城市环境中，城市森林生态系统在植物物种组成、种群结构与动态、层片结构和空间布局等结构特征等方面都有所变化。与自然环境中的森林相比，由于人类活动的影响，城市森林及其植物从生理、个体结构、种群结构到群落结构都要受到强烈的影响。另外，对一个特定的具体城市来说，城市森林的规划布局和空间结构设计能否自觉运用生态学的基本原理，遵循城市森林的一般规律，做到因地制宜、切合实际、和谐合理地持续发挥城市森林的最大生态效益，能否维持城市可持续发展，均需要建立评价指标体系来判定其结构布局是否合理。

2. 判定城市森林在功能上是否满足需要

城市森林的主要功能是为城市的持续发展提供生态屏障，为市民提供一个美化和优化的城市生态环境。具体来说，分布于密集居住区的城市森林对城市污染物有吸收、降解作用，同时能改善城市小气候，减轻或消除城市热岛效应，改善市区内的碳氧平衡，满足市民的美学需求，提高人类身心健康。而对于具体城市来说，城市森林的净化环境、服务城市的生态价值应与该城市的发展规模相适应，与城市的经济发展水平相适应，与城市的人口发展规模相适应。因此，人们应根据具体城市的地域特点，建立评价指标体系以判定城市森林的功能是否与城市的各要素相适应。

### （二）城市森林评价指标体系的建立原则

1. 科学性原则

评价指标要客观地反映城市森林生态环境功能的本质特征及其发生、发展规律，应具有明确的测算方法、标准和规范的统计方法，具体指标要能够反映城市森林建设的含义和目标的实现程度，这样才能保证评价结果的真实性和客观性。

2. 系统性原则

评价指标要全面、系统地反映城市森林生态环境功能的各个方面，全面地反映生态、经济和社会复合系统的结构、功能和效益之间的相互关系，指标间要相互补充，以充分体现城市森林生态环境功能的一体性和协调性。

3. 独立性原则

城市森林建设可持续发展的指标很多，应根据不同城市的自然背景、地理地貌和地域文化特色，选择有代表性的作为评价指标，指标间不应相互重叠，评价指标体系要既简明，又能表达系统的本质特征，并具有相对独立性。

4. 可操作性原则

确定的度量指标必须具有可测性和易测性，数据的收集和使用要相对简便，尽量利用现有的统计指标及有关城市环境建设的规范标准，应力求简单、实用、指标可量化，注重操作方便。

## （三）城市森林评价指标体系的构成

城市森林评价指标体系是一个由目标层、准则层、指标层及分指标层构成的层次体系。其中，目标层由准则层加以反映，准则层由具体评价指标加以反映。实际上，目标层是准则层及具体指标的概括。

### 1. 目标层

满意度作为目标层的综合指标，通常用来衡量城市森林建设的水平。评价发展满意度，需要选择描述性指标和评估性指标，使其在时间尺度上反映城市生态系统的发展速度和变化趋势，在空间尺度上反映整体布局和结构特征，在数量上反映其总体发展规模和环境建设水平。

### 2. 准则层

准则层包括城市森林的结构、城市森林功能、城市森林协调性、城市森林管理及城市森林效益。城市森林的结构反映城市森林结构的数量特征；城市森林功能反映城市森林的功能状况，涉及城市森林的质量；城市森林协调性反映城市森林发展的合理性和可持续性；城市森林管理反映城市森林的经营管理水平；城市森林效益反映了城市森林建设所带来的经济、社会和生态效益情况。

### 3. 指标层及分指标层

城市森林建设的评价标准作为一种重要的政策和实际工作的指导工具，应随着社会价值变化和人们对城市森林建设认识的加深而不断细化和补充。除了要满足整个指标体系设置的原则外，单个指标应尽可能满足以下条件：指标是易于观测或计算的，尽量不包括不可捉摸的变量；指标要有明确意义，与所研究的系统密切相关；指标要尽可能取得定量数据；指标不是孤立存在的，与其他指标有所联系；指标应是系统内部运动过程中的指示变量或其组合。

（1）城市森林的结构指标

①城市森林覆盖率：指城市林木的树冠投影面积与城市用地面积的比率。城市森林覆盖率反映了城市树木的数量，因而在一定程度上具有质的特性。

②乡土树种比例：指乡土树种在城市绿化树种应用中的重要程度。该指标用乡土树种的个体数占全部树木数量的比表示。

③人均乔木占有量：指城市市民人均拥有的各类乔木个体的数目。

④城市绿地率：指城市绿地面积与城市建设用地之比。该指标反映了城市土地表面与自然表面的接近程度。

⑤群落层次树种结合度：指城市绿地中乔木、灌木、草本植物配置合理程度的指标，主要从乔、灌、草的种类组成比例，乔、灌、草的比例与森林类型所应发挥的功能是否协调，与城市绿地的立地条件是否符合等几方面进行判断。

⑥乔灌草物种丰富度：指城市绿地建设中所选用的乔灌木植物种数。该项指标用来表示整个城市绿地所选用植物的多样性。

⑦复层绿色量：指各层面（乔、灌、草）绿化面积统计之和，是反映叶面积总覆盖面积的一项指标。该项指标可用来表征绿地植物的叶量大小。

⑧绿化三维量：从植物空间占据的体积来反映绿化结构形态的生态作用。

⑨城市墙体垂直覆盖率：指垂直绿化面积与建筑物表面可覆盖面积之比。

（2）城市森林功能指标

①涵养水源蓄水保土指标：指营建多层次、多数种的水源涵养林，增加天然降水利用率，净化水质的功能指标。

②吸收有害气体量：指绿色植物通过呼吸作用，将在工业过程、城市交通中排出的如 $SO_2$、$NO_2$、$CO_2$、碳氢化合物、氮氢化合物等大量有毒气体转化净化为无毒物质，起到净化空气的作用。

③降尘滞尘状况：有绿色植物覆盖的地面，灰尘不易被风扬起，而且植物能有效地降低风速，使空气的携带能力大大下降，从而使空气中的粉尘沉降下来。该指标用来衡量在相同的时间内灰尘降低的指数。

④调节温度、湿度状况：城市中以混凝土等低热容量建筑材料为主的下垫面以及大量的能耗，使城市平均气温普遍高于周围农村，形成了城市热岛效应。绿色植物具有调节温度的功能，树叶反射的热能比硬质表面反射的热能多得多。植物吸收一定量的热能但却只辐射出很少的一部分，在植物光合作用的过程中也需要一些热能。此外，其叶片大量蒸腾水分消耗能量，也增加了空气的湿度。

⑤降低噪声功能：城市在生产和生活过程中会产生大量噪声，但植物是软质景观，绿色叶丛好似一种多孔材料，具有吸音作用，当噪声投射到

树木枝叶上时，生长方向各异的叶片能够反射声波而产生微振，从而减弱噪声。

⑥释氧固碳量：绿色植物通过光合作用释氧固碳，缓解了城市在燃料燃烧的烧过程中消耗大量的氧气而造成局部缺氧的状态。

⑦抑菌功能：在人口密集的地区，空气受到污染会含有大量的有害细菌，植物对其周围的细菌等病原微生物具有不同的杀灭和抑制作用，但杀菌能力的大小因植物种类而异。

（3）城市森林管理指标

①城市森林健康指标：城市森林健康指标分析主要基于个体和群体两个水平来考虑，对于个体来说，要了解花朵、果实、枝叶等器官的分泌物、挥发物对人体的影响；对于群体来说，要分析不同的植物组合所形成的群落内，不同植物体的分泌物组成的混合气体环境对人体的影响。因此，可以用多种指标表示。比如，用单位面积城市森林植物产生的过敏性花粉数量表示负效应，单位为粒／平方厘米；用单位面积城市森林植物产生的空气负离子数量表示正效应，单位为个／平方厘米。

②城市森林维护成本指标：指单位面积森林绿地每年的维护成本（包括日常管护用工费、水资源消耗费、病虫害防治费等）。作为一种不同于天然群落的城市绿地类型，城市森林外貌的维持在一定程度上是建立在人为干预的基础上的，但过多的人为干预活动不仅增加了人力、物力投入，也使这种群落的生态功能大打折扣。因此，一种绿地类型的优劣还要对人力、物力投入有一个全面的评价。

③城市森林规划设计：规划有指导全局的作用，落实规划有实际的意义。

④人体舒适度指标：指城镇居住区人体舒适度与乡村或自然环境的比较，以及城市森林建设对人体舒适度的影响程度。人在环境中是否舒适，取决于生理和心理两个方面。生理方面的因素包括空气温度、湿度、风速和辐射等。为评价不同土地类型的小气候条件对人体的各种物理刺激的综合影响，人们利用生物气象可定量地描述森林环境状况及人体的生理反应。

⑤野生动物栖息地指标：指野生动物区系和种群，主要为鸟类的栖息空间的大小。栖息和生存在城市化地区的动物大多是原地区残存的野生动物，

或是从外部迁徙进入城市的野生动物，或是通过人工驯养和引进的动物。一般而言，城市野生动物物种的数量与城市中人造物程度呈负相关。环境的改变也改变了城市野生动物的种群特征，包括种群大小、数量分布、年龄组成和性比等。

# 第八章 城市生态系统建设

## 第一节 城市生态系统的特点与结构组成

### 一、城市生态系统的特点

#### （一）复杂性、涌现性和自组织性

"复杂系统"范式为人们将城市作为一种"涌现现象"加以研究提供了一个有效途径。以现有研究为基础，笔者认为城市生态系统是一种混合的、多元均衡的、具有层级特性的系统。在城市生态系统中，高层次的格局源自多种主体的局部性动态，这些主体之间以及主体与它们所处的环境之间都发生着相互作用。城市生态系统是典型的具有"自适应性"的复杂系统。城市生态系统是开放的、非线性的，很难预测，"扰动"是城市生态系统的一种常见的内在特性。

复杂结构源自一些遵循简单决策规则的因素的增益和限制作用。多种主体间的局部相互作用以何种方式来影响全球格局和整个大都市地区的动态呢？这是人们对城市发展了解最少的方面之一。考虑复杂的人类和生态适应系统的一些基本属性和多种相互作用的元素、涌现结构、分散控制以及适应性行为，可以帮助学者们将城市蔓延作为一种人类—生态系统的综合性现象

进行研究和管理。新兴的城市景观结构可以被解释为一种累积并聚合的秩序，其源于许多具有智能性和适应能力的主体的各种局部性决策。复杂的系统不能通过一个单一的自上而下的治理路径进行管理；相反，为使人类功能和生态功能维持在一个最佳平衡点，系统要求多种自主参与者根据地方多样的生物物理环境和约束条件协调自身的活动，并持续调整自身的行为。

城市生态系统是生物物理因素和人类因素的相互作用通过反馈回路、非线性动态、自组织机制的演进而形成的动态的复杂系统。在这样一个复杂的系统范围内，因素间的相互作用产生了"涌现行为"和"涌现结构"。城市生态系统的自组织性驱使其或者向有序或者向紊乱的方向发展。在城市生态系统的演进路径问题上，不同的自组织理论有不同的推断。事实上，在城市生态系统中，稳定的、非混沌的、趋同的现象与非稳定的、混沌的、发散的事例在数量上可能不相伯仲。或许，一个更重要的问题是不同的自组织和模式是如何与不稳定、混沌相联系的，以及它们是如何影响城市生态系统演进的。

自组织系统的主要特性是临界性，这是一种介于稳定和非稳定之间的状态。处于"混沌边缘"的城市生态系统并未呈混乱状态；相反，其已达到一种临界阈值——这是一种扰动未被抑制也未被扩大，而是在较长的时空范围内获得增加或扩散的状态。鲍克以沙堆为例指出：施加在沙堆上的局部相互作用导致了其频繁的、微小的崩塌，而大规模的崩塌却很罕见。在考虑系统演进、环境变化、城市生态系统的适应性时，临界性概念具有特别重大的意义。

综合来看，城市生态系统的关键性可以归结为以下三个方面：

（1）城市生态系统是复杂的、动态的、开放的、非平衡的。就长期维持人类和生态功能的特定的系统能力而言，这会对城市格局多种状态的定义和效应评估产生影响。反馈机制能放大或调节某种特定的效应，这同样对理解发展模式与生态和人类功能之间的动态的互动关系产生影响。或许发展模式应该将维持支撑生态系统和人类功能的系统特性（弹性）作为目标，而不是将实现特定的环境条件，如按照关键区域条例所规定的距溪流开发建设的固定密度或间隔作为目标。

（2）变化既不是连续的、渐进的，也不是一贯的混沌；相反，随着缓慢积累的周期被突然的结构变换所打断，变化具有偶然性。这些结构变换事件决定了未来发展的轨迹。关键过程以不同的速率运行，但它们都紧紧环绕着主导频率。偶发行为由各种具有直接效应和延迟效应的变量之间的相互作用引起。

（3）城市生态系统是"活动目标"。关于生态系统的知识是不完全的，出人意料的事件是不可避免的，这对战略选择的类型产生了影响。或许需要考虑灵活的机制以便对各种机构进行调节，从而能有效地学习和应付各种变化，而不是采取一成不变的政策。

### （二）城市生态系统的弹性

复杂的动态发生在城市景观层面。非线性是复杂系统的本质表现，这意味着复杂系统的动态可能会导致各种结果。城市化地区具有多种稳定的和非稳定的状态。依据系统动力学观点（图8-1）可知，在一定的城市化水平基础上，城市地区的状态可能是由自然和人类功能的状态共同驱动的。随着城市化水平的提高，自然植被相应减少。系统沿着顶端实线（自然植被吸引子）移动直到抵达 $X_2$，那里自然植被衰减严重、分布破碎化，以致无法履行至关重要的生态的功能，系统变得不稳定（曲线的虚线部分）。当城市化降低了生态系统的功能，系统就快速进入蔓延状态（较低的实线，蔓延吸引子），那里人类功能代替了自然生态系统的功能，其结果是生态系统功能衰退至不能支撑人类功能的状态点，城市化水平下降，系统再次变得不稳定（$X_1$）。最终，系统返回到自然植被状态。

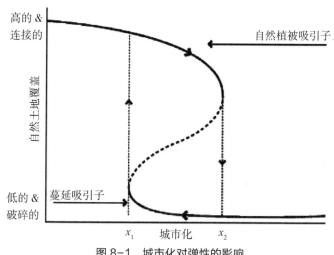

图8-1　城市化对弹性的影响

在城市化地区，城市蔓延能引起自然性土地覆盖质量的变化——从一种丰饶的、具有良好连接的自然土地覆盖的稳定状态，向一种具有极大的退化性和高度碎片化的自然土地覆盖的次稳定状态转化。自然的稳定状态取决于自然扰动机制。蔓延状态是一种强制的平衡，是生态系统中的组成成分在未得到完整的关于提供低密度发展的公共服务的全部生态成本信息的前提下所产生的结果。

城市生态系统的弹性是由系统同时维持人类功能和生态功能的能力所决定的。在城市化区域，人类功能和生态功能是互相依存的。随着城市化的发展，城市系统逐渐远离富有天然植被的区域，向着蔓延区或更远的区域发展，直到越来越多的城市化生态系统变得无法支撑人类种群为止。在城市化地区以人类功能代替生态功能，支撑生态系统的过程就会达到临界值，驱使生态系统走向崩溃。如果生态系统崩溃，降低了系统支撑人居环境到达大量天然植被再生的时间点的能力，这一过程就会驱动生态系统向天然植被吸引区的方向发展。

为了应对蔓延发展的人文、生态和经济成本，城市规划师已经试图使城市生态系统固有的动荡状态稳定化，即在支撑人类功能需要的开发与自然土地的改变之间保持平衡，如图8-2所示。蔓延发展A导致与蔓延吸引子（区）状态相关联的耦合系统功能的下降；计划发展B是一种同时支撑生态功能和人类功能，使城市耦合生态系统具有最大的弹性的城市发展模式。计划发展的假定是：开发模式影响了生态环境条件，影响了生态系统功能和人类功能的维持。在重组和更新阶段中，人类有机会改变城市生态系统的发展轨迹，使城市生态系统按照与生态和社会经济功能相互配合的自组织过程发展。但是，这种强制平衡具有内在的不稳定性，因为其要求平衡人类需求与生态系统服务供应之间的紧张状态。在强调远见、交流和科技的城市生态系统中，信息流可以更有效地使用控制系统动态和反馈机制，使人类有更多的机会对生态危机做出创新性回应。在这类情况下，通过一种"计划的平衡"就有可能给城市生态系统增加更多的弹性。

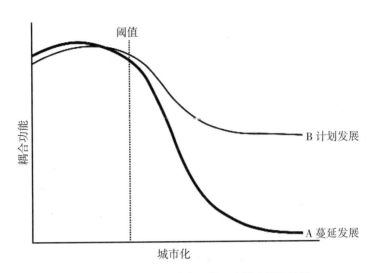

图 8-2　城市化模式与生态系统及人类功能的关系

### （三）城市生态系统改变了自然生态系统的属性

城市化的发展与工农业生产发展密切相关。在城市中，密集的人口、高强度的经济生产活动极大地改变了原来自然生态系统的组成、结构和特征。大量的物质、能量在城市生态系统中流动，输入、输出、排废都大大超过了原来的自然生态系统。剧烈的人为活动不仅改变了自然环境，也在不断破坏自然生态系统。大量的物质（生产资料与生活资料）输入这个系统，造成大量的物质积累于城市。城市生态系统还表现出与自然生态系统在结构和功能上的不同之处。

（1）在形态结构上，主要受人工建筑物及其布局、道路和物质输送系统、土地利用状况等人为因素的影响；城市的物理环境结构发生了迅速的变化，如城市热岛效应的产生、地形的变迁；人工地面改变了自然土壤的团粒结构与性能，增加了不透水的地面，从而破坏了自然调节净化机能。

（2）在营养结构上，不但改变了原自然生态系统各营养级的比例关系，也不同于自然生态系统的营养关系，在食物（营养）的输入、加工、传送过程中，人为因素起着主导作用。

（3）在生态流上，物质、能量信息流动的总量大大超出原自然生态系统，而且比原自然生态系统增加了人口流和价值流，人类的社会经济活动起决定性作用。自然生态系统的基本功能是维持能量流动，维持物质循环和自我调节机能。正是由于自然界的这种自我调节机能，生态系统中物质和能量的动态平衡才得以维持；而城市的发展改变了地区的物质、能量流动方向和数量，失去了原来的平衡，造成了城市环境污染。

（4）在生态关系上，人和自然、经济和环境相互依赖、相互制约，形成了"人口—资源经济—环境"有机组合的复杂系统。城市生态系统的调节机能是否能维持生态系统的良性循环，主要取决于这个系统中的人口、资源、经济、环境等因素的内部以及相互之间是否协调。

## 二、城市生态系统的结构组成

城市生态系统的综合特征表明，城市是一个高度人工化的，结构、物质循环和能量转化被部分改变的人工复合生态系统，因子众多，层次复杂，受人类生产和生活活动的剧烈影响。它既具有一般自然生态系统的特征，即生物群落和周围环境的相互关系，以及物质循环、能量流动和自我调节的能力，同时又受社会生产力、生产关系以及与之相联系的上层建筑的制约。与一般自然生态系统不同，城市生态系统的自我调节能力较弱。因此，一个符合生态规律的城市首先应具有合理的结构，即具有适度的人口密度、合理的土地利用、良好的环境质量、足够的绿地系统、完善的基础设施和有效的自然保护。

### （一）城市生态系统的人口结构

城市生态系统的核心和主体是人，其数量和职业结构决定了城市的规模和性质，人口的结构组成也决定了城市中社会生态亚系统的结构特征。

1. 人口组成

人口组成的比例直接牵涉城市交通、商业、服务行业等的服务效果及社会生活质量，随城市性质而异。一般来说，可将城市人口分为常住人口和流动人口，又可进一步细分为基本人口、服务人口和被抚养人口三类。从城市规划的角度看，不同的城市规模对这三类人口的比例有不同的要求。

2.人口结构

（1）年龄结构。年龄结构指城市人口中各年龄组的人数占总人数的比例。年龄结构一般可分为6组：托儿组（0～3岁），幼儿组（4～6岁），小学组（7～11或12岁），中学组（12～16岁或13～18岁），成年组（男：17或19～60岁；女：17或19～55岁），老年组（男：>61岁；女：>55岁）。

（2）性别结构。性别结构指男女性别比，一般情况下应为1，但在一些工矿城市，男女性别比 >1，由于传统重男轻女思想的影响，儿童性别比在一些地区会偏离1，这将给城市生态平衡带来影响。

（3）职业结构。职业结构指不同职业的劳力所占的比例。根据城市当前的职业结构情况，可以判断整个城市的主要职能。我国一般将城市职业分为农业、矿业、工业、建筑业、运输业、邮电业、商业、服务业、专门职业（文教卫生）、行政公务、大中专学生。

## （二）城市生态系统的经济结构

城市生态系统与自然生态系统的本质区别是城市活跃的经济政治生活和高密度的物质信息生产过程，它们是城市的命脉和支柱，是联系以上两个子系统的经络和桥梁，一般由物资生产、信息生产、流通服务及行政管理等职能部门组成。各种产业比例的大小决定了城市的性质。

（1）物资生产部门。物资生产部门主要有工业、农业、建筑业等部门，它们设法从系统内部或外部获取物质能量，并按社会需要转换成有一定功能的产品。

（2）信息生产部门。信息生产部门主要有科技、教育、文艺、宣传、出版等部门，它们为社会积累、加工、传授、推广信息产品和信息服务，为城市培养、输送信息人才，满足城市的信息及人才需求。

（3）流通服务部门。流通服务部门由金融、保险、交通、通信、商业、物资供应、旅游、服务等行业组成，不直接生产产品，而是为各种产品的生产和各个生产部门牵线搭桥，通过横向联络，促进系统内物质能量的快速循环和流动。

（4）行政管理部门。行政管理部门通过各种纵向联系和管理，来维持城市功能的正常发挥和社会的正常秩序。

一个城市的经济结构是否合理，直接关系到该城市经济实力的强弱，这是评判一个城市发达程度的最重要的标准，也是城市人民生活水平提高的直接原因。

### （三）城市生态系统的空间结构

城市是存在于地球表面并占有一定地域空间的一种物质形态，在人工要素（城市中各种建筑群、街道及城市绿地）与自然要素（地形地貌、河湖水系等）的作用下，组成了具有一定形态的空间结构，如同心圆状结构、扇形辐射状结构、多中心镶嵌状结构、带状结构、组团状结构等。它们可以在不同的城市出现，也可在同一城市内部的不同地点出现，但这些结构往往取决于所在城市的社会制度、经济状况、种族组成、地理条件（地形地貌与水文状况）等。例如，社会分配制度引起了同心圆结构的变化，土地经济的价值规律引起了扇形结构的变化，种族组成和城市区域分异规律引起了多中心镶嵌结构的变化；而城市地形地貌和河湖水系等自然要素又通过对城市规划、建设的制约，并因用地组合条件的差别，对城市空间结构、形态和城市环境产生了不同的影响。

### （四）城市生态系统的用地结构

作为一个政治、经济、文化、居民生活居住的多功能综合体，城市生态系统的用地结构较为复杂，从城市规模的大小来分析，城市用地结构有以下几种类型：①小城市（镇），一般由市区和郊区组成；②中等城市，一般由市区、郊区和郊区工业区及其他功能区组成；③大城市及特大城市，由市区、近郊区、近郊工业区或其他功能、远郊区和远郊小城镇组成。

市区是指一个城市除郊区以外的行政管辖范围，其内涵与建成区有所不同。建成区是指城市行政辖区范围内实际已建设发展起来的、现状城市建设用地相对集中分布的地区，包括市区集中连片部分，以及分布在近郊区内但与市区关系密切的城市建设用地。

郊区是城市不可分割的重要组成部分。大城市和特大城市一般拥有近郊区和远郊区两大部分。近郊区是紧靠市区的外围地带，是城市蔬菜、副食品的生产基地，同时分布有城市的工业、仓储、对外交通运输以及大型绿地等；

远郊区则远离市区，多以生产粮食及经济作物为主，或分布有城市工业的小城镇。

从结构上看，可以将城市用地进一步划分为以下几类：

（1）居住用地。居住用地指居住街区内的居住建筑的基底占地、院落、宅旁绿化和小路等用地。

（2）工业用地。工业用地主要指各类工厂企业的生产用地，即生产车间、专用仓库、堆场、厂区、铁路专用线、专用码头、附属动力、给水设施、污水处理设施等，以及厂内行政管理、厂前区附属设施、厂内卫生防护绿地等各项用地。

（3）仓储用地。仓储用地指专门用来存放生活与生产资料的用地，包括国家或地方储备、中转和为本市生产、生活服务的各类仓库堆场用地。

（4）交通运输用地。交通运输用地包括城市对外交通运输的铁路、公路、站场用地；港口码头（陆域），民用航空机场用地；上述交通运输设施的附属维修工厂、仓库等用地和管理机构用地；为本市服务的专业汽车（或其他运输工具）运输队和装卸作业队的用地。

（5）基本建设用地。基本建设用地指基本建设部门的行政管理用地、生产施工（施工、安装、运输场地、预制厂、构件厂、砂石场等）用地，以及中央、省基本建设单位驻市的生活基地。

（6）市政公用设施用地。市政公用设施用地包括城市给水工程设施（取水泵房、水厂）、供电设施（变电所、站）、煤气供应设施（煤气厂、储气罐、液化石油气站）、市区公共交通设施（站场、保养维护工厂）、公共卫生设施（垃圾堆场、公厕、肥料转运站）、消防设施（消防站、训练场地）及其他公用设施（殡仪馆、火葬场、公墓）等用地；市政工程、公用事业、环卫、房修等管理、养护机构和施工、生产等用地。

（7）公共建筑用地。公共建筑用地包括行政、经济管理机构（如党、政、群众团体机关），邮电局，银行等用地；文化体育设施用地、教育科研机构用地、宣传机构用地、医疗卫生设施用地以及商业服务设施等用地。

（8）园林绿化用地。园林绿化用地包括公共绿地，如公园、游园、街心花园、动物园、开放性植物园、林荫道等；交通绿地，如公路与街道绿带、停车场绿地等；专用绿地，如防风林、水土保持林、水源保持林、卫生防护林、科研性植物园、烈士陵园等；生产绿地，如苗圃、花圃、果园等；大型风景游览绿地及森林公园等。

（9）道路广场用地。道路广场用地指居住街区以外的城市主干道、次干道、支路、广场、停车场、工业区道路、仓库区道路等专用道路用地。

（10）特殊用地。特殊用地包括军事机关、院校、医院、招待所、军用仓库、通信设施、专用码头、营房、阵地等用地；革命纪念建筑用地；重点保护的文物古迹用地；外国机构用地；宗教用地；监狱、看守所用地；其他有特殊要求、不对市民开放的特殊地段用地。

（11）其他用地。其他用地指建成区内不宜作为建设用地的破碎地段，如未利用的荒山、水沟、城市防洪工程、旧城墙等用地。

以上各类用地可概括为工业、仓储、交通运输、生活居住和绿化五大类用地。

### （五）城市生态系统的生物结构

虽然人在城市生态系统中占据主导地位，但在一个完善的城市生态系统中，其他生物的合理结构组成也是保证城市生态系统功能正常发挥的必要条件。

1. 城市动物

城市处在不同类型自然生态系统交界的边缘地带，所以生物多样性较高，但由于人类种群的优势作用，许多动植物被排挤淘汰。城市动物中有的受城市人类活动的影响，逐渐被驯化成与人类共生的城市动物，成为居民不可缺少的伙伴，但也有多种动物仍威胁着人类的生产与生活。

2. 城市植物

不同的城市从地形地貌和河湖水系等自然条件到布局形式和环境状况都有不同的特点，城市植物的类型和结构也多种多样。除自然的植物种类外，人工绿地是城市植物中的主体，包括公园、绿地、草坪、树木、花卉、作物等，可以按城市规划和建设部门的用地类型、规模及位置来划分，也可以按使用性质和功能特征类型来划分。

（1）按用地类型、规模及位置来划分。①公共绿地：包括市（区）级综合公园、儿童公园、动物园、植物园、体育公园、纪念性绿地、名胜古迹园林、游憩林带。②居住区绿地：包括居住区游园、居住小区游园、宅旁绿地、居住区公建庭园、居住区道路绿地。③附属绿地（或专用绿地）：包括机关单位、大专院校、工矿企业、仓库绿地、公用事业绿地、公共建筑庭园。④交通绿地：包括道路绿地、公路、铁路等防护绿地。⑤风景区绿地：包括风景游览区、休假疗养区绿地。⑥生产防护绿地：包括苗圃、花圃果园、林场、卫生防护林、风沙防护林、水源涵养林等。

（2）按使用性质和功能特征类型来划分。①防护型绿地：防护型绿地是以保护城乡环境、减灾防灾、促进生态平衡为目的的生态绿地。②保健型绿地：保健型绿地是利用植物的配置，形成一定的植物生态结构，从而利用植物的有益分泌物质和挥发物质，达到增强人体健康、防病治病的目的。③观赏型绿地：观赏型绿地是绿地生态建设中植物利用和配置的一个重要类型，它可将景观、生态和人的心理、生理感受进行综合研究和应用。④科普型绿地：运用植物典型的特征建立起各种不同的科普知识型绿地，可以使人们在良好的绿化环境中获得知识，激发人们热爱自然、探索自然奥秘的兴趣和爱护环境、保护环境的自觉性。⑤生产型绿地：在不同的立地条件下，建设以生产功能为主的生产型生态绿地，发展具有经济价值的乔、灌、花、果、草、药和苗圃基地，并与环境协调，既可满足市场的需要，又可增加社会效益。⑥文史型绿地：特定的文化环境如历史遗迹、纪念性园林、风景名胜、宗教寺庙、古典园林等，要求通过各种植物的配置使其具有相应的文化环境氛围，形成不同种类的文化环境型生态绿地。

3.城市微生物

城市微生物包括真菌、细菌、病毒等，它们是最不引人注目而又对城市的生死存亡至关重要的城市组分。中世纪欧洲许多城市的衰败，就是因为细菌、病毒的恶性蔓延而导致瘟疫流行的结果。然而，城市生产和生活活动所排出的大量废弃物，还要靠它们去还原净化。

（六）城市生态系统的营养结构

与自然生态系统一样，在城市生态系统中，人类与其他生物之间的食物链关系是其营养结构的具体表现，是系统中物质与能量流动的重要途径。但是，城市生态系统中的这种食物链与自然生态系统中的食物链又有许多明显的区别。首先，城市人群位于食物链的顶端，是最主要、最高级的消费者，而作为初级生产者的绿色植物却很少，其他生物种类也远远少于自然生态系统，食物链的结构是所谓的倒金字塔形（图8-3）。其次，从类型上看，城市生态系统有两种不同的食物链类型。其一为自然—人工食物链，该链中绿色植物为初级生产者，草食动物与肉食动物分别为初级、次级消费者，人类是杂食性的高级消费者。它们之间自然的、直接的食与被食的量很小，草食动物与肉食动物大部分以环境系统提供的人工饲料为食物，人类直接食用的动植物也必须经过简单的人工加工。其二为完全人工食物链，由环境系统提供的食物供人类直接食用。该食物链中尽管只有一级消费者，但将环境生物转化为食品仍需经过复杂的人工加工。

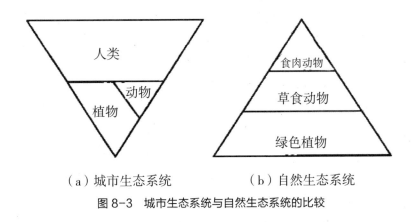

（a）城市生态系统　　　　　（b）自然生态系统

图8-3　城市生态系统与自然生态系统的比较

## 第二节　城市生态系统的功能作用

### 一、生产功能

城市生态系统的生产功能是指城市生态系统具有利用域内外环境所提供的自然资源及其他资源，生产出各类"产品"（包括各类物质性及精神性产品）的能力。这一能力在相当程度上是由其具有的基本特征之一——空间性（即具有满足包括人类在内的生物生长繁衍的空间）所决定的。

**（一）生物生产**

生物能通过新陈代谢作用与周围环境进行物质交换。人类、动物、植物、微生物都是生物。城市生态系统的生物生产功能是指城市生态系统所具有的有利于包括人类在内的各类生物生长、繁衍的作用。这种作用在层次上有高低之分，一般分为以下两种。

1.生物初级生产

生物初级生产指绿色植物将太阳能转变为化学能的过程。绿色植物所具有的叶绿素能利用太阳能，将吸收的水、二氧化碳和无机盐类通过光合作用制造成初级产品——碳水化合物。绿色植物所具有的这种特殊的"生产"能力，使原来不能被各类生物直接利用的太阳能通过这一过程转化成脂肪和蛋白质，成为包括人类在内的一切异养生物的最根本的营养物质来源。同时，生物活动所需的各种化学元素，如碳、氢、氧、硫、磷、镁、钙及各种微量元素也只有通过植物根、叶的吸收，被合成有机物之后才能被生物所利用。

城市生态系统中的绿色植物包括农田、森林、草地、蔬菜地、果园、苗圃等皆具有以上功能。然而，由于城市以第二产业和第三产业为主，所以城市生物生产（绿色植物生产）所需的空间占城市总面积的比重并不大。如果仅从耕地面积来看，城市市区耕地面积占全国全部耕地面积的比重是较小的。

应该指出，虽然城市生态系统的绿色植物生产（生物初级生产）不占主导地位，但生物初级生产过程中所具有的吸收二氧化碳、释放氧气等功能依然对人类十分有利，对城市生态环境质量的维持具有十分重要的作用。因此，保留城市郊区的农田，尽量扩大城市的森林、草地等绿地面积是非常必要的。

城市生态系统的生物初级生产与自然生态系统中的生物初级生产之间的一个较大的区别是后者是自然生长的，处于"自生自灭"的状态；而前者却处于高度的人工干预状态之下，虽然生产效率远远高于后者，但其稳定性远远不如后者。此外，城市生态系统的生物初级生产还具有人工化程度高、生产效率高、品种单调的特点。

2.生物次级生产

一般生态系统的生物次级生产过程是指消费者和分解者利用初级生产物质进行建造自身和繁衍后代的过程，而城市生态系统的生物次级生产则是城市中的异养生物（主要为人类）对初级生产物质的利用和再生产过程，即城市居民维持生命并繁衍后代的过程。

从城市行政所辖范围看，城市生态系统的生物初级生产量并不能满足城市生态系统的生物次级生产的需要量。因此，城市生态系统所需要的生物次级生产物质有相当一部分需要从城市外部调运进城市。

由于城市生态系统的生物次级生产所需要的物质和能源并不能仅由城市本身供应，相当一部分需从城市外调入，故这一过程表现出明显的依赖性；又由于城市生态系统的生物次级生产的重要内容之一为城市居民后代的繁衍，所以这一过程除受非人为因素的影响外，还受城市人类道德规范、文化、价值观等人为因素的制约。因此，城市生态系统的生物次级生产表现出明显的人为可调性，即城市人类可根据需要改变其发展过程的轨迹。这与自然生态系统的生物次级生产中生物主要受非人为因素影响的情况有很大不同。此外，城市生态系统的生物次级生产还表现出社会性（城市人群维持生存、繁衍后代的行为是在一定的社会规范和规程的制约下进行的）；城市人类的食物来源广且皆须经过加工；城市人类的自身发育周期长（较其他生物），除了身体发育外还有智力发育等特点。

为了维持一定的生存质量，城市生态系统的生物次级生产在规模、速度、强度上应与城市生态系统的生物初级生产过程相协调，具体表现在数量、空间密度等方面。

### （二）非生物生产

城市非生物生产所生产的"产品"包括物质与非物质两类。

1. 物质生产

物质生产是指满足人们的物质生活所需的各类有形产品及服务。它包括：①各类工业产品。②设施产品，指各类为城市正常运行所需的城市基础设施。城市是一个人口与经济活动高度集聚的地域，各类基础设施为人类活动及经济活动提供了必需的支撑体系。③服务性产品，指服务、金融、医疗、教育、贸易、娱乐等各项活动得以进行所需要的各项设施。城市生态系统的物质生产产品不仅仅为城市地区的人类服务，更主要的是为城市地区以外的人类服务。因此，城市生态系统的物质生产量是巨大的，其所消耗的资源与能量也

是惊人的，对城市区域及外部区域自然环境的压力也是不容忽视的。

2.非物质生产

非物质生产是指满足人们的精神生活所需的各种文化艺术产品及相关服务。比如，城市中具有众多优秀的精神产品生产者，包括作家、诗人、雕塑家、画家、演奏家、歌唱家、剧作家等，以及难以计数的精神文化产品，如小说绘画、音乐、戏剧、雕塑等，这些精神产品满足了人类的精神文化需求，陶冶了人们的精神情操。

城市生态系统的非物质生产实际上是城市文化功能的体现。刘易斯·芒福德曾指出："城市的功能是化力为形、化能量为文化"。城市从它诞生的第一天起就与人类文化紧密相连。城市的建设和发展反映了人类文明和人类文化进步的历程，城市既是人类文明的结晶和人类文化的荟萃地，又是人类文化的集中体现。从城市发展的历史来看，城市起到保存和保护人类文明与推动文化进步的作用。城市始终是文化知识的"生产基地"，是文化知识发挥作用的"市场"，同时城市又是文化知识产品的消费空间。城市非物质生产功能的加强，有利于提高其品位和层次，有利于提高整个人类的精神素养。

## 二、能量流动

能量流动又称能量流，是生态系统中生物与环境之间、生物与生物之间能量的传递与转化过程，是生态系统的基本功能之一。城市生态系统的能量流动是指能源（能产生能量的物质，亦指已知的全部能量来源）在满足城市四大功能（生产、生活、游憩、交通）的过程中在城市生态系统内外的传递、流通和耗散过程。

### （一）能源的类型

能量是地球上可以存在生命的一个基本因素。人类生活和城市的运行离不开能量的流动，而城市生态系统中能量的流动又是以各类能源的消耗与转化为主要特征的。所谓能源，就是指能产生机械能、热能、光能、电磁能、化学能、生物能等各种能量的自然资源或物质，是人类赖以生存和发展工业、农业、国防、科学技术，并改善物质生活所必需的燃料和动力来源。

按照来源，能源通常分为四大类：第一类是来自太阳的能量，除了直接的太阳辐射能外，煤炭、石油、天然气、生物能（生物转化的太阳能）、水能、风能、海洋能等，都间接来自太阳能；第二类是以热能形态蕴藏于地球内部的地热能；第三类是地球上的各种核燃料，即原子核能，它是原子核在发生裂变和聚变反应时所释放出来的能量；第四类是月亮和太阳等天体对地球的吸引力所引起的能量，如潮汐能。按对环境的影响程度，能源可分为清洁型能源（如水能、风能）和污染型能源（如煤炭）。

此外，按形式，能源可分为一次能源和二次能源；按能否更新，能源可分为可更新能源和不可更新能源；按使用情况，能源可分为常规能源和新能源。其中，一次能源又称原生能源，指太阳能、生物能、核能、矿物燃料、风能、海洋能、地热能等。日常生活中的煤炭、石油、天然气均属此类。除少数（煤、天然气）可直接利用外，大多数需加工或转化后才能利用。二次能源又称次生能源，是指原生能源经过加工转化的能量形式，如电力、柴油、液化气等。二次能源一般形式单一，便于输送、贮存和使用。可更新能源又称再生能源，是指太阳能、水能、氢能、风能、海洋能、生物能、地热能等可再生且不会枯竭的能源；不可更新资源又称非再生性能源，是指埋藏在地下的包括煤、石油、天然气在内的化石能和以铀、锂、铌、钒为原料的核能等能源。

### （二）城市生态系统能量流动的特点

（1）在能量使用上，自然生态系统和城市生态系统的显著不同之处在于，前者的能量流动类型主要集中于系统内各生物物种间所进行的动态过程，反映在生物的新陈代谢过程之中；而后者由于技术发展，存在大量非生物之间的能量变换和流转，反映在人力所制造的各种机械设备的运行过程之中。随着城市的发展，它的能量、物资供应地区越来越大，可从城市所在的邻近地区到整个国家，直至世界各地。

（2）在传递方式上，城市生态系统的能量流动方式要比自然生态系统多。自然生态系统主要通过食物网传递能量，而城市生态系统可通过农业部门、采掘部门、能源生产部门、运输部门等传递能量。

（3）在能量流运行机制上，自然生态系统能量流动是自卫的、天然的，而城市生态系统能量流动以人工为主，如一次能源转换成二次能源、有用能源等皆依靠人工。

（4）在能量生产和消费活动过程中，有一部分能量以"三废"形式排入环境，使城市遭受污染。

（5）能量流动中不断有损耗，且能量流动不能构成循环，具有明显的单向性。

（6）除部分能量是由辐射传输外（热损耗），其余的能量都是由各类物质携带。

## 三、物质循环

自然生态系统中的物质主要是指维持生命活动正常进行所必需的各种营养元素。它们是通过食物链各营养级进行传递和转化的。生态系统中各种有机物质（物质）被分解者分解成可被生产者利用的形式，并最终归还到环境中重复利用，如此周而复始的循环过程叫作物质循环（物质流）。物质循环涉及的生物的和非生物的动因受到能量驱动，并且依赖于水循环。

城市生态系统中的物质循环是指各项资源、产品、货物、人口、资金等在城市各个区域、各个系统、各个部分之间以及城市与外部之间的反复作用过程。它的功能是维持城市生存和运行，具体而言是维持居住、工作、游憩、交通四大城市功能的运行。从基本上讲，是维持城市生态系统的生产功能（生物生产和非生物生产，前者主要是人类的生存和繁衍，后者是为前者服务的，其目的是提高人类生物生产的质量）以及维持城市生态系统生产、消费、分解还原过程的开展。

### （一）城市生态系统物质循环的物质来源

城市生态系统物质循环的物质来源有两种：一是自然性来源，包括日照、空气（风）、水、绿色植物（非人工性）等；二是人工性来源，包括人工性绿色植物，以及采矿和能源部门的各种物质，具体为食物、原材料、资材、商品、化石燃料等。如从地源性看，城市生态系统中的物质主要来自城市外部区域，城市本身提供的物质所占比例甚少。

### （二）城市生态系统物质循环中的物质流类型

城市生态系统物质循环中的物质流类型主要包括自然流（又称资源流）、货物流、人口流三种。

1. 自然流

自然流即由自然力推动的物质流，如空气流动、自然水体的流动等。自然流具有数量巨大、状态不稳定、对城市生态环境质量影响大的特征，其流动速率和强度更是对城市大气质量和水体质量起着重要的作用。

2. 货物流

货物流是指保证城市功能发挥的各种物质资料在城市中的各种状态及作用的集合。它不是简单的输入与输出，其中还经过生产（形态、功能的转变）、消耗、累积及排放废弃物等过程，如图8-4所示。

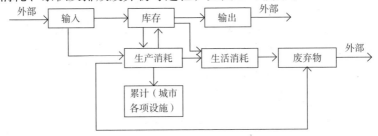

图8-4　城市系统中货物流的流程途径

3. 人口流

这是一种特殊的物质流，包括人口在时间上和空间上的变化，前者即人口的自然增长和机械增长，后者是反映城市与外部之间人口流动中的过往人流、迁移人流以及城市内部人口流动的交通人流。

人口流对城市生态系统各个方面具有深刻的影响。人口流的流动强度及空间密度反映了城市人类对其所居自然环境的影响力及作用力的大小，与城市生态系统环境质量密切相关。人口密度与环境污染和资源破坏损失具有一定的对应关系，可用人口密度约束系数表示。人口密度约束系数指不同区域范围内环境污染和资源破坏损失的变化率与相对的人口密度变化率之比（人口密度为单位面积上的人口数）。它可为调控人口发展和合理分布、制定与环境保护相适应的人口政策以及适应不同人口密度区域的环境政策和标准提供依据。

## （三）城市生态系统物质循环的特点

1.城市生态系统所需物质对外界有依赖性

绝大多数城市都缺乏维持城市生存的各种物质，皆需从城市外部输入城市生产、生活活动所需的各类物质，离开了外部输入的物质，城市将立即陷入困境。

2.城市生态系统物质既有输入又有输出

城市生态系统在输入大量物质满足城市生产和生活的需求的同时，也输出大量的物质。

3.生产性物质远远大于生活性物质

这是由城市的最基本的特点——经济集聚（生产集聚）所决定的。

4.城市生态系统的物质流缺乏循环

自然生态系统中，经过分解者的作用可使全部物质反复利用（因分解者已将"废物"分解成生产者可以利用的形式）、反复循环。但是，城市生态系统中分解者的作用微乎其微（因城市生态系统是高度人工化的生态系统），数量也很少，且物质循环中产生的废物数量巨大，故城市生态系统中的废物难以被分解与还原。物质被反复利用，周而复始地循环（利用）的比例是相当小的。

5.物质循环在人为状态下进行

与自然生态系统的物质循环主要在自然状态下进行不同，城市生态系统的物质循环皆在人为状态下进行。为了增加产品种类、提高生产效率、满足物质享受，城市生态系统的物质循环从物质输入到物质处理、利用等过程皆由人力控制。这表明城市生态系统的物质循环受强烈的人为因素的影响。

6.物质循环过程中产生大量废物

由于科学技术的限制以及人们思想的局限性，城市生态系统物质利用的不彻底导致了物质循环的不彻底，物质循环的不彻底又导致物质在循环过程中产生大量废物。在循环过程中，由于生产技术的限制，城市对物质的使用并不充分，其后果之一就是排放大量废弃物，造成环境污染，降低城市环境质量。

## 四、信息传递

### （一）信息的概念

信息，最早是通信技术上的一个名词。信息论科学诞生后，信息被解释为用符号传递的、接受者预先不知道的情况。随着这一定义的推广，信息被表述为客观世界带有某种特性的讯号。客观世界本身就是各种信息的发射源。人们正是通过这些信息来认识世界的。

按照信息论观点，信息流是任何系统维持正常的有目的性运动的基础条件。任何实践活动都可简化为三股流，即人流、物流、信息流。其中，信息流起着支配作用，它调节人流和物流的数量、方向速度、目标，促使人和物做有目的、有规则的活动。

信息具有如下特征：①客观性。信息是客观存在的反映。即使是主观信息，如决策、指令计划等，也有它的客观内容，也要以客观信息，如初始信息、环境信息等为"原料"，并受客观实践检验。②普遍性。信息是无所不在的，物质的普遍存在决定了信息的普遍存在。信息存在于有机界，也存在于没有生命的无机界。③无限性。信息与其本源物质一样是无限的。信息的取得要受主客观条件的限制，但信息的存在本身却是没有限制的。④动态性。信息随着时间而变化，它是有"寿命"的，需要不断更新。这是由信息的反映对象的运动属性决定的。⑤依附性。信息依附于其载体而存在，需要物质承载者，它自身不能独立存在和交流，但载体是可以变换的。⑥计量性。信息是可比的、可量度的。尽管信息的计量较复杂和困难，但随着对信息的认识的深化和现代数学的发展，计量的范围在扩大，计量的方法也在增加。⑦变换性。信息通过处理可以变换，它的内容和形式皆可发生变化，以适应特定的需要。在变换中要去伪存真、弃粗取精，不可避免会导致原有信息的损失。⑧传递性。信息在时间上的传递就是存贮，在空间上的传递就是扩散。信息通过传递以扩大利用和受益面。⑨系统性。信息是一种集合，各种信息在相互联系中形成统一整体。信息系统是物质世界系统的再现。⑩转化性。信息的产生离不开物质，信息的传递不能没有能量，但有效地使用信息可使之转化为物质与能量，还可节约时间。

由于信息具有上述各种特征，它在人类认识世界和改造世界中起着十分重要的作用。这表现在：①提供认识的依据。认识世界首先要获取有关世界的信息并加以分析，从中得出正确的结论。没有信息，就谈不上认识。信息反映客观世界的变化和联系，帮助人们从各方面认识世界。②作为实践的指南。改造世界要依靠决策，对外部环境和内部活动进行控制、调节，对未来发展和变化进行预测等都需要信息。信息能指导人们的实践，减少盲目性，提高效率和增进效益。③实现有序的保证。信息是系统组织化的重要因素，它作为"黏合剂""联系纽带""神经中枢"，能使社会和经济机体协调发展。④开辟资源的条件。物质供给材料，能量供给动力，信息供给智力，为创造物质、能量资源提供了必要条件。⑤激发智慧的源泉。智慧是知识的结晶和运用，它是社会发展的强大动力，而信息的积累和升华是激发智慧的源泉。智慧是以信息增值、知识创新为基础的。

## （二）信息在城市生态系统中的作用

### 1.城市功能的发挥需要信息

城市生态系统的信息流最基本的功能是维持城市生存和发展。它是城市功能发挥作用的基础条件之一。信息、物质和能源是组成社会物质文明的三大要素，城市离不开信息，城市生态系统中，正是由于有了信息流的串结，系统中的各种成分和因素才能组成纵横交错、立体交叉的多维网络体，并不断进行演替、升级与进化。

### 2.城市是信息的集聚点

城市对其周围地区有集聚力，因为城市人口集中、生产集中、交通集中、金融集中、娱乐集中、交换活动集中……这都需要大量的信息，故其周围的信息会被其吸引从而使信息在城市中高度集聚。

### 3.城市是信息的处理基地

城市的重要功能之一，就是对输入的分散的、无序的信息进行加工、处理。城市拥有现代化的信息处理设施和机构，如新闻传播系统（报社、电台、电视台、出版社、杂志社等），邮电通信系统（邮政局、邮电枢纽等），科研教育系统（各类学校、科研机构等）。此外，城市还有高水平的信息处理人才，可以使那些进入城市时还是分散的无序的信息，在输出时成为经过加工的、集中的、有序的信息。

4.城市是信息高度利用的区域

城市各项活动的正常进行离不开信息，人类的各种信息在城市中得到了最充分的利用。城市只有不断地提高从外部环境接收信息、处理信息、利用信息的能力，才能调整自身的发展过程，从而在竞争中处于有利地位。

5.城市是信息的辐射源

城市对其周围地区除了有凝聚力之外，还有强大的辐射力，这是体现城市对人类社会进步产生影响的重要方面。辐射力有多种形式，其中之一就是信息的辐射。城市拥有的先进的信息设施也是完成这一功能的保证。

6.城市信息流量与质量反映城市现代化水平

城市生态系统内部本身的运转以及它与外部区域的联系离不开信息流，城市信息流是附于城市物质流与能源流中的。城市信息的流量反映了城市的发展水平和现代化程度。城市信息流的质量则表明了信息的有用程度，它综合反映了信息的准确性、时效性、影响力、促进力等各种特征。

## （三）信息与城市生态系统规划

信息同样也是城市生态系统的重要资源，离开了信息，就无所谓城市的控制与管理，更谈不上对城市生态系统进行规划。在对与城市生态系统研究、城市生态系统规划有关的信息进行采集、处理、利用的过程中，有如下几个问题需要引起重视。

（1）确定正确的采集方法。城市信息包罗万象，覆盖面极广，如全部予以收集，则耗时长、耗费大，不具现实性，故必须对其进行筛选，选出最具有影响力且最具代表性的信息。这是充分利用信息的必要前提。

（2）信息的处理。信息在未处理前还是一大堆纷繁复杂、彼此间联系松散的资料和数据，所以必须对其进行有效的处理，包括明确信息的类型、界定范围、相互之间的作用等，这样做的目的是使之简明、扼要、清晰、条理化。这是利用信息的必要的中间过程。

（3）信息的传播。采集处理后的信息已经具备了一定的利用价值。要使其利用价值得到实现，还必须借助迅速可靠的传播媒介和传播手段。这里要强调的是，信息的传播受体不仅是城镇与城市的规划、管理、建设部门和有关的决策部门，还应扩大至广大市民阶层。这也是真正高效利用信息的正确途径。

（4）信息的利用。信息的利用是整个问题的核心。信息不被利用，其价值就无法体现。当出现重大问题必须进行决策时，人们往往并未积极主动地采集分析有关信息，而是凭主观经验"模糊决策"。因此，有必要强调城市规划、管理、建设部门对信息的自觉利用。

（5）信息的采集、处理、传播等应专门化（专人定期）、规范化（有章可循）、标准化并实现国内城市间的统一联网，并应争取与国际城市信息系统接轨。一般情况下，国内外城市信息在很大程度上无可比性，不利于进行更深层次的城市研究。当然，国情的不同也在一定程度上决定了国内外城市信息各个方面的差异，但注重这一问题，将有利于城市比较研究的顺利开展。

# 第三节　城市绿地及其生态效应

## 一、城市绿地概述

### （一）城市绿地的基本概念

城市绿地是指由城市和郊区的公园绿地、居住区绿地、道路交通绿地、风景区绿地和生产防护绿地以及园林建筑、小品等要素组成的城市下垫面，同时也是一个有机的绿色网络。城市园林绿地不仅具有美化城市景观和市容的重要作用，同时也是城市生态系统中具有自净功能的重要组分，在维持碳氧平衡、吸收有毒有害气体、吸滞粉尘、杀菌、衰减噪声、改善小气候等方面具有其他城市基础设施不可替代的作用。随着世界范围内城市化进程的加速和环境问题的加剧，人们已越来越认识到加强绿地生态建设、改善城市生态环境质量、提高生活质量的重要性，许多国家已将城市园林绿地的规划与发展确定为城市可持续发展战略的一个重要内容，城市绿地系统已成为衡量城市现代化水平和文明程度的重要标志。

（二）城市绿地的分类

城市绿地包括公园绿地、居住区绿地、生产绿地、防护绿地和其他绿地。

公园绿地是指对公众开放，以游憩为主要功能，兼具生态、美化等作用，可以开展各类户外活动的、规模较大的绿地，包括城市公园、风景名胜区公园、主题公园、社区公园、广场绿地、动植物园林、森林公园、带状公园和街旁游园等。按照公园的不同机能、位置、使用对象，可以将其分为自然公园、区域公园、综合公园、河滨公园、邻里公园等。

居住区绿地是对居住区范围内可以绿化的空间实施绿色植物规划配置、栽培、养护和管理的系统工程模式而建立起来的绿地，包括居住区公共绿地、居住区道路绿地和宅旁绿地等。

生产绿地主要指为城市绿化提供苗木、花草、种子的苗圃、花圃、草圃等圃地。它是城市绿化材料的重要来源。

防护绿地是指对城市具有隔离和安全防护功能的绿地，包括城市卫生隔离带、道路防护绿地、防风林等。

其他绿地是指对城市生态环境质量、居民休闲生活、城市景观和生物多样性保护有直接影响的绿地，包括风景名胜区、水源保护区、自然保护区、风景林地、城市绿化隔离带、湿地、垃圾填埋场恢复绿地等。

（三）各类绿地的用地选择

1. 公园绿地的用地选择

（1）卫生条件和绿化条件比较好的地方。公园绿地是在城市中分布最广、与广大群众接触最多、利用率最高的绿地类型。绿地要求有风景优美的自然环境，并满足广大群众休息、娱乐的各种需要。因此，选择用地要符合卫生条件，空气要畅通，不致滞留潮湿阴冷的空气。常言说"十年树木"，绿化条件好的地段，往往种植有良好的植被和粗壮的树木，利用这些地段营建公园绿地，不仅可节约投资，而且容易形成优美的自然景观。

（2）不宜进行工程建设及农业生产的复杂破碎的地形以及起伏变化较大的坡地。利用这些地段建园，应充分利用地形，避免大动土方，要做到既节约城市用地，减少建园投资，又丰富园景。

（3）具有水面及河湖沿岸景色优美的地段。园林中只要有水，就会显示出活泼的生气，利用水面及河湖沿岸景色优美地段，不但可增加绿地的景色，还可开展水上活动，并有利于地面排水。

（4）旧有园林的地方、名胜古迹、革命遗址等地段。这些地段往往遗留一些园林建筑、名胜古迹、革命遗址等，承载着一个地方的历史。将公园绿地选址在这些地段，既能显示城市的特色，保存民族文化遗产，又能增加公园的历史文化内涵，达到寓教于乐的目的。

（5）街头小块绿地，以"见缝插绿"的方式开辟多种小型公园，方便居民就近休息赏景。公园绿地中的动物园、植物园和风景名胜公园等地具有一定特殊性，在选址时还应相应地做出进一步的考虑。

2. 生产绿地的用地选择

一般生产绿地占地面积较大，通常应安排在郊区，并保证与市区有方便的交通联系，以便苗木运输。花圃、苗圃用地范围内要求土壤及水源条件较好、地形变化丰富，要既有利于苗木的多样化培育，又有利于苗木的生长和运输。在城市建成区范围内，不要占用大片土地作苗圃、花圃。在目前节约土地的情况下，应尽量利用山坡造田、围海造田、河滩地等。有些大城市花圃建设条件较好，也可以局部适当开放，以弥补公共绿地之不足。

3. 防护绿地的用地选择

防护林应根据防护的目的来布局。防护林绿地占用城市用地面积较大，其具有使土地利用或气象条件发生变化，影响大气扩散模式的作用，因而科学地设置防护林意义十分重大。

（1）防风林选城市外围上风向与主导风向位置垂直的地方，以利于阻挡风沙对城市的侵袭。防风林带的宽度并不是越宽越好，林带的幅度、栽植的行列大约在7行、宽30米左右为宜。

（2）农田防护林选择在农田附近或利于防风的地带营造林网，形成长方形的网格（长边与常年风向垂直）。

（3）水土保持林带选河岸、山腰、坡地等地带种植树林，以固土、护坡、含蓄水源、减少地面径流，防止水土流失。

（4）卫生防护林带应根据污染物的迁移规律来布局。城市大气污染主要来源于工业污染、家庭炉灶排气和汽车排气，按污染物排放的方式可分为高架源、面源和线源污染三类。高架源是指污染物通过高烟囱排放，一般情况下，这是排放量比较大的污染源；面源是指低矮的烟囱集合起来而构成的一个区域性的污染源；线源指污染源在一定街道上造成的污染。以防治大气污染为目的的防护林的布局，应根据城市的风向、风速、温度、湿度、污染源的位置等计算污染物的分布，科学地布局防护林带。

## 二、城市绿地的生态效应

### （一）改善小气候

城市的气候与城市周围郊区的气候有一定的差别。比如，城市气温一般比郊区高，云雾、降雨比郊区多；大风时城内的风速比郊区小，但小风时反而比郊区大；城市上空的悬浮尘埃比郊区多，因而能见度比较低，所接受到的太阳辐射量也较小。

尘埃多、日照少、能见度低等不利影响，是城市人口密集、工业生产集中、城市中大部分地面被建筑物和道路所覆盖，绿地面积很少所造成的。城市上空的空气中含有城市排放的各种污染物质，这些物质不仅使到达地面的太阳热能减少，也使热量的外散受到阻挡。加之城市本身是个大热源，工厂和川流不息的汽车，生活用煤的燃烧，建筑墙面、路面、建筑铺装物所散发的辐射热，都是使城市增温的热源。

城市气候不仅与郊区有明显差别，而且在城市范围内也会因建筑密度的不同、城市土地利用和功能分区的不同而造成不同地区的差异。比如，工业区以及人流、车流集中的市中心气温偏高一些，绿地面积大的地区气温偏低一些。树木花草叶面的蒸腾作用能降低气温，调节湿度，吸收太阳辐射热，对改善城市小气候有积极的作用。城市地区或周围大面积的绿化种植，以及道路两侧浓密的行道树和建筑前后的树丛都可以对城市、局部地区、个别地域空间的温度、湿度、通风产生良好的调节作用。

1.调节气温的作用

影响城市小气候最突出的因素有物体表面温度、气温和太阳辐射温度，而气温对于人体的影响是最主要的。它的原因主要是太阳辐射的60%～80%被成荫的树木及覆盖了地面的植被所吸收，而其中90%的热能为植物的蒸腾作用所消耗，这样就大大削弱了由太阳辐射造成的地表散热而减少了空气升温的热源。

冬季由于树干和树叶吸收的太阳热量会缓慢释放出来，所以绿地气温可能比非绿地高，如铺有草坪的足球场表面温度就比无草地的足球场高4 ℃。夏季时，人在树荫下和在直射阳光下的感觉差异是很大的。这种温度感觉的差异不仅仅是3 ℃～5 ℃的气温差，而主要是太阳辐射温度所决定的。经辐射温度计测定，夏季树荫下与阳光直射的辐射温度可相差30 ℃～40 ℃，这才是使人们感受到降温作用明显的真正原因。

除了局部绿化所产生的不同气温、表面温度和辐射温度的差别外，大面积的绿地覆盖对气温的调节则更加明显。大片绿地和水面对改善城市气温有明显的作用，在城市地区及其周围应设置大面积绿地，特别是在炎热地区，应该大量种树，提高绿化覆盖率，将全部裸土用绿色植物覆盖起来，并尽量考虑建筑的屋顶绿化和墙面的垂直绿化，这对于改善城市的气温有一定的积极作用。

2.调节湿度

空气湿度过高易使人厌倦、疲乏，湿度过低人们则会感到干燥和烦躁。一般认为，最适宜的相对湿度为30%～60%。城市空气的湿度较郊区和农村低，这是因为城市大部分面积被建筑和道路所覆盖，大部分降雨成为径流流入排水系统，蒸发部分的比例很少；而农村地区的降雨大部分含蓄于土地和植物中，并通过地区蒸发和植物的蒸腾作用回到大气中。绿化植物具有强大的蒸腾水分的能力，可不断向空气中输送水蒸气，故可提高空气湿度。

3.调节气流

绿地对气流的影响表现在两个方面：一方面，在静风时，绿地有利于促进城市空气的气流交换，产生微风并改善市区的空气卫生条件，特别在夏季，带状绿化能够引导气流和季风，对城市通风降温效果明显；另一方面，在冬季及暴风袭击时，绿地中的林带能降低风速，保护城市免受寒风和风沙之害。

市区的温度高，热空气上升并向外扩散，郊区的地面气团向中心移动，因而产生了城市内的地面风。而郊区大面积的绿地使城市中扩散出来的热气团降温下沉，从而形成了循环往复的环状气流。这种环状气流加速了市区受污染空气的扩散和稀释，并引入了郊区新鲜的空气。此外，在市区内的绿地和非绿地之间，也因为存在较大的温差，产生了局部地段的环状气流。

城市带状绿化包括城市道路与滨水绿地，它们都是城市绿色的通风渠道，特别是在带状绿地的方向与该地的夏季主导风向一致的情况下，可以将城市郊区的气流随着风势引入城市中心地区，为城市的通风创造良好条件。因此，在城市周围部署大片楔形绿地，对于调节城市小气候、改善环境有积极的作用。

### （二）净化空气

随着工业的发展以及人口的集中，城市环境污染的情况也日益严重。这些污染包括空气污染、土壤污染、水污染、噪声污染等，给人们的生活和健康造成了直接的危害，而且其对自然生态环境所产生的破坏也导致了自然生态环境潜在的危机。目前，这种现象已经开始引起人们的注意和重视。

要改善和保护城市环境，一方面要想方设法控制污染源，另一方面要做好防治处理。科学实践证明，森林绿地（城市郊区的森林和城市园林绿地）具有多种防护功能和改善环境质量的机能，对被污染的环境具有稀释、自净、调节、转化的作用。森林绿地是一个生长周期长和结构稳定的生物群体，因而其作用也是持续稳定的。

园林绿地对城市环境的作用，有的已经做了计量的测定，有的目前尚难做到计量化，但其实际的效果是大家公认的。

1.增加氧气含量

氧气是人类生存所必不可少的物质。人们的呼吸和物品燃烧的过程中会排放大量二氧化碳。城市中二氧化碳不仅含量大，相对密度也较大，多沉于近地面的空气层中，所以在接近地表的某些地面，其浓度会相对更高。而绿色植物可以产生氧气吸收二氧化碳，因而大面积的森林绿地能成为天然的二氧化碳的消费者和氧气的制造者。当然，植物在呼吸过程中也要吸收氧气和释放二氧化碳，但是光合作用所吸收的二氧化碳要比呼吸作用排出的二氧化碳多20倍，因而总体上是消耗了空气中的二氧化碳而增加了空气中的氧气。

2.吸收有害气体

污染空气的有害气体种类很多，最主要的有二氧化碳、二氧化硫、氯

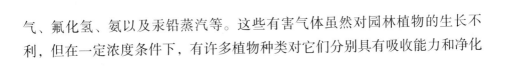

气、氟化氢、氨以及汞铅蒸汽等。这些有害气体虽然对园林植物的生长不利，但在一定浓度条件下，有许多植物种类对它们分别具有吸收能力和净化的作用。

### 3.杀菌效用

城市空气中悬浮着各种细菌，其中许多是病原菌。在城市各地区中，以公共场所如火车站、百货商店、电影院等处的空气含菌量最高，街道次之，公园再次之，城郊绿地最少，相差几倍至几十倍。空气含菌量除与人车密度密切相关外，绿化的情况也有影响。比如，同属人多、车多的街道，有浓密行道树的街道与无绿化的街道相比，其含菌量就有所差别。

另外，有些树木和植物还能分泌有杀菌能力的杀菌素，这也是使空气含菌量减少的重要原因。比如，百里香油、丁香酚、天竺葵油、肉桂油、柠檬油等，已早为医药学所知晓。城市绿化树种中有很多杀菌能力很强的树种，如柠檬桉悬铃木、紫薇、桧柏属、橙、白皮松、柳杉、雪松等杀菌力较强，其他如臭椿、楝树、马尾松、杉木、侧柏、樟树、枫香等也具有一定的杀菌能力。

各类林地和草地的减菌作用有所差别。松树林、柏树林及樟树林的减菌能力较强，这与它们的叶子能散发某些挥发性物质有关。草地上空闲地带含菌量很低，显然是因为草坪上空尘埃少，减少了细菌的扩散。

森林、公园、草地及其他绿地空气中含菌量少的事实，具有重要的卫生疗养意义。为了使人们拥有益于居住的健康环境，城市应该拥有面积足够和分布均匀的绿地，对于医疗机构、疗养院、休养所等单位，不仅应有大量的绿化，并且应该注意选用具有杀菌效用的树种。

### （三）防止公害

### 1.降低噪声的作用

现代城市中的汽车、火车、船舶和飞机所产生的噪声，工业生产、工程建设过程中的噪声，以及社会活动和日常生活中带来的噪声，都有日趋严重之势。城市居民每时每刻都会受到这些噪声的干扰和袭击，对身体健康危害很大，轻者使人疲劳，降低效率；重者则可引起心血管或中枢神经系统方面的疾病。为此，人们应采用多种方法来降低或隔绝噪声，应用造林绿化来降低噪声的危害，也是探索的方向之一。

树木能降低噪声，是因为声能投射到树叶上并被反射到各个方向，造成树叶微振而削弱声能。因此，树木减噪的主要部位是树冠层，枝叶茂密的树木减噪效果较好。植物配置方式对减噪效果的影响也很大，自然式种植的树群比行列式的树群效果好，矮树冠比高树冠好，灌木更好。对林带来说，结构比宽度更重要，如一条完整的宽林带的效果不及总宽相同的几条较窄的林带。当然，城市中用地紧张，不宜有较宽的林带，因而要对树木的高度、位置、配置方式及树木种类等进行分析，以便获得最有利的减噪效能。

2.净化水体和土壤的作用

城市和郊区的水体常受到工业废水和居民生活污水的污染，导致水质变差继而影响环境卫生和人类健康。对污染不是很严重的水体，绿化植物具有一定的净化污水的能力，可达到水体自净的效果。

某些植物的根系及其分泌物有杀菌作用，能使进入土壤的大肠杆菌死亡。在有植物根系的土壤中，好氧菌活跃，比没有根系的土壤要多几百倍甚至几千倍，这样有利于土壤中的有机物与无机物的分解，从而使土壤净化并提高土壤肥力。利用市郊森林生态系统及湿地系统进行污水处理，不仅可以节省污水处理的费用，还可以使该森林地区的树木生长得更好、湿地生物更加丰富。因此，城市中一切裸露的土地加以绿化后，不仅可以改善地上的环境卫生，也能改善地下的土壤卫生。

3.保护生物多样性的作用

植物多样性的存在，保证了多种生物、微生物及昆虫类的繁荣，而生物的多样性又是生态可持续发展的基础。因此，园林植物的环境中应有多种植物的种植，以对保护生物环境起到积极的作用。

### （四）安全防护作用

城市也会有天灾人祸所引起的破坏，如台风、火灾，多雨山区城市的山崩、泥石流，濒水城市的岸毁，以及地震等破坏性灾害。而园林绿地则具有防震防火、蓄水保土、备战防空的作用。

1.避震防火

公园绿地被认为是保护城市居民生命财产的有效公共设施。许多绿化植物的枝叶中都含有大量水分，一旦发生火灾，它们可以阻止火势的蔓延，隔离火花的飞散，如珊瑚树，即使叶片全部烧焦，也不会产生火焰；银杏在夏天即使叶片全部燃烧，也仍然会萌芽再生；其他如厚皮香、山茶、海桐、白杨等都是较好的防火树种。因此，在城市规划中应该把绿化作为防止火灾延烧的隔断和居民避难所来考虑。

我国有许多城市位于地震区内，因而应该把城市公园、体育场、停车场、水体、街坊绿地等进行统一规划、合理布局，构成一个避灾的绿地空间系统，并使其符合避震、疏散、搭棚的要求。

2. 备战防空、防放射性污染

绿化植物能过滤、吸收和阻碍放射性物质，降低光辐射的传播和冲击波的杀伤力，阻碍弹片的飞散，并对重要建筑、军事设备、保密设施等起到遮蔽的作用，其中密林更为有效。例如，第二次世界大战时，欧洲某些城市遭到轰炸，但树木浓密的地方所受损失要轻得多，因而绿地也是备战防空和防放射性污染的一种技术措施。基于此，在城市中心应有一个供水充足的人工水库或蓄水池，平时作为游憩用，战时供消防和消除放射性污染使用。在远郊地带，也要修建必要的简易的食宿及水、电、路等设施，平时作为居民游览场所，战时可作为安置城市居民的场所，这样就可以使游憩绿地在战时起到备战疏散、防空、防辐射的作用。

# 三、城市绿地的系统规划

## （一）城市绿地规划的目的和任务

1. 城市绿地规划的目的

城市园林绿地系统是为城市居民进行游憩、工作、生活、生产提供环境优美、空气清新、阳光充沛的人工、自然环境的城市空间系统，是由一定数量和质量的各类不同功能的绿地组成的有机整体。它具有改善城市环境、抵御自然灾害的作用，并能为市民的生活、生产、工作、学习、活动提供良好环境，同时也能产生良好的生态效益、社会效益和经济效益。

城市园林绿地系统规划的主要目的是保护和改善城市自然环境，保持城市生态平衡，丰富城市景观，为城市居民提供生产、生活、娱乐、健康所需要的良好条件。

随着社会生产的发展和人民生活水平的提高，城市规模不断扩大，城市环境污染却日益严重，自然环境质量逐渐下降，给城市生活造成了很大的压力。这就需要城市园林绿地形成一个系统，从而有效发挥保护环境、美化城市、改善人民生活条件的功能。

2.城市绿地规划的任务

为保护和改善城市生态环境，优化城市居住环境，促进城市的可持续发展，城市绿地系统规划的主要任务包括以下几个方面：

（1）根据城市的自然条件、社会经济条件、城市性质、发展目标、用地布局等要求，确定城市绿化建设的发展目标和规划指标。

（2）研究城市地区和乡村地区的相互关系，结合城市自然地貌，统筹安排市域大环境绿化的空间布局。

（3）确定城市绿地系统的规划结构，合理确定各类城市绿地的总体关系。

（4）统筹安排各类城市绿地，分别确定其位置、性质、范围和发展指标。

（5）城市绿化树种规划。

（6）城市生物多样性保护与建设的目标、任务和保护建设的措施。

（7）城市古树名木的保护与现状的统筹安排。

（8）制定分期建设规划，确定近期规划的具体项目和重点项目，提出建设规模和投资估算。

（9）从政策、法规、行政、技术、经济等方面，提出城市绿地系统规划的实施措施。

（10）编制城市绿地系统规划的图纸和文件。

**（二）城市绿地规划的原则**

城市园林绿地系统规划应以城市总体规划为基础，按照国家和地方有关城市园林绿化的法律规定，综合考虑，全面安排，因地制宜。具体应该考虑以下原则。

1.综合考虑，全面安排

绿地规划应与居住区布局、工业区分布、公共建筑分布、道路系统规划、城市水系、管线位置等密切配合，不能孤立地进行。比如，在生活居住用地范围内接近居住区的地段，要开辟公共绿地；在河进行湖水系规划时，要布置开放的公共绿地，并安置水源涵养林和通风绿带；在进行城市道路网规划时，要考虑预留沿街绿化用地，根据道路性质、宽度、朝向、建筑层数、建筑间距等统筹安排，在满足道路交通功能的同时，为植物的生长创造良好条件。

2.从实际出发，因地制宜

我国地域辽阔，各城市自然条件、绿地基础、发展规模和经济条件各不相同。城市绿地规划要从实际出发，结合当地自然条件和现状特点，以原有的名胜古迹、河湖水系、树木绿地为基础，充分利用山川、坡地、树木、池沼等创造优美景色。因此，在进行城市绿地系统规划时，各类绿地的位置选择、布局形式、面积大小、定额指标等都要从本地区的实际情况出发，因地制宜地编制规划方案。

3.均衡分布，比例合理

城市中各类绿地分担着不同的任务，大型公园设施齐全，活动内容丰富，可以满足人们在节假日休息游览以及进行文化体育活动的需要；小型公园、街头绿地以及居住小区的绿地，可以满足人们休息生活的需要。公园绿地的分布，应考虑一定的服务半径，根据各区人口密度配置相应数量的公园绿地，以充分满足居民对公园的需求。

根据我国城市建设的经验，在旧城改建过程中，首先应发展小型公园绿地。小型公园绿地投资少、建设期短、收效快；接近居民，利用率较高，便于老年人及儿童就近活动休息；有利于避震避灾，就近疏散；可以增加街景，美化市容。大型公园绿地由于城市的开发建设投资不足和用地分配等方面的问题，常远离市中心区，居民利用率较低，但其设施齐全，容纳游人量较大，活动内容丰富，对改善城市小气候作用也比较大。因此，在进行城市绿地系统规划时，应注重大、中、小相结合，集中与分散相结合，重点与一般相结合，点（公园、游园）、线（街道绿化、游憩林荫道、滨水绿地）、面（分布广大的专用绿地）相结合，大、小绿地兼顾实施，使城市绿地系统形成一个有机的整体。

4.远近结合，创造特色

城市园林绿地系统规划要充分研究城市远期发展的规模、人民生活水平的发展状况、城市的经济能力和施工条件以及规划项目的重要程度，从而制定远景目标。同时，还要照顾由近及远的过渡措施，如在园林绿地指标不足的旧城改造规划中，应划定一定的绿化用地，各种条件成熟时，就可以辟为公园绿地；远期规划为公园绿地的用地，近期可先作为苗圃用地，逐步转化为公园绿地。一般城市应先扩大绿化面积，再逐步提高绿化质量和艺术水平，向花园城市发展。

各地城市绿地规划应根据当地的自然条件和城市性质体现不同的风貌，发挥不同的功能。比如，北方城市的园林绿地应以冬防寒、夏通风为主要目的，南方城市则以通风降温为主要目的；历史文化名城应以名胜古迹、传统文化为主要特色；工业城市应以防护、隔离为主要特色；风景旅游城市应以自然、清秀、幽静为主要特色。

### （三）城市园林绿地指标

城市园林绿地指标是指城市中平均每个居民所占有的公共绿地面积、城市绿化覆盖率、城市绿地率等，它是反映一个城市的绿化数量和质量，以及一个时期内城市经济发展、城市居民生活福利保健水平的指标，便于城市规划做出科学的定量分析，指导各类绿地规模的制定工作，也是评价城市环境质量的标准和城市精神文明的标志之一。

我国城市规划建设用地结构要求绿地占建设用地的比率应为8%～15%。城市规模不同，其绿地指标也各不相同。大城市人口密集、建筑密度高，绿地要相应大些，才能满足居民需要；郊区自然环境或环境卫生条件较好，绿地面积可适当低些；在建筑量大、工厂多、人口多的城市，以及风景旅游和休养性质的城市和干旱地区的城市，其绿化面积都应适当增加，以利于改善环境、美化环境、减少污染。

1.城市绿地率

城市绿地率是指城市各类绿地（含公共绿地、居住区绿地、单位附属绿地、防护绿地、生产绿地、风景林地六类）总面积占城市面积的比率。城市绿地率表示绿地总面积的大小，是衡量城市规划的重要指标。

由于城市绿地面积的计算方法既复杂又不精确，所以其统计工作较为困难。随着航测及人造卫星摄影等现代化技术的推广和应用，人们不仅能得到

较准确的数据，同时还能定期取得变化的数据。

计算公式如下：

$$城市绿地率(\%)=\frac{城镇绿地面积}{城镇用地总面积}\times100\%$$

现代疗养学认为，绿地面积达 50% 以上，才有舒适的休养环境。一般城市的绿地率以 40% ～ 60% 为佳。

为保证城市绿地率指标的实现，各类绿地单项指标应符合下列要求：

（1）旧城改建区绿化用地应不低于总用地面积的 25%，新建居住区绿地占居住区总用地的比率不低于 30%。

（2）城市主干道绿带面积占道路总用地的比率不低于 20%，次干道绿带面积所占比率不低于 15%。

（3）内河、海、湖等水体及铁路旁的防护林带宽度应不少于 30 米。

（4）单位附属绿地面积占单位总用地面积的比率不低于 30%。其中，工业企业、交通枢纽、仓储、商业中心等绿地率不低于 20%；产生有害气体及污染的工厂的绿地率不低于 30%，并根据国家标准设立不少于 50 米的防护林带；学校、医院、体（疗）养院所、机关团体、公共文化设施、部队等单位的绿地率不低于 35%。

2.城市绿化覆盖率

城市绿化覆盖率是指城市绿化覆盖面积占城市面积的比率。城市绿化覆盖率是衡量一个城市绿化现状和生态环境效益的重要指标，它随时间的推移、树冠的大小而变化。林学上认为，一个地区的绿色植物覆盖率至少应在 30% 以上，才能对改善气候发挥作用。

计算公式如下：

$$城市绿化覆盖率(\%)=\frac{城市内全部绿化种植垂直投影面积}{城市面积}\times100\%$$

以上计算公式中，乔木下的灌木投影面积、草坪面积不得计入在内，以免重复。

### （四）城市园林绿地的布局形式

布局结构是城市绿地系统的内在结构和外在表现的综合体现，其主要目标是使各类绿地合理分布、紧密联系，组成有机的绿地系统整体。通常情况下，系统布局有点状、环状、放射状、放射环状、网状、楔状、带状、指状八种基本模式。

我国城市绿地空间布局常用的形式有以下五种。

1. 块状绿地

在城市规划总图上，公园、花园、广场绿地呈块形、方形、不等边多角形均匀分布。这种形式最方便居民使用，但因分散独立，不能起到综合改善城市小气候的效能。

2. 带状绿地布局

带状绿地多利用河湖水系、城市道路、旧城墙等因素，形成纵横向绿带、放射状绿带与环状绿地交织的绿地网。带状绿地布局有利于改善和表现城市的环境艺术风貌。

3. 楔形绿地布局

楔形绿地是指从郊区伸入市中心，由宽到窄的放射状绿地。楔形绿地布局有利于将新鲜空气源源不断地引入市区，能较好地改善城市的通风条件，也有利于城市建设艺术面貌的体现。

4. 混合式绿地布局

它是前三种形式的综合利用，可以使城市绿地布局的点、线、面相结合，组成较完整的体系，其优点是能够使生活居住区获得最大的绿地接触面，方便居民游憩，有利于就近地区气候与城市环境卫生条件的改善，也有利于丰富城市景观的艺术面貌。

5. 片状绿地

片状绿地是指将市内各地区绿地相对加以集中，形成片状。片状绿地适用于大城市。

（1）以各种工业企业性质、规模生产协作关系和运输要求为系统，形成工业区绿地。

（2）将生产与生活相结合，组成一个相对完整的绿地。

（3）结合各市的河川水系、谷地、山地等自然地形条件或构筑物的现状，将城市分为若干区，各区外围以农田、绿地相绕。这样的绿地布局灵活，可起到分割城区的作用，具有混合式规划的优点。

　　每个城市都具有各自不同的特点和具体条件，不可能有适应一切条件的布局形式。因此，规划时应结合各市的具体情况，认真探讨适合各自的最合理的布局形式。

# 参考文献

[1] 王冬梅.农地水土保持 [米].北京：中国林业出版社，2002.

[2] 李少文，刘万德.我国封山育林的理论基础 [J].现代园艺，2013（8）：111-112.

[3] 李明，姚树人.森林城市发展建设与森林警官培训面临的课题及思考 [J].人力资源管理（学术版），2009（10）：80-81.

[4] 刘向东，吴钦孝.六盘山林区森林树冠截留，枯枝落叶层和土壤水文性质的研究 [J].林业科学，1989（3）：220-227.

[5] 王德利，王岭，辛晓平，等.退化草地的系统性恢复：概念、机制与途径 [J].中国农业科学，2020，53（13）：2532-2540.

[6] 刘定辉，李勇.植物根系提高土壤抗侵蚀性机理研究 [J].水土保持学报，2003（3）：34-37，117.

[7] 刘国彬.黄土高原草地土壤抗冲性及其机理研究 [J].土壤侵蚀与水土保持学报，1998（1）：3-5.

[8] 朱显谟.黄土高原脱贫致富之道：三论黄土高原的国土整治 [J].土壤侵蚀与水土保持学报，1998（3）：3-5.

[9] 王成龙，王颖，孔令东，等.浅议我国矿山生态系统修复 [J].采矿技术，2020，20（3）：90-92.

[10] 郝少英.自然恢复和人工重建对退化森林生态系统的影响 [J].种子科技，2020，38（7）：92-93.

[11] 蒋胜竞，冯天骄，刘国华，等.草地生态修复技术应用的文献计量分析 [J].草业科学，2020，37（4）：685-702.

[12] 王库 . 植物根系对土壤抗侵蚀能力的影响 [J]. 土壤与环境，2001（3）：250-252.

[13] 江如娜，田美荣，刘志强，等 . 浑善达克沙漠化防治功能区生态退化程度诊断分析 [J]. 科学技术与工程，2019，19（2）：275-283.

[14] 李超然，李松栢 . 林下水土流失现状及防治对策 [J]. 山西水土保持科技，2020（2）：42-43，46.

[15] 刘佳，刘远妹，杜忠 . 中国退化沙化草地治理研究进展 [J]. 安徽农学通报，2018，24（21）：161-164.

[16] 笪红卫，郭静 . 新农村村庄绿地规划研究：以连云港赣榆县窦洪爽村为例 [J]. 林业科技开发，2008（6）：127-129.

[17] 杨珩，余家祥，唐明榜 . 退耕还林（草）若干问题的探讨 [J]. 湖北林业科技，2003（2）：40-43.

[18] 安晓红 . 林业技术措施在治理水土流失中的作用分析 [J]. 农业开发与装备，2020（9）：213-214.

[19] 马建雄 . 张家川县水土流失预防监督工作实践与思考 [J]. 农业科技与信息，2020（18）：55-56，60.

[20] 刘春洋 . 关于辽西地区水利工程风沙危害防治措施的讨论 [J]. 黑龙江水利科技，2015，43（4）：145-146.

[21] 王国庆，白孙宝，胡攀 . 延安市安塞区退耕还林工作探讨 [J]. 现代农业科技，2020（17）：130-131.

[22] 雷红霞，王晓霞，赵宝云 . 绿色发展：延安实施乡村振兴战略的路径选择 [J]. 安康学院学报，2020，32（4）：78-82.

[23] 杨陈，胡尧，侯雨乐 . 阿坝州退耕还林生态效应和农民收益研究 [J]. 辽宁农业科学，2020（4）：12-16.

[24] 徐江 . 新疆白杨河水库段水土保持综合治理研究 [J]. 黑龙江水利科技，2020，48（7）：61-64.

[25] 刘莉 . 林业技术推广促进退耕还林工程建设的措施探讨 [J]. 南方农业，2020，14（23）：63，86.

[26] 李宁 . 辽西地区沙地刺槐林间水土保持效果研究 [J]. 林业科技，2020，45（4）：29-31.

[27] 王成，蔡春菊，陶康华. 城市森林的概念、范围及其研究 [J]. 世界林业研究，2004（2）：23-27.

[28] 杨文斌，王涛，冯伟，等. 低覆盖度治沙理论及其在干旱半干旱区的应用 [J]. 干旱区资源与环境，2017，31（1）：1-5.

[29] 段树萍，斯庆高娃. 荒漠化地区植被治沙新技术应用研究 [J]. 内蒙古水利，2008（4）：79-80.

[30] 石莎，冯金朝，邹学勇. 沙坡头人工治沙工程植被物种组成及其多样性研究 [J]. 应用基础与工程科学学报，2008（3）：363-370.